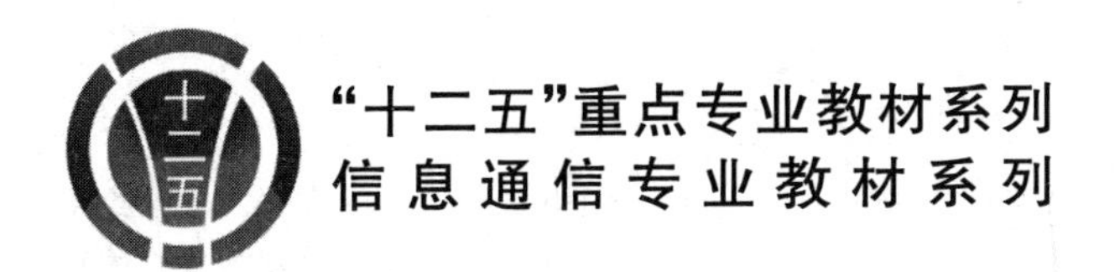

通信原理

——基于Matlab的计算机仿真

（第2版）

郭文彬　杨鸿文　桑　林　邹慧兰　编著
庞沁华　审订

北京邮电大学出版社
www.buptpress.com

内容简介

本书主要针对"通信原理"这门课程，通过实例详细讲解了利用 Matlab 进行仿真的方法。书中给出了大量的 Matlab 脚本文件和范例。通过计算机模拟与仿真，一方面能使读者加深对所学基本理论的理解；另一方面能使读者迅速掌握 Matlab 进行通信系统仿真的技巧。

全书共 10 章，包括 Matlab 基本知识、确定信号分析、随机过程、模拟调制、数字基带传输、数字频带传输、模拟信号的数字化及编码、信道及信道容量、信道编码、扩频通信与伪随机序列等内容。

本书叙述层次分明简洁，实例广泛，适合高等院校通信工程、信息工程、电子工程等专业本科生作为相关课程的参考书和补充教材，也可作为相关工程技术人员和科研人员的参考书。

图书在版编目(CIP)数据

通信原理：基于 Matlab 的计算机仿真 / 郭文彬等编著. --2 版. --北京：北京邮电大学出版社，2015.9(2021.12 重印)

ISBN 978-7-5635-4501-8

Ⅰ.①通… Ⅱ.①郭… Ⅲ.①通信原理—高等学校—教材②通信系统—系统仿真—Matlab 软件—高等学校—教材 Ⅳ.①TN911②TN914

中国版本图书馆 CIP 数据核字(2015)第 199360 号

书　　名：通信原理——基于 Matlab 的计算机仿真(第 2 版)
著作责任者：郭文彬　杨鸿文　桑　林　邹慧兰　编著
责 任 编 辑：王晓丹
出 版 发 行：北京邮电大学出版社
社　　址：北京市海淀区西土城路 10 号(邮编:100876)
发 行 部：电话：010-62282185　传真：010-62283578
E-mail：publish@bupt.edu.cn
经　　销：各地新华书店
印　　刷：唐山玺诚印务有限公司
开　　本：787 mm×960 mm　1/16
印　　张：14.75
字　　数：321 千字
版　　次：2006 年 6 月第 1 版　2015 年 9 月第 2 版　2021 年 12 月第 3 次印刷

ISBN 978-7-5635-4501-8　　定　价：30.00 元

前　言

Matlab是1984年美国Math Works公司的产品,Matlab的推出得到了各个领域专家学者的广泛关注,其强大的扩展功能为各个领域的应用提供了基础。目前,Matlab已成为从事科学研究、工程计算的基本计算工具,是目前工程上流行最广泛的科学语言。

本书可用作《通信原理》或其他通信系统方面的理论教科书的参考书或补充教材。本书在内容的安排上具有以下特点:简要介绍通信原理中涉及的基本理论;对每一概念及结论给出简短的叙述;建立必要的符号,但未给出证明,因为这样的证明在有关通信系统方面的教科书中会有较详细的论述。本书着重介绍利用Matlab对系统进行分析与设计的实例,通过例子阐明基本概念,不求过细,而强调联系实际。

本书通过大量的Matlab脚本文件和范例,为学生熟悉、掌握和熟练应用Matlab提供了一个载体,并通过本书探讨如何有效地利用计算机作为辅助教学工具,改进教学方法,让他们能有更多的空间自主学习。本书编写建立在作者多年教学实践的基础上,既考虑了学生的认知过程,也加入了作者自己的编程经验。

本书共分为10章。第1章:Matlab基本知识,简要介绍了Matlab的基本知识;第2章:确定信号分析,对线性系统分析中的一些基本方法和技术进行了复习;第3章:随机过程,简要说明了产生随机变量和随机过程样本的方法;第4章:模拟调制;第5章:数字基带传输;第6章:数字频带传输;第7章:模拟信号的数字化及编码;第8章:信道及信道容量;第9章:信道编码;第10章:扩频通信与伪随机序列。在这些章节中,通过大量的“例题”、Matlab脚本文件和范例来演绎和深化概念,联系实际,并在重要概念上作适当延伸。

本书叙述层次分明简洁,实例广泛,适合高等院校通信工程、信息工程、电子工程等专业本科生作为相关课程的参考书和补充教材,也可作为相关工程技术人员和科研人员的参考书。相比第 1 版,第 2 版增加了 Turbo 码和LDPC 码的基本原理及相关 Matlab 的仿真程序,该部分内容主要由杨鸿文教授编写。

本书由郭文彬、杨鸿文、桑林、邹慧兰编写,全书由郭文彬统稿,由北京邮电大学的庞沁华教授主审。在本书的编写过程中李卫东老师给予了很大的帮助和支持,并提出了许多宝贵建议,编者在此表示诚挚的感谢。由于时间仓促和水平有限,书中难免有不妥之处,敬请广大读者来信、来函批评指正。

编　者

目　录

第1章　Matlab基本知识

Matlab是Math Works公司推出的一套高性能的数值计算和可视化的科学工程计算软件，它支持解释性语言输入，编程实现简单，具有丰富的数学函数功能支持。Matlab允许与C、Fortran语言的接口，其部件Simulink甚至可以采用图形输入的方式来搭构所研究的系统。由于Matlab的功能强大，在系统仿真、数字信号处理、图形图像分析、数理统计、通信及自动控制领域得到广泛应用。Matlab是一个易于使用的软件，随着该软件包的不断升级，支持的功能越来越多。Matlab语言已被认为是面向21世纪的程序设计语言和科学计算语言。

Matlab 6.0以上版本由于采用了新的图形系统，因此对计算机的要求至少要达到：

- 操作系统为Windows 98/Me/2000/XP（Matlab也有基于其他操作系统的版本，这里只介绍基于Microsoft公司的操作系统）；
- 内存16 MB以上（注：建议系统内存至少128 MB以上）；
- 剩余磁盘空间1 GB以上。

Matlab软件的安装可以选择组件，如果读者安装Matlab的目的主要是进行信号处理与系统性能分析，则推荐安装的组件如表1-1所示。

表1-1　信号与系统分析推荐安装组件

Matlab	Matlab主包
Matlab Help File[PDF]	Adobe文本格式的帮助文件
Matlab Help File[HTML]	超文本格式的帮助文件
Simulink	动态建模仿真软件包
Signal Processing Toolbox	信号处理工具箱
Image Processing Toolbox	图像处理工具箱
Control System Toolbox	控制工具箱
Wavelet Toolbox	小波工具箱
Communication Toolbox	通信工具箱
Extended Symbolic Toolbox	扩展数学符号工具箱

Matlab软件安装完毕后，单击Matlab图标或命令文件就可以进入Matlab运行环境。Matlab运行环境分成几个部分：桌面和命令窗口、命令历史窗口、帮助信息浏览器、

工作空间浏览器、文件路径检索等,其中主要部分是命令窗口“>>”,它是 Matlab 与用户之间交互式命令输入、输出的界面,用户从这个窗口输入的命令,经过 Matlab 解释后执行,并且将执行结果显示在这个窗口。

Matlab 采用解释性语言,因此所有的程序、子程序、函数、命令在命令窗口中都被视为 Matlab 的命令。表 1-2 是一些最基本的常用 Matlab 命令。

表 1-2 一些常用 Matlab 命令

edit	编写 Matlab 脚本文件 *. m 的工具,编写好的文件 *. m,存储后可以用命令 * 执行
help	Matlab 中的命令或函数的使用帮助,如果不清楚 Matlab 命令的格式,可以通过敲入 help 命令名获得 Matlab 的使用帮助
help desk	该命令打开 Matlab 帮助环境窗口
exit	退出 Matlab,关闭主程序,也可以采用 quit 命令达到相同的效果,或者通过菜单项 File 中的 Exit 退出 Matlab
cd	改变当前 Matlab 运行目录,缺省情况下 Matlab 的当前运行目录是:\Matlab6p1\work
pwd	显示当前 Matlab 运行目录

Matlab 作为一种高级语言,不但可以以命令行的方式完成操作,也可以像大多数程序语言一样具有数据结构、控制流、输入/输出和面向对象的编程能力,适用于各种应用程序设计。Matlab 语言具有语法相对简单、使用方便、调试容易等优点。关于 Matlab 程序设计的更详细的内容可以参考相关书籍。以下将简单介绍 Matlab 的使用,以期使读者能快速入门。

Matlab 的程序编写就像堆积木一样,可以通过编写. m 文件的方式将 Matlab 命令或函数组合成一个具体功能的命令或函数,通常将. m 文件称为脚本文件。脚本文件可以是 Matlab 的命令或函数,都可以以命令的形式在 Matlab 的命令窗口“>>”中运行。

[例 1-1] 先创建一个 magicrank. m 的脚本文件如下(采用 edit 命令进行编辑):

```
% Investigate the rank of magic squares
r = zeros(1,32);            % 调用 Matlab 函数,产生 1×32 的 0 向量
for n = 3:32                % 循环 30 次
    r(n) = rank(magic(n));  % 调用幻方函数 magic(n)得到 n×n 的幻方矩阵,
end                         % 并求其秩
r                           % 显示 r 的结果(注:没有分号)
bar(r)                      % 调用 Matlab 函数 bar,画出 r 的示意图
```

然后在 Matlab 环境中执行

```
>>magicrank
```

运行结果如图 1-1 所示。

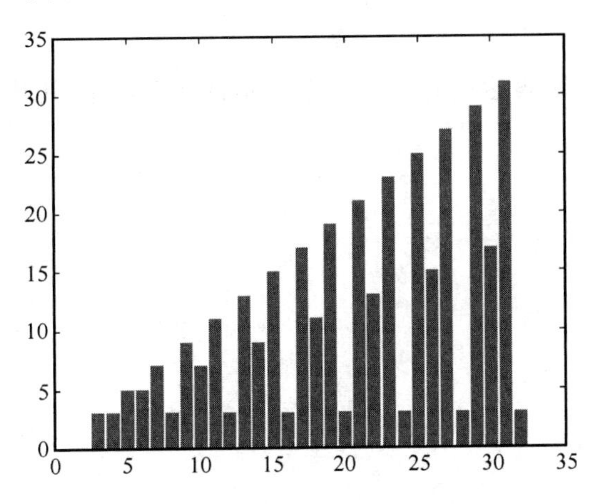

图 1-1　$n \times n$ 幻方矩阵的秩

例 1-1 所示是一个简单的脚本文件，或者也可以称之为一个命令 magicrank，它求出了从 3 到 30 的幻方矩阵的秩，并且用图的形式显示出来。

例 1-1 中涉及一些基本的 Matlab 语法和变量的存储、赋值方法，下面将介绍这部分内容，你将看到它是如此简单，以至于你马上可以动手编写你自己的命令。

1.1　Matlab 基本语法

本节仅介绍在信号分析和通信系统仿真中常用的基本语法，关于其他的语法部分读者可以参考 Matlab 的联机帮助手册。

1. 变量赋值与存储方式

在 Matlab 中，变量分成如下几类。

标量：标量的赋值如 a=10。

矢量：矢量是由多个标量组成的一个 n 元组，其赋值如下。

a=[1 3 5 7 9]; a=1:2:9; a=[1 7 6 2]

矩阵：矩阵的赋值如 A=[1 2 3; 4 5 6; 7 8 9]，其结果相当于矩阵

$$\boldsymbol{A}=\begin{pmatrix}1 & 2 & 3\\4 & 5 & 6\\7 & 8 & 9\end{pmatrix}$$

Matlab 中矩阵的存储是按列存储，即上述 **A** 矩阵在内存中的存储形式为

1	4	7	2	5	8	3	6	9

2. 程序控制语句

(1) 判断语句 if

if 语句判断一个逻辑表达式的值,并执行相应的系列命令,其基本语法如下:

```
if 表达式 1
    命令
elseif 表达式 2
    命令
…
else
    命令
end
```

例如:

```
a = 4; b=6;
if a > b
    'a 大于 b'
elseif a < b
    'a 小于 b'
elseif a == b
    'a 等于 b'
else
    error('不可能的事情发生了!!')
end
```

(2) 分支语句 switch 和 case

```
switch (a)
     case 0
     case 1
     case 2
     …
     otherwise
end
```

例如:

```
a=5;
b=mod(5,3);
switch(b)
```

```
        case 0
            '模 3 为 0'
        case 1
            '模 3 为 1'
        case 2
            '模 3 为 2'
        otherwise
            '不可能啊!'
    end
```

(3) 循环语句

循环语句可以用 for 或 while 实现。

例如:

```
for n = 3:32
    r(n) = n;
end
while 条件
    命令或函数
end
```

当条件不满足时,循环执行中间的命令或函数,当条件满足时,跳出循环执行下面的命令。

例如:

```
n=1;
while n<30
    r(n)=n;
    n = n+1;
end
```

(4) 跳出循环语句

有时可能需要在循环体中的某个点跳出,这可通过 continue 和 break 实现:

- continue 语句执行后,直接从该点跳到循环体的开始;
- break 语句执行后,直接从该点跳出循环体。

例如:

```
n=0;                          n=0;
while n<30                    while n<30
    n = n+1;                      n = n+1;
```

```
    if n==15                    if n==15
        continue;                   break;
    end                         end
    r(n)=n;                     r(n)=n;
end                         end
n                           n
```

执行结果分别为

```
30                          15
```

1.2 常用的 Matlab 函数

1. 随机数产生类

见表 1-3。

表 1-3 Matlab 中的随机数产生类函数

函数名	注　释	函数名	注　释
randn	产生标准正态随机变量	rand	产生 0～1 之间的均匀分布随机变量
randperm	产生随机的排序	hist	对矢量自动进行直方图统计

2. 数学类

见表 1-4。

表 1-4 Matlab 中的数学类函数

Matlab 函数名	注　释	Matlab 函数名	注　释
acos(x)	反余弦函数	cos(x)	余弦函数
acot(x)	反余切函数	cot(x)	余切函数
asin(x)	反正弦函数	sin(x)	正弦函数
atan(x)	反正切函数	tan(x)	正切函数
exp(x)	自然指数函数	pow2(x)	以 2 为底的指数
log(x)	自然对数函数	sqrt(x)	根号函数
log2(x)	以 2 为底的对数函数	floor(x)	向下取整数
log10(x)	以 10 为底的对数函数	ceil(x)	向上取整数
mod(x,y)	x 对 y 的模	round(x)	四舍五入函数
rem(x,y)	x 除以 y 的余数	sign(x)	符号函数

3. 做图类

见表 1-5。

表 1-5　Matlab 中的常用做图类函数

函数名	注　释	函数名	注　释
plot	打印图形	figure()	创建一个图的窗口
subplot	打印子图	semilogy	打印图形，纵轴为对数
loglog	打印图形，两轴都为对数	stem	打印离散点序列
stairs	打印序列的方波图形	xlabel	标注横轴
ylabel	标注纵轴	title	图的标题
legend	图的注释	hold	图是否重叠打印
grid	图是否有格线显示		

4. 信号处理类

见表 1-6。

表 1-6　Matlab 中常用信号处理类函数

函数名	注　释	函数名	注　释
fft	快速傅里叶变换	ifft	快速傅里叶反变换
dft	离散傅里叶变换	idft	离散反傅里叶变换
filter	滤波器函数	hilbert	希尔伯特变换
conv	卷积	xcorr	相关
deconv	解卷积		

5. 其他

见表 1-7。

表 1-7　Matlab 中常用其他函数

函数名	注　释	函数名	注　释
ones	全 0 序列	length	获得序列长度
zeros	全 1 序列	size	获得矩阵维数
reshape	重组序列	bin2dec	二进制到十进制转换
sum	求和	mean	求平均

注：所有函数的调用可以用>>help 函数名 在 Matlab 命令窗口中得到调用说明。更详细的内容可以参见Matlab的联机帮助。

1.3 Matlab 基本操作

1.3.1 矢量运算

以下叙述中,“>>”表示 Matlab 环境中输入的命令。

矢量的赋值可以通过

```
>>a =[1 2 3 4 6 4 3 4 5]
a =
  1   2   3   4   6   4   3   4   5
```

将每个 ***a*** 中的每个元素加 2,并且用矢量 ***b*** 表示:

```
>>b = a + 2
b =
  3   4   5   6   8   6   5   6   7
```

打印 ***b***

```
>>plot(b)
>>grid on
```

给图 1-2 加上横坐标、纵坐标的名称,如图 1-3 所示。

```
>>xlabel('Sample #')
>>ylabel('Pounds')
```

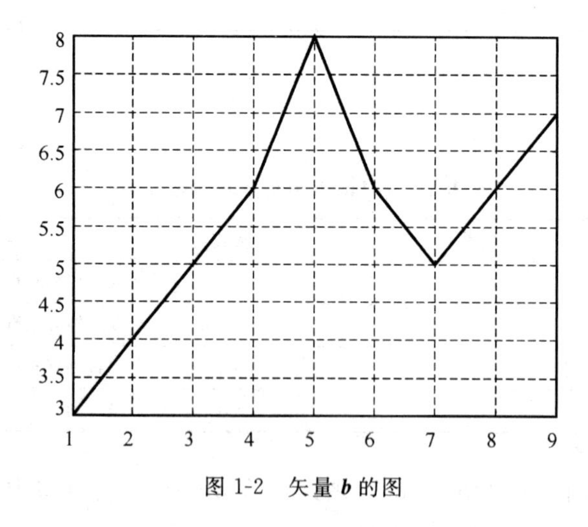

图 1-2 矢量 ***b*** 的图

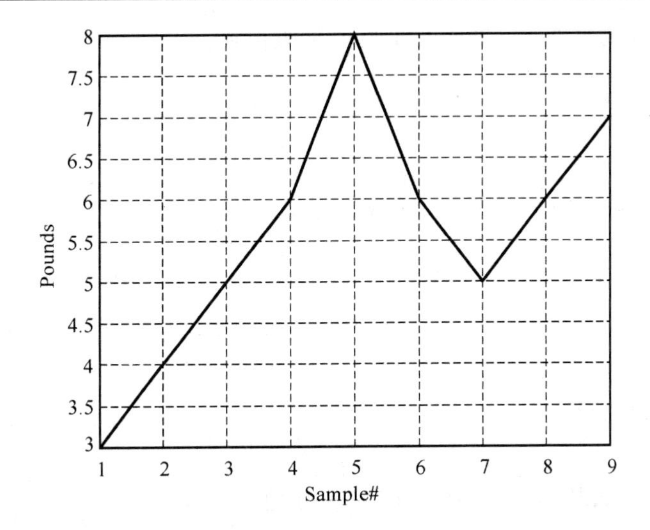

图 1-3　加横坐标、纵坐标后 ***b*** 的折线图

Matlab 可以用不同的符号画图，可以用不同的符号代表不同的曲线类型，如图 1-4 所示。

```
>>plot(b,'*')
>>axis([0 10 0 10])
```

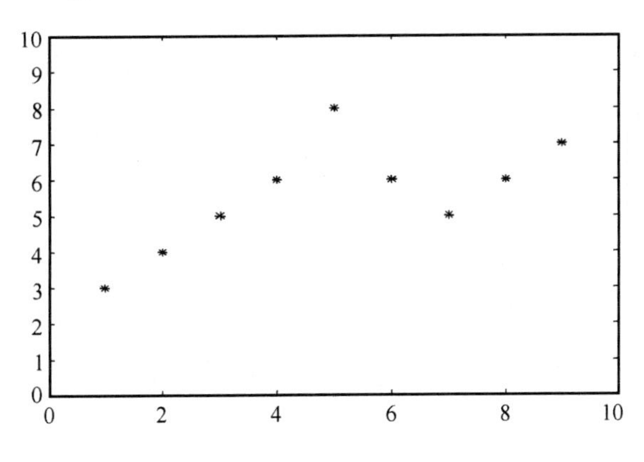

图 1-4　用 * 标出 ***b*** 的值

两个矢量可以进行加法和乘法，要求两个矢量具有相同的维数。

```
>>c = a+b
c =
  4   6   8  10  14  10   8  10  12
>>d=a-b
d =
  -2  -2  -2  -2  -2  -2  -2  -2  -2
```

两个矢量的点积运算表示两个矢量对应位置相乘:

```
>>e=a.* b
e =
  3   8  15  24  48  24  15  24  35
```

两个矢量的点除运算表示两个矢量对应位置相除:

```
>>f=a./ b
f =
  0.333  0.500  0.600  0.667  0.750  0.667  0.600  0.667  0.714
```

1.3.2 矩阵运算

创建一个矩阵 **A**,其中分号";"是矩阵行之间的分隔符。

```
>>A = [1 2 0; 2 5 -1; 4 10 -1]
A =
  1   2   0
  2   5  -1
  4  10  -1
```

矩阵的转置如下:

```
>>B = A'
B =
  1   2   4
  2   5  10
  0  -1  -1
```

矩阵的乘法如下:

```
>>C = A * B
C =
   5  12   24
  12  30   59
  24  59  117
```

两个矩阵中的相应元素相乘的运算用. * 表示,结果如下:

```
>>C = A .* B
C =
  1    4    0
  4   25  -10
  0  -10    1
```

求矩阵 **A** 的逆：

```
>>X = inv(A)
X =
     5     2    -2
    -2    -1     1
     0    -2     1
```

验证 **A** 的逆与 **A** 相乘结果为单位阵：

```
>>I = inv(A) * A
I =
 1     0     0
 0     1     0
 0     0     1
```

Matlab 中对矩阵的处理有许多函数，可以通过 help 命令查看相应的函数功能。

求矩阵 **A** 的特征根：

```
>>eig(A)
ans =
     3.7321
     0.2679
     1.0000
```

求矩阵 **A** 的奇异值分解：

```
>>svd(A)
ans =
     12.3171
     0.5149
     0.1577
```

“poly” 函数产生矩阵的特征多项式的系数矢量，矩阵 **A** 的特征多项式系数为：

```
>>p = round(poly(A))
p =
  1    -5    5    -1
```

通过调用 roots 函数，可以容易求得矩阵 **A** 的特征根为(与 eig(A)的结果对照)：

```
>>roots(p)
ans =
     3.7321
     1.0000
     0.2679
```

任何时候,都可以用 whos 命令查看当前工作区中的变量及其维数。

```
>>whos
Name        Size          Bytes  Class
A           3×3           72 double array
B           3×3           72 double array
C           3×3           72 double array
I           3×3           72 double array
X           3×3           72 double array
a           1×9           72 double array
ans         3×1           24 double array
b           1×9           72 double array
p           1×4           32 double array
Grand total is 70 elements using 560 bytes
```

可以直接敲变量名查看变量的值,如:

```
>>A
A =
  1   2    0
  2   5   -1
  4  10   -1
```

同一行中,命令之间可以通过分号分隔开,而命令后加分号同时表示输出结果不显示在命令窗口。如:

```
>>X=inv(A); Y=eig(A)
Y =
  3.7321
  0.2679
  1.0000
```

如果没有将结果赋值给某个变量,Matlab 自动缺省认为结果存在临时变量 ans 中,如:

```
>>sqrt(-1)
ans =
     0 + 1.0000i
```

可以通过函数 reshape 将矢量变成矩阵或者矩阵变成矢量,如:

```
>>A
A =
  1   2    0
  2   5   -1
  4  10   -1
```

```
>>D = reshape(A,1,9)
D =
  1   2   4   2   5  10    0    -1   -1
```

可以看到,reshape(A,1,9)将 **A** 矩阵变成一个长度为 1×9 的矢量 **D**。可以通过reshape函数将矢量变成矩阵形式,如:

```
>>E = reshape(D,3,3)
E =
  1   2    0
  2   5   -1
  4  10   -1
```

将矢量 **D** 变成 3×3 的矩阵。

1.3.3　子函数编写

Matlab 允许编写一个带输入参数、输出参数的子函数,子函数通常可以有两种形式存在,一种是单独的.m 文件,另外一种是附在主程序后。无论哪种形式,其编写的格式都一样,第一句语句必须是 function,例如,函数 stat 的编写如下:

```
function [mean,stdev] = stat(x)
    %STAT Interesting statistics.
    n = length(x);
    mean = sum(x) / n;
    stdev = sqrt(sum((x - mean).^2)/n);
```

上述函数“stat(x)”实现了对矢量 ***x*** 的求均值和方差的运算,并将均值、方差返回变量 mean 和 stdev 中。

第2章　确定信号分析

通信系统中利用信号来传递信息，确定信号是时间的确定函数。通信系统中的通信信道及其收发设备中的很多部分可以等效成线性时不变系统(LTI)来建模，因此，确定信号的性质及其通过线性系统的分析是分析通信系统的数学工具。

本章的讨论包括了信号的傅里叶(Fourier)变换、信号能量、功率和自相关、信号频谱、带宽、基带信号和带通信号、信号的希尔伯特(Hilbert)变换及带通信号的等效基带信号表示，然后通过 Matlab 软件的使用来加深理解。

2.1　周期信号的傅里叶级数

周期信号定义为随时间变化，取值呈周期变化的信号，即 $f(t)=f(t+kT)$ ，k 为整数，T 称为信号的周期。一个正弦型信号源即为一个典型的周期信号。如果周期信号在一个周期内可积，则可以通过傅里叶级数展开该周期信号。傅里叶级数展开如式(2-1)：

$$f(t)=\sum_{n=-\infty}^{\infty}F_n\mathrm{e}^{\mathrm{j}2\pi nf_s t}$$

$$F_n=\begin{cases}\dfrac{1}{T}\displaystyle\int_0^T f(t)\mathrm{e}^{-\mathrm{j}2\pi nf_s t}\,\mathrm{d}t & n\neq 0\\ \dfrac{1}{T}\displaystyle\int_0^T f(t)\,\mathrm{d}t & n=0\end{cases}\tag{2-1}$$

其中，T 为周期信号的最小周期，$f_s=1/T$；F_n 为傅里叶展开系数，其物理意义为频率分量 nf_s 的幅度和相位。

［**例 2-1**］　设周期信号的一个周期波形为 $f(t)=\begin{cases}1 & 0\leqslant t<T/2\\ -1 & T/2\leqslant t<T\end{cases}$，求该周期信号的傅里叶级数展开解析式，并用 Matlab 画出傅里叶级数展开后的波形。

解　$F_0=0$

$$
\begin{aligned}
F_n &= \frac{1}{T}\int_0^T f(t)\mathrm{e}^{-\mathrm{j}2\pi n f_s t}\mathrm{d}t \\
&= \frac{1}{T}\left(\int_0^{T/2} \mathrm{e}^{-\mathrm{j}2\pi n f_s t}\mathrm{d}t - \int_{T/2}^{T} \mathrm{e}^{-\mathrm{j}2\pi n f_s t}\mathrm{d}t\right) \\
&= \frac{1}{T}\left(\frac{\mathrm{e}^{-\mathrm{j}\pi n}-1}{-\mathrm{j}2\pi n f_s} - \frac{1-\mathrm{e}^{-\mathrm{j}\pi n}}{-\mathrm{j}2\pi n f_s}\right) \\
&= \frac{\sin(n\pi/2)}{n\pi/2}\mathrm{e}^{-\mathrm{j}n\pi/2} \\
&= \mathrm{sinc}(n/2)\mathrm{e}^{-\mathrm{j}n\pi/2}
\end{aligned}
$$

由式(2-1)表明，信号可以展开成一系列频率为 $1/T$ 整数倍的正弦、余弦信号的加权叠加，其中相应的频率分量加权系数即为 F_n。下例中采用 Matlab 程序画出了取 $2N+1$ 项近似式的波形($N=100$)。

```
%周期信号(方波)的展开,fb_jinshi.m
close all;
clear all;
N=100;      %取展开式的项数为2N+1项

T=1;
fs=1/T;
N_sample=128; %为了画出波形,设置每个周期的采样点数
dt = T/N_sample;

t=0:dt:10*T-dt;
n=-N:N;
Fn = sinc(n/2).*exp(-j*n*pi/2);
Fn(N+1)=0;
ft = zeros(1,length(t));
for m=-N:N
    ft = ft + Fn(m+N+1)*exp(j*2*pi*m*fs*t);
end
plot(t,ft)
```

运行结果如图 2-1 所示。

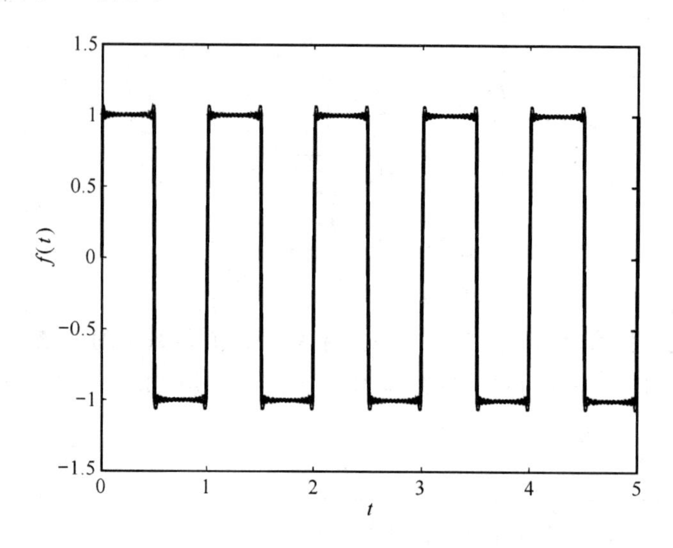

图 2-1　$N=100$ 时的叠加波形

2.2　信号的傅里叶变换及其性质

2.2.1　傅里叶变换与反变换

对于非周期信号,如果满足一定可积的条件,则可以用傅里叶变换对非周期信号进行频域分析。信号的傅里叶变换见式(2-2):

$$S(f)=\mathscr{F}[s(t)]=\int_{-\infty}^{\infty}s(t)\mathrm{e}^{-\mathrm{j}2\pi ft}\mathrm{d}t \quad \Leftrightarrow$$

$$s(t)=\mathscr{F}^{-1}[S(f)]=\int_{-\infty}^{\infty}S(f)\mathrm{e}^{\mathrm{j}2\pi ft}\mathrm{d}f \tag{2-2}$$

其中,$S(f)$称为信号 $s(t)$的傅里叶变换,它表示了信号 $s(t)$的频谱特性。

[**例 2-2**]　设信号波形为 $s(t)=\begin{cases}1 & 0\leqslant t<T/2\\ -1 & T/2\leqslant t<T\end{cases}$,求该信号的傅里叶变换 $S(f)$。

解

$$\begin{aligned}S(f)&=\int_{0}^{T/2}\mathrm{e}^{-\mathrm{j}2\pi ft}\mathrm{d}t-\int_{T/2}^{T}\mathrm{e}^{-\mathrm{j}2\pi ft}\mathrm{d}t\\&=\frac{\mathrm{e}^{-\mathrm{j}\pi fT}-1}{-\mathrm{j}2\pi f}-\frac{\mathrm{e}^{-\mathrm{j}2\pi fT}-\mathrm{e}^{-\mathrm{j}\pi fT}}{-\mathrm{j}2\pi f}\end{aligned}$$

$$= e^{-j\pi fT/2}\ \frac{\sin(\pi fT/2)}{\pi f}(1-e^{-j\pi fT})$$

$$= j\frac{\pi f}{2}T^2 e^{-j\pi fT}\ \frac{\sin^2(\pi fT/2)}{(\pi fT/2)^2}$$

$$= j\frac{\pi f}{2}T^2 e^{-j\pi fT}\,\mathrm{sinc}^2(fT/2)$$

[**例 2-3**]　利用离散傅里叶变换(DFT)计算信号 $s(t)$的傅里叶变换。

解　设一个信号 $s(t)$经过等间隔抽样后,得到序列 $\{s_n, n=0,1,2,\cdots,N-1\}$, $s_n = s(n\Delta t)$,序列 s_n的 DFT 变换为

$$S_k = \sum_{n=0}^{N-1} s_n e^{-j\frac{2\pi}{N}nk} \qquad (k=0,1,2,\cdots,N-1)$$

$s(t)$在一段时间$[0,T]$内的傅里叶变换为

$$\begin{aligned} S(f) &= \int_0^T s(t)e^{-j2\pi ft}\,dt \\ &= \lim_{N\to\infty}\sum_{n=0}^{N-1} s(n\Delta t)e^{-j2\pi fn\Delta t}\Delta t \\ &\overset{\Delta t=T/N}{=} \lim_{N\to\infty}\frac{T}{N}\sum_{n=0}^{N-1} s(n\Delta t)e^{-j\frac{2\pi}{N}nfT} \\ &= \lim_{N\to\infty}\frac{T}{N}\sum_{n=0}^{N-1} s_n e^{-j\frac{2\pi}{N}nfT} \end{aligned}$$

如果对 $S(f)$也进行等间隔抽样,且抽样间隔为 $\Delta f = 1/T$,则频率范围为 $[0, (N-1)\Delta f]$,

$$S(k\Delta f) = \lim_{N\to\infty}\frac{T}{N}\sum_{n=0}^{N-1} s_n e^{-j\frac{2\pi}{N}nk} = \lim_{N\to\infty}\frac{T}{N}S_k \qquad (k=0,1,2,\cdots,N-1)$$

因此,从上述关系可以看到,离散抽样信号的 DFT 与在一段时间内该信号的傅里叶变换的抽样成正比。由于 $S_k = S_{k+m\times N}$,因此信号频谱的负轴部分可以通过平移得到。

注:由于只取了信号的一段区间进行抽样,因此通过上述计算得到的信号频谱并非真正的信号频谱,而是信号加了一个时间窗后的频谱。当信号是随时间衰减的情况或时限信号,只要时间窗足够长,可以通过这种方法获得信号的近似频谱。另外一个问题是,时限信号的频谱无限宽,抽样后的频谱相当于将该频谱按抽样频率间隔搬移叠加的结果,这势必造成混迭的效果,造成这种方法的不精确性。因此由 DFT 计算的信号频谱精度依赖于信号、抽样的时间间隔和时间窗的大小。一般而言,对于时限信号且抽样时间间隔小的情况下能获得较为精确的信号频谱。

[**例 2-4**]　利用 DFT 计算信号的频谱并与信号的真实频谱的抽样比较。

脚本文件 T2F. m 定义了函数 T2F,计算信号的傅里叶变换。

```
function [f,sf]= T2F(t,st)
% This is a function using the FFT function to calculate a signal's Fourier
% Translation
% Input is the time and the signal vectors,the length of time must greater
% than 2
% Output is the frequency and the signal spectrum
dt = t(2) - t(1);
T = t(end);
df = 1/T;
N = length(st);

f = -N/2 * df:df:N/2 * df - df;
sf = fft(st);
sf = T/N * fftshift(sf);
```

脚本文件 F2T.m 定义了函数 F2T,计算信号的反傅里叶变换。

```
function [t,st]=F2T(f,sf)
% This function calculate the time signal using ifft function for the input
% signal's spectrum

df = f(2) - f(1);
Fmx = ( f(end) - f(1) + df);
dt = 1/Fmx;
N = length(sf);
T = dt * N;

% t = - T/2:dt:T/2 - dt;
t = 0:dt:T - dt;

sff = ifftshift(sf);
st = Fmx * ifft(sff);
```

另写脚本文件 fb_spec. m 如下：

```
%方波的傅里叶变换，fb_spec.m
clear all;close all;
T=1;
N_sample = 128;
dt=T/N_sample;

t=0:dt:T-dt;
st=[ones(1,N_sample/2), -ones(1,N_sample/2)];  %方波一个周期
subplot(211);
plot(t,st);
axis([0 1 -2 2]);
xlabel('t'); ylabel('s(t)');
subplot(212);
[f,sf]=T2F(t,st);                              %方波频谱
plot(f,abs(sf)); hold on;
axis([-10 10 0 1]);
xlabel('f');ylabel('|S(f)|');
%根据傅里叶变换计算得到的信号频谱相应位置的抽样值
sff=T^2*j*pi*f*0.5.*exp(-j*2*pi*f*T).*sinc(f*T*0.5).*sinc(f*
    T*0.5);
plot(f,abs(sff),'r-')
```

运行结果如图 2-2 所示。

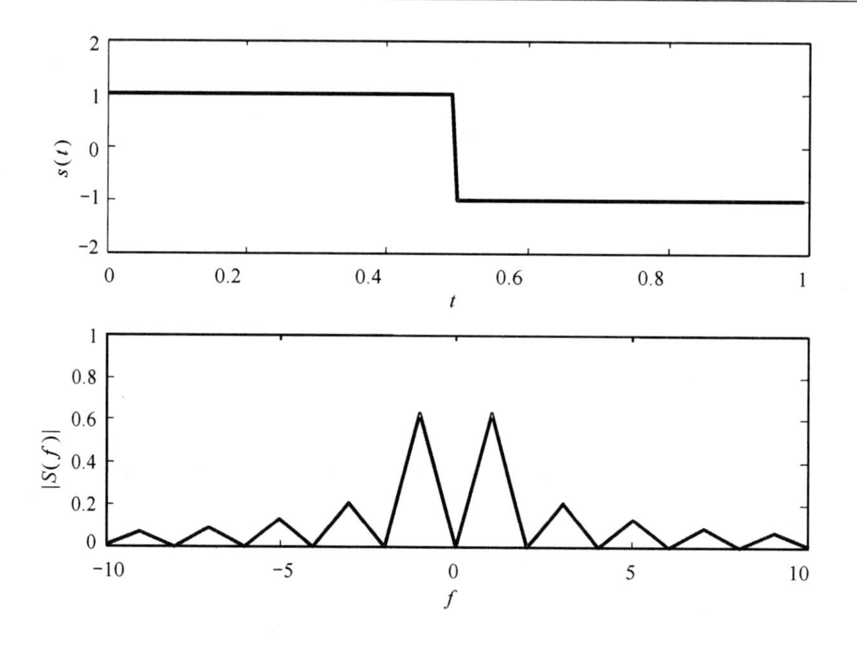

图 2-2 用 DFT 计算信号的频谱

2.2.2 信号的能量、功率及其自相关

若信号能量

$$E_s = \int_{-\infty}^{\infty} |s(t)|^2 \mathrm{d}t \tag{2-3}$$

存在,则称该信号为能量信号。若信号的能量不存在(无穷大),但其功率

$$P_s = \lim_{T \to \infty} \frac{1}{T} \int_{-T/2}^{T/2} |s(t)|^2 \mathrm{d}t \tag{2-4}$$

存在,则称该信号为功率信号。

1. 信号的自相关

信号的自相关定义为

$$R_s(\tau) = \int_{-\infty}^{\infty} s(t)^* s(t+\tau) \mathrm{d}t \tag{2-5}$$

其中,$s(t)^*$ 表示信号 $s(t)$ 的复共轭信号。

2. 能量信号的能谱密度

对信号的自相关取傅里叶变换,则

$$\begin{aligned}\mathscr{F}[R_s(\tau)] &= \int_{-\infty}^{\infty}\int_{-\infty}^{\infty} s(t)^* s(t+\tau)\mathrm{e}^{-\mathrm{j}2\pi f\tau}\mathrm{d}\tau\mathrm{d}t \\ &= \int_{-\infty}^{\infty}\int_{-\infty}^{\infty} s(t)^* \mathrm{e}^{\mathrm{j}2\pi ft} s(t+\tau)\mathrm{e}^{-\mathrm{j}2\pi f(\tau+t)}\mathrm{d}\tau\mathrm{d}t \\ &\overset{v=t+\tau}{=\!=\!=} \left[\int_{-\infty}^{\infty} s(t)\mathrm{e}^{-\mathrm{j}2\pi ft}\mathrm{d}t\right]^* \int_{-\infty}^{\infty} s(v)\mathrm{e}^{-\mathrm{j}2\pi fv}\mathrm{d}v \\ &= |S(f)|^2\end{aligned} \tag{2-6}$$

根据帕塞瓦尔定理(能量守恒),可以知道

$$E_s = \int_{-\infty}^{\infty} |s(t)|^2\mathrm{d}t = \int_{-\infty}^{\infty} |S(f)|^2\mathrm{d}f \tag{2-7}$$

因此,可以将 $|S(f)|^2$ 看成是信号的能量谱密度,表示能量随频率的分布。由此可以看到,能量信号的自相关与其能谱密度是一对傅里叶变换对。

3. 功率信号的功率谱密度

由于功率信号通常能量为无限大,因此定义功率信号的截断函数

$$s_T(t)=\begin{cases} s(t) & t\leqslant |T/2| \\ 0 & \text{其他}\end{cases} \tag{2-8}$$

则截断信号为能量信号,因此其能谱密度与自相关是傅里叶变换对的关系,即

$$\mathscr{F}[R_T(\tau)]=|S_T(f)|^2 \tag{2-9}$$

其中

$$R_T(\tau) = \int_{-\infty}^{\infty} s_T(t)^* s_T(t+\tau)\mathrm{d}t \tag{2-10}$$

$$S_T(f) = \mathscr{F}[s_T(\tau)] \tag{2-11}$$

若信号的平均自相关

$$R_s(\tau) = \lim_{T\to\infty}\frac{1}{T}\int_{-T/2}^{T/2} s(t)^* s(t+\tau)\mathrm{d}t = \lim_{T\to\infty}\frac{R_T(\tau)}{T} \tag{2-12}$$

存在,则功率谱密度

$$P_s(f)=\lim_{T\to\infty}\frac{|S_T(f)|^2}{T} \tag{2-13}$$

存在,且信号的平均自相关与功率谱密度是一对傅里叶变换对。可以看到,信号的功率谱密度可以通过求其频谱的模平方被时间的平均而得到。

[**例 2-5**]　已知信号 $s_1(t)=\mathrm{e}^{-5t}U(t)\cos 20\pi t$,$s_2(t)=U(t)\cos 20\pi t$,说明信号类型,并用 Matlab 画出其波形,求其相应的功率或能量。

解　容易知道,$s_1(t)$是能量信号,$s_2(t)$是功率信号,其相应的能量和功率计算如下:

$$E_1 = \int_{-\infty}^{\infty} s_1^2(t)\mathrm{d}t$$

$$P_2 = \lim_{T\to\infty}\frac{1}{T}\int_{-T/2}^{T/2} s_2^2(t)\,\mathrm{d}t$$

```
%信号的能量计算或功率计算,sig_pow.m
clear all;
close all;
dt = 0.01;
t = 0:dt:5;

s1 = exp(-5*t).*cos(20*pi*t);
s2 = cos(20*pi*t);

E1 = sum(s1.*s1)*dt;                        %s1(t)的信号能量
P2 = sum(s2.*s2)*dt/(length(t)*dt);         %s2(t)的信号功率

[f1 s1f]= T2F(t,s1);                        %见例 2-4
[f2 s2f]= T2F(t,s2);

df = f1(2)-f1(1);
E1_f = sum(abs(s1f).^2)*df;                 %s1(t)的能量,用频域方式计算
df = f2(2)-f2(1);
T = t(end);
P2_f = sum(abs(s2f).^2)*df/T;               %s2(t)的功率,用频域方式计算

figure(1)
subplot(211)
plot(t,s1);
xlabel('t'); ylabel('s1(t)');
subplot(212)
plot(t,s2)
xlabel('t'); ylabel('s2(t)');
```

运行结果如图 2-3 所示。

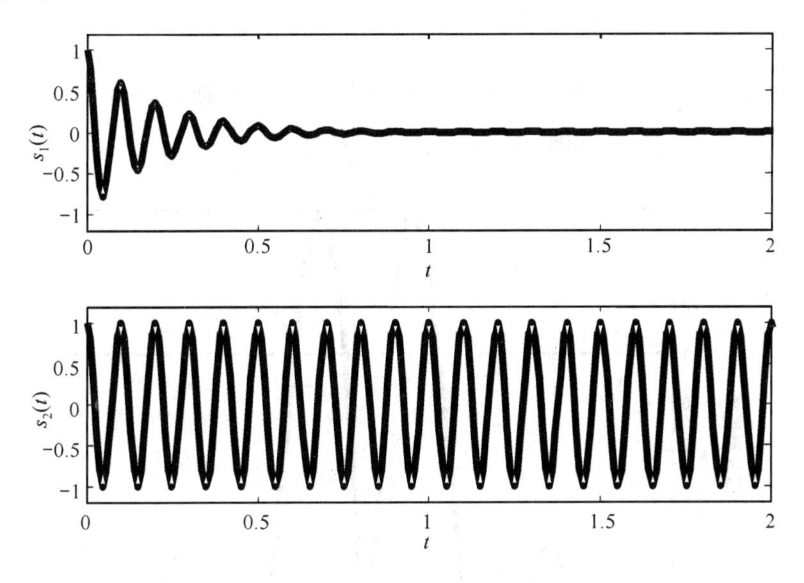

图 2-3　$s_1(t)$、$s_2(t)$信号波形

运行结果如下(E1 是用时域方式计算的能量,E1_f 是用频域方式计算的能量):

```
>>[ E1 E1_f]
>>ans =

   0.0554      0.0553
```

计算得到的信号 $s_1(t)$的能量为 0.055 4 W,$s_2(t)$的功率为 0.501 0 J(注:由于 T 在实际仿真中不可能取无穷,因此上述结果有误差,读者可以自行改变 t 的最大值 T,观察误差随时间的变化)。

2.2.3　信号带宽

信号经过傅里叶变换后得到信号的频谱,根据信号的频谱常可以将信号分成两类:基带信号、带通信号。

基带信号是指信号频谱分量集中在 0 频率附近的信号;而带通信号通常指信号的频谱分量集中在某个不为 0 的中心频率附近。

不同的信号不仅频谱形状不同,而且占用的频率范围也不同。信号占用的频率范围称为信号带宽。信号带宽的定义不是唯一的,即使对相同的信号,由于不同的信号带宽定义,也会得到不同的信号带宽。常用的信号带宽定义有如下几种。

1. 3 dB 带宽

3 dB 带宽通常是指功率谱密度的最高点下降到 1/2(或者幅度谱的最高点下降到 $1/\sqrt{2}$)时界定的频率范围,如图 2-4 所示。

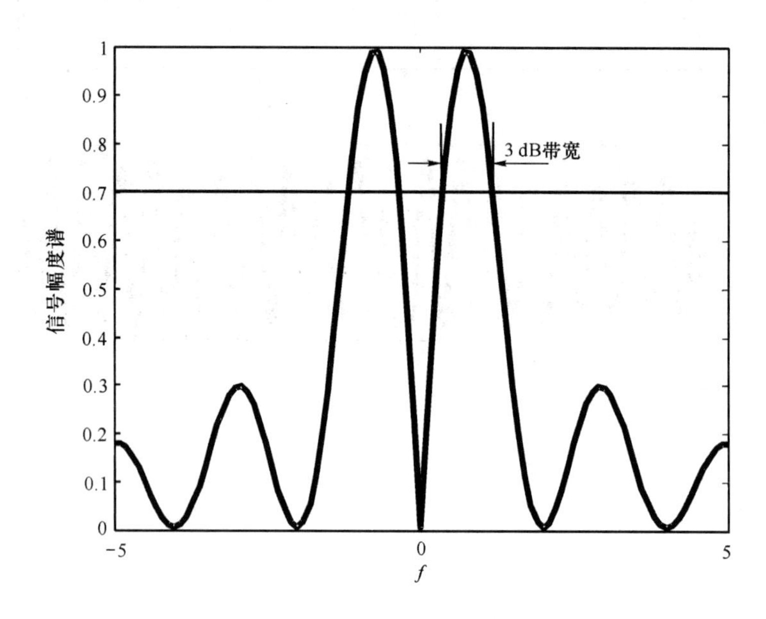

图 2-4 信号的 3 dB 带宽示意图

2. 等效(功率)带宽

信号的等效带宽是将信号等效成一个矩形谱的带宽,且该矩形谱的功率与信号的功率相同,即

$$B_{\mathrm{eq}}=\frac{\int_{-\infty}^{\infty}P_{\mathrm{s}}(f)\mathrm{d}f}{2\mid P_{\mathrm{s}}(f)\mid_{\max}}$$

3. 功率带宽

信号的功率带宽定义为占信号总功率的比例所占用的频率宽度,如 98%功率带宽是指在这个频率范围内的信号功率占总信号功率的 98%。

[**例 2-6**] 设信号波形为 $s(t)=\begin{cases}1 & 0\leqslant t<T/2\\ -1 & T/2\leqslant t<T\end{cases}$,编写 Matlab 脚本求该信号幅度谱 $S(f)$及 3 dB 带宽和等效带宽。

```
%方波的傅里叶变换,sig_band.m
clear all;
close all;
T=1;
N_sample = 128;
dt=1/N_sample;
t=0:dt:T-dt;
st=[ones(1,N_sample/2) -ones(1,N_sample/2)];

df=0.1/T;
Fx = 1/dt;
f=-Fx:df:Fx-df;
%根据傅里叶变换计算得到的信号频谱
sff=T^2*j*pi*f*0.5.*exp(-j*2*pi*f*T).*sinc(f*T*0.5).*sinc(f*
    T*0.5);
plot(f,abs(sff),'r-')
axis([-10 10 0 1]);
hold on;
sf_max = max(abs(sff));
line([f(1) f(end)],[sf_max sf_max]);
line([f(1) f(end)],[sf_max/sqrt(2) sf_max/sqrt(2)]);    %交点处为信号功率
                                                        %下降 3 dB 处
Bw_eq = sum(abs(sff).^2)*df/T/sf_max.^2;                %信号的等效带宽
```

2.3　信号的希尔伯特变换及其性质

本节讲述信号的希尔伯特变换及其性质、解析信号、频带信号与带通系统，以及频带信号的等效基带表示。

2.3.1　希尔伯特变换及其性质

信号的希尔伯特(Hilbert)变换定义为如下的数学变换对：

$$\hat{s}(t)=\mathscr{H}[s(t)]=\int_{-\infty}^{\infty}\frac{s(\tau)}{\pi(t-\tau)}\mathrm{d}\tau \quad\Leftrightarrow\quad s(t)=\mathscr{H}^{-1}[\hat{s}(t)]=-\int_{-\infty}^{\infty}\frac{\hat{s}(\tau)}{\pi(t-\tau)}\mathrm{d}\tau \tag{2-14}$$

从式(2-14)中可以看到,信号 $s(t)$的希尔伯特变换 $\hat{s}(t)$ 是 $s(t)$与信号 $\frac{1}{\pi t}$的卷积,根据信号卷积后的傅里叶变换关系,可以得到

$$\mathscr{F}[\hat{s}(t)]=\mathscr{F}[s(t)]\mathscr{F}\left[\frac{1}{\pi t}\right] \tag{2-15}$$

因为

$$\begin{aligned}\mathscr{F}^{-1}[\operatorname{sgn}(f)]&=\lim_{a\to 0}\left[\int_{-\infty}^{\infty}\mathrm{e}^{-af}U(f)\mathrm{e}^{\mathrm{j}2\pi ft}\mathrm{d}f-\int_{-\infty}^{\infty}\mathrm{e}^{af}U(-f)\mathrm{e}^{\mathrm{j}2\pi ft}\mathrm{d}f\right]\\&=\lim_{a\to 0}\left(\frac{-1}{-a+\mathrm{j}2\pi t}-\frac{1}{a+\mathrm{j}2\pi t}\right)\\&=\mathrm{j}\frac{1}{\pi t}\end{aligned} \tag{2-16}$$

$$H(f)=\mathscr{F}\left[\frac{1}{\pi t}\right]=-\mathrm{j}\operatorname{sgn}(f)=\begin{cases}-\mathrm{j} & f>0\\ \mathrm{j} & f<0\\ 0 & f=0\end{cases} \tag{2-17}$$

因此,信号经过希尔伯特变换后的频谱关系为

$$\mathscr{F}[\hat{s}(t)]=-\mathrm{j}\operatorname{sgn}(f)\mathscr{F}[s(t)] \tag{2-18}$$

也即,信号经过希尔伯特变换,相当于对信号的正频率分量移相$-90°$,负频率分量移相 $90°$,如图 2-5 所示,可以将希尔伯特变换等效成一个线性系统。

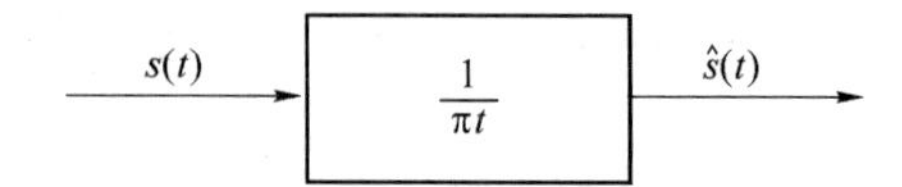

图 2-5 希尔伯特变换等效成一个线性系统

希尔伯特变换的性质如下。

(1) 奇偶性

$f(t)$ 与 $\hat{f}(t)$ 互为奇偶函数。

(2) 正交性

$$\int_{-\infty}^{\infty}f(t)\hat{f}(t)\mathrm{d}t=0$$

(3) 等能量

$$\int_{-\infty}^{\infty}f^2(t)\mathrm{d}t=\int_{-\infty}^{\infty}[\hat{f}(t)]^2\mathrm{d}t$$

2.3.2 解析信号及等效基带信号

1. 解析信号

定义一个信号 $f(t)$ 的解析信号为

$$z(t)=f(t)+\mathrm{j}\hat{f}(t)$$

则

$$\begin{aligned}Z(f)&=F(f)+\mathrm{j}(-\mathrm{j}\operatorname{sgn}(f))F(f)\\&=F(f)(1+\operatorname{sgn}(f))\\&=2F(f)U(f)\end{aligned}$$

即解析信号是信号 $f(t)$ 的频谱的右半轴对应的信号的两倍。

2. 带通信号的等效基带表示

带通信号是指信号的频谱位于某个中心频率附近的信号。设信号 $f(t)$ 为基带信号，则典型的带通信号为 $f(t)\cos\omega_c t$。

将带通信号的解析信号频谱向左平移至中心频率为 0，则经过此处理后信号变成基带信号，该基带信号与带通信号具有某种关系（频谱形状不变），称为该带通信号的等效基带信号。设带通信号为 $s(t)$，其中心频率为 f_c，则该带通信号的解析信号为

$$z(t)=s(t)+\mathrm{j}\hat{s}(t)$$

经过平移至零频率后得到

$$\begin{aligned}s_L(t)&=z(t)e^{-\mathrm{j}2\pi f_c t}=s_r(t)+\mathrm{j}s_c(t)\\z(t)&=s_L(t)e^{\mathrm{j}2\pi f_c t}=s(t)+\mathrm{j}\hat{s}(t)\end{aligned}\tag{2-19}$$

所以

$$\begin{aligned}s(t)&=s_r(t)\cos 2\pi f_c t-s_c(t)\sin 2\pi f_c t=\mathrm{Re}\left[s_L(t)e^{\mathrm{j}2\pi f_c t}\right]\\\hat{s}(t)&=s_r(t)\sin 2\pi f_c t+s_c(t)\cos 2\pi f_c t=\mathrm{Im}\left[s_L(t)e^{\mathrm{j}2\pi f_c t}\right]\end{aligned}\tag{2-20}$$

可以看到，带通信号可以通过等效基带信号乘上中心频率载波的实部来表示；带通信号的希尔伯特变换可以通过等效基带信号乘上中心频率载波的虚部来表示。

2.3.3 等效基带系统

设线性时不变系统的冲激响应是带通型，输入为带通型信号，则输出也为带通型信号，这种情况在实际系统中经常会遇到。例如，电台信号是一个带通型信号，经过传输后进入到收音机，收音机对接收信号进行滤波的过程就是上述的一个典型例子。通过下面的描述可以看到，这种情况可以等效成如下形式，即输入为等效基带信号，传输系统为等

效基带系统,输出为等效基带信号。

设带通系统响应为

$$h(t)=\mathrm{Re}\left[h_L(t)e^{j2\pi f_c t}\right]$$

输入信号为

$$s(t)=\mathrm{Re}\left[s_L(t)e^{j2\pi f_c t}\right]$$

则输出信号为输入信号与系统响应的卷积,即

$$y(t)=s(t)\otimes h(t)$$

以下将证明

$$y(t)=\mathrm{Re}\left[y_L(t)e^{j2\pi f_c t}\right]$$

且

$$y_L(t)=h_L(t)\otimes s_L(t)$$

设

$$H_L(f)=\mathscr{F}\left[h_L(t)\right],S_L(f)=\mathscr{F}\left[s_L(t)\right]$$

是基带信号,因此

$$H_L(f-f_c)S_L(-f-f_c)=0,H_L(-f-f_c)S_L(f-f_c)=0$$

则

$$\begin{aligned}Y(f)=H(f)S(f)&=\left[H_L(f-f_c)+H_L(-f-f_c)\right]\left[S_L(f-f_c)+S_L(-f-f_c)\right]\\&=H_L(f-f_c)S_L(f-f_c)+H_L(-f-f_c)S_L(-f-f_c)+\\&\quad H_L(-f-f_c)S_L(f-f_c)+H_L(f-f_c)S_L(-f-f_c)\\&=H_L(f-f_c)S_L(f-f_c)+H_L(-f-f_c)S_L(-f-f_c)\\&=Y_L(f-f_c)+Y_L(-f-f_c)\end{aligned}$$

因此

$$y(t)=\mathrm{Re}\left[y_L(t)e^{j2\pi f_c t}\right]$$

且

$$y_L(t)=s_L(t)\otimes h_L(t)$$

[**例 2-7**] 设输入信号为 $s(t)=e^{-t}\cos 20\pi t$,带通系统响应幅度谱

$$|H(f)|=\begin{cases}-1 & |f+10|\leqslant 5\\ 1 & |f-10|\leqslant 5\\ 0 & \text{其他}\end{cases}$$

求输出信号(比较等效基带系统结果与带通信号直接经过带通系统的结果)。

解 可以用带通信号直接经过带通系统求得输出信号,其中带通系统的冲激响应函数为

$$h(t)=\int_{5}^{15}e^{j2\pi ft}\,df-\int_{-15}^{-5}e^{j2\pi ft}\,df=\frac{\sin 30\pi t}{\pi t}-\frac{\sin 10\pi t}{\pi t}$$

带通系统的输出为

$$y(t)=s(t)\otimes h(t)$$

```
%带通信号经过带通系统的等效基带表示,sig_bandpass.m
clear all;
close all;
dt = 0.01;
t = 0:dt:5;

s1 = exp(-t).*cos(20*pi*t);                     %输入信号
[f1 s1f]= T2F(t,s1);                             %输入信号的频谱
s1_lowpass = hilbert(s1).*exp(-j*2*pi*10*t);    %输入信号的等效基带信号
[f2 s2f]=T2F(t,s1_lowpass);                      %输入等效基带信号的频谱

h2f = zeros(1,length(s2f));
[a b]=find( abs(s1f)==max(abs(s1f)) );           %找到带通信号的中心频率
h2f( 201-25:201+25 )= 1;
h2f( 301-25:301+25) = 1;
h2f = h2f.*exp(-j*2*pi*f2);                      %加入线性相位

[t1 h1] = F2T(f2,h2f);                           %带通系统的冲激响应
h1_lowpass = hilbert(h1).*exp(-j*2*pi*10*t1);   %等效基带系统的冲激响应

figure(1)
subplot(521);
plot(t,s1);
xlabel('t'); ylabel('s1(t)'); title('带通信号');
subplot(523);
plot(f1,abs(s1f));
xlabel('f'); ylabel('|S1(f)|'); title('带通信号幅度谱');
subplot(522)
plot(t,real(s1_lowpass));
xlabel('t');ylabel('Re[s_l(t)]');title('等效基带信号的实部');
subplot(524)
plot(f2,abs(s2f));
```

```
xlabel('f');ylabel('|S_l(f)|');title('等效基带信号的幅度谱');
%画带通系统及其等效基带的图
subplot(525)
plot(f2,abs(h2f));
xlabel('f');ylabel('|H(f)|');title('带通系统的传输响应幅度谱');
subplot(527)
plot(t1,h1);
xlabel('t');ylabel('h(t)');title('带通系统的冲激响应');

subplot(526)
[f3 hlf] = T2F(t1,h1_lowpass);
plot(f3,abs(hlf));
xlabel('f');ylabel('|H_l(f)|');title('带通系统的等效基带幅度谱');

subplot(528)
plot(t1,h1_lowpass);
xlabel('t');ylabel('h_l(t)');title('带通系统的等效基带冲激响应');

%画出带通信号经过带通系统的响应及等效基带信号经过等效基带系统的响应
tt = 0:dt:t1(end) + t(end);
yt = conv(s1,h1);

subplot(529)
plot(tt,yt);
xlabel('t');ylabel('y(t)');title('带通信号与带通系统响应的卷积')

ytl = conv(s1_lowpass,h1_lowpass). * exp(j * 2 * pi * 10 * tt);
subplot(5,2,10)
plot(tt,real(yt));
xlabel('t');ylabel('y_l(t)cos(20 * pi * t');
title('等效基带与等效基带系统响应的卷积×中心频率载波')
```

图 2-6 显示了一个带通信号经过带通系统的输出信号可以通过直接与带通系统进行卷积得到输出信号,也可以通过等效基带系统的方式得到最终的输出信号。图中可以看

到采用等效基带的方式与直接带通信号的处理方式得到的结果是完全相同的。

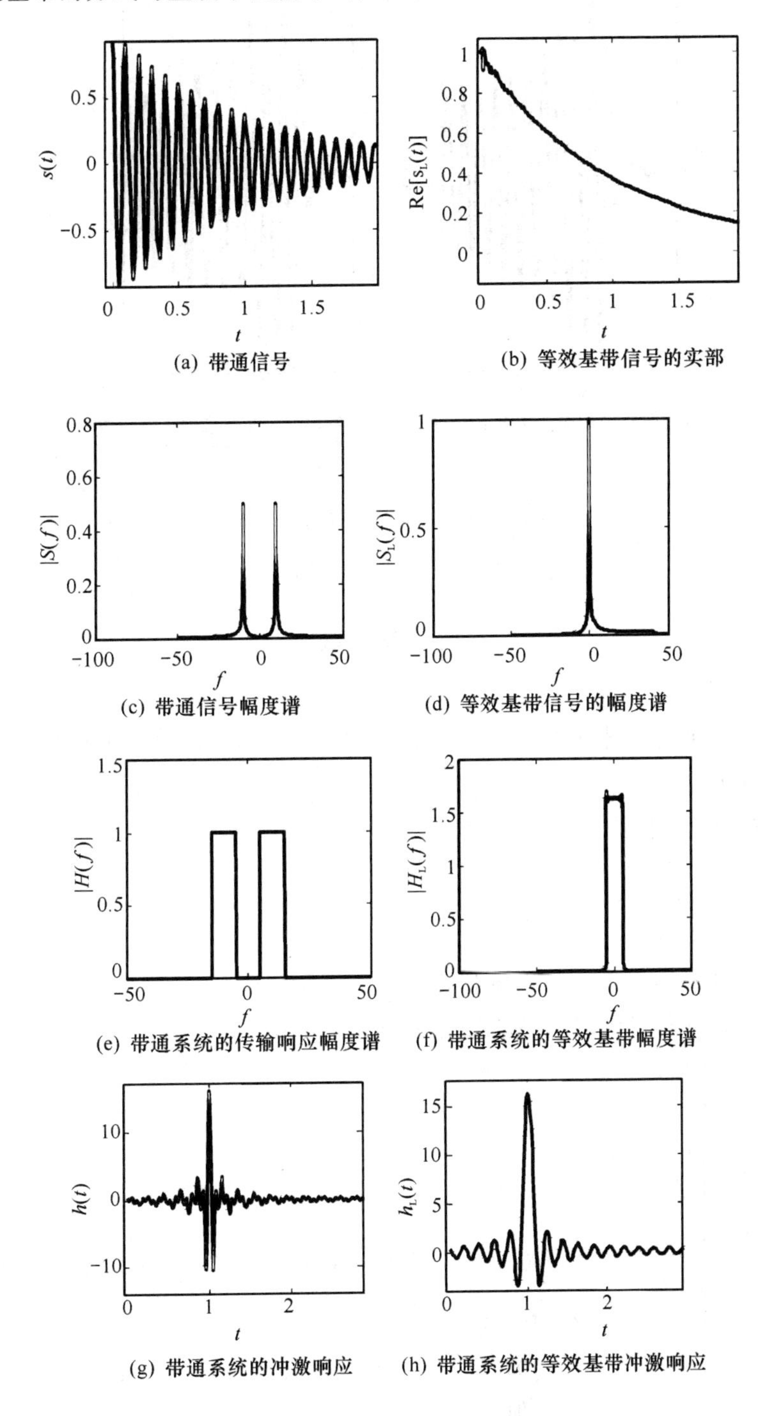

(a) 带通信号　(b) 等效基带信号的实部

(c) 带通信号幅度谱　(d) 等效基带信号的幅度谱

(e) 带通系统的传输响应幅度谱　(f) 带通系统的等效基带幅度谱

(g) 带通系统的冲激响应　(h) 带通系统的等效基带冲激响应

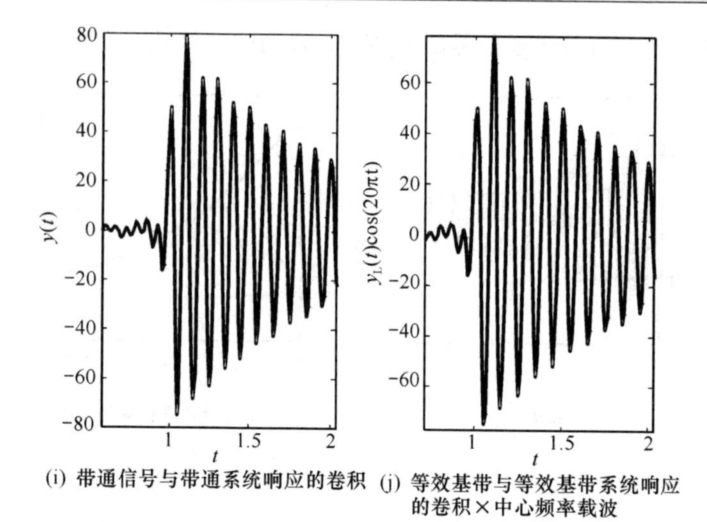

(i) 带通信号与带通系统响应的卷积 (j) 等效基带与等效基带系统响应的卷积×中心频率载波

图 2-6 带通信号经过带通系统的等效基带示意图

练 习 题

2-1 设信号 $s(t)$的傅里叶变换为 $S(f)=\mathrm{j}2\pi f/(1+\mathrm{j}2\pi f)$,试通过 Matlab 画出如下信号的波形及其频谱。

(1) $x(t)=s(2t+2)$

(2) $x(t)=\mathrm{e}^{-\mathrm{j}2t}s(t-1)$

(3) $x(t)=2\dfrac{\mathrm{d}s(t)}{\mathrm{d}t}$

2-2 设一个线性时不变系统的系统传递函数为 $H(f)=\mathrm{j}2\pi f/(1+\mathrm{j}2\pi f)$,通过 Matlab 画出如下输入信号经过该系统时的输出信号波形及其频谱。

(1) $x(t)=10\sin 2\pi ft$

(2) $x(t)=10(\sin 2\pi ft+\sin 20\pi ft+\sin 40\pi ft)$

(3) $x(t)=\begin{cases}1 & 0\leqslant t<1\\ 0 & 其他\end{cases}$

2-3 设输入信号为 $s(t)=g(t)\cos 20\pi t$,其中 $g(t)=\begin{cases}1 & 0\leqslant t<1\\ 0 & 其他\end{cases}$,带通系统响应幅度谱 $|H(f)|=\begin{cases}-1 & |f+10|\leqslant 5\\ 1 & |f-10|\leqslant 5\\ 0 & 其他\end{cases}$,其相位为线性相位 $\phi(f)=4\pi f$,即

$$H(f)=|H(f)|e^{-j\phi(f)}$$

通过 Matlab 画出输出信号波形。

(1) 用等效基带方式。

(2) 用直接卷积方式。

(3) 用频域相乘方式,再取傅里叶反变换方式。

(4) 画出输出信号的幅度谱。

(5) 求输出信号的功率(理论值与 Matlab 计算对比)。

(6) 改变带通系统的带宽,观察输出信号波形的变化。

2-4　信号 $x(t)$ 定义为

$$x(t)=\begin{cases}1 & -2\leqslant t\leqslant -1\\ |t| & |t|<1\\ 1 & 1\leqslant t<2\\ 0 & \text{其他}\end{cases}$$

通过 Matlab 画出该信号的幅度和相位谱。

2-5　信号

$$x(t)=\begin{cases}\cos(2\pi\times 47t)+\cos(2\pi\times 219t) & 0\leqslant t\leqslant 10\\ 0 & \text{其他}\end{cases}$$

(1) 求对应于该信号的解析信号。

(2) 求出并画出这个信号的希尔伯特变换。

(3) 求出并画出这个信号的包络。

(4) 分别假设 $f_0=47$ Hz 和 $f_0=219$ Hz,求该信号的等效低通,以及同相和正交分量。

第3章 随机过程

本章主要介绍随机过程的基本概念，并简单回顾了概率论中的一些知识，给出了用Matlab产生各种常用分布随机变量的方法。

3.1 随机变量及其分布

假设有一个黑箱子，其中有10个完全一样的球，球的标号从1，2，…，10，若伸手随机抓取一个球并放回去，这个被抓球的标号可能是1到10之间的任意一个，因此无法确知每次抓球的结果，这就是一种随机现象。所有可能的抓球结果称为随机试验的样本空间Ω，构造实数域上的函数$X(\Omega)$(如随机抓球得到的球号)，则X是一个随机变量。随机变量通常用概率分布或概率密度来描述其取值的随机性。如上例中，抓到5号球的概率为1/10。

如何理解什么是概率呢?

先定义Ω上的σ代数F，F定义为Ω的子集组成的集合，如果满足

(1) $\Omega \in F$；

(2) 如果$A \in F$，则$\overline{A} \in F$；

(3) 如果$A_n \in F, n=1,2,\cdots$则$\bigcup\limits_{n=1}^{\infty} A_n \in F$。

从上可以看到，Ω上的σ代数F是一个集合的集合(可以看成是事件的集合)，例如，随机抓球例子中，可以定义事件为抓球，结果为偶数事件A_1、奇数事件A_2，则$F=\{\varnothing, A_1, A_2, \Omega\}$就是一个$\Omega$上的$\sigma$代数，而每个事件是若干随机试验可能结果的集合，即$\Omega$的子集，如$A_1=\{2,4,6,8,10\}$，$A_2=\{1,3,5,7,9\}$。

设随机试验的所有样本取值空间为Ω，构造Ω上的一个σ代数F到实数集[0，1]的映射$P: F \to [0,1]$，如果满足

(1) 对于$\forall A \in F$，有$0 \leqslant P \leqslant 1$；

(2) $P(\Omega)=1$；

(3) 若$A_i \in F, i=1,2,\cdots$且$i \neq j$时，$A_i \cap A_j = \varnothing$(即不相交)，满足

$$P\left(\bigcup_{i=1}^{\infty} A_i\right) = \sum_{i=1}^{\infty} P(A_i)$$

则称 P 为定义在 (Ω,F) 上的一个概率，$P(A)(A\in F)$为事件 A 的概率，(Ω,F,P) 称为一个概率空间，直观上一个概率空间就是“所有样本的取值空间 Ω 中，构造了一些事件集合 F，并且定义了这些事件的概率 $P(A)(A\in F)$ ”。

1. 随机变量的累积分布函数(CDF,Cumulative Distribution Function)

随机变量 Y 的累积分布函数(概率分布函数)定义为

$$F(x)=P(Y\leqslant x) \tag{3-1}$$

其中 x 是一个实数，因此随机变量分布函数可以看成是随机变量 Y 取值小于 x 的概率。

2. 随机变量的概率密度函数(PDF,Probability Density Function)

如果 $p(x)=\dfrac{\mathrm{d}F(x)}{\mathrm{d}x}$ 存在，则称之为随机变量 Y 的概率密度函数。即随机变量的概率密度与累积分布函数是积分与微分的关系：

$$F(x)=\int_{-\infty}^{x}p(y)\mathrm{d}y \tag{3-2}$$

3. 数学期望

随机变量的数学期望定义为

$$m_x=E[x]=\int_{-\infty}^{\infty}xp(x)\mathrm{d}x \tag{3-3}$$

4. 矩

随机变量的 n 阶矩定义为

$$E[x^n]=\int_{-\infty}^{\infty}x^n p(x)\mathrm{d}x \tag{3-4}$$

5. 方差

随机变量的方差定义为

$$E[(x-m_x)^2]=\int_{-\infty}^{\infty}(x-m_x)^2 p(x)\mathrm{d}x=E[x^2]-m_x^2 \tag{3-5}$$

常用随机变量及其分布如表 3-1 所示。

表 3-1　常用随机变量及其分布

分布名称	概率密度	产生方法	Matlab 相应函数
(0,1)分布	$p(x)=\begin{pmatrix}0 & 1\\ p & 1-p\end{pmatrix}$	通过均匀分布的随机变量产生	

续 表

分布名称	概率密度	产生方法	Matlab 相应函数
二项分布	$p(x=k)=C_n^k p^k(1-p)^{n-k}$	通过(0,1)分布的随机变量产生	
泊松分布	$p(x=k)=\frac{\lambda^k}{k!}e^{-\lambda}$	通过二项分布近似	
均匀分布	$p(x)=\frac{1}{b-a}$	Matlab 自带函数(0,1)均匀分布	rand()
高斯分布	$p(x)=\frac{1}{\sqrt{2\pi\sigma^2}}e^{-\frac{(x-m_x)^2}{2\sigma^2}}$	Matlab 自带函数	randn()
负指数分布	$p(x)=\lambda e^{-\lambda x} \quad (x\geqslant 0)$	通过高斯分布函数产生	
瑞利分布	$p(x)=\frac{x}{\sigma^2}e^{-x^2/2\sigma^2} \quad (x\geqslant 0)$	通过高斯分布随机变量产生	
莱斯分布	$p(x)=\frac{x}{\sigma^2}e^{-(a^2+x^2)/2\sigma^2}I_0\left(\frac{ax}{\sigma^2}\right), x\geqslant 0$ $I_0(x)=\frac{1}{2\pi}\int_{-\pi}^{\pi}e^{x\cos\theta}d\theta$	通过高斯分布随机变量产生	

[例 3-1] 通过 Matlab 中的函数 rand 产生[0,1]均匀分布的随机变量,并用其产生 $p=0.3$ 的(0,1)分布随机变量。

解 若能产生[0,1]均匀分布的随机变量 X,则令 $Y=\begin{cases}0 & X\leqslant p\\1 & X>p\end{cases}$,则 $P(Y=0)=p$,$P(Y=1)=1-p$。

```
%产生一个(p,1-p)的0～1随机变量,文件rand01.m
function  s=rand01(p,m,n)
%输入参数:
%        p:0～1分布中0的概率
%        m,n:产生的随机变量样本个数m×n
%输出:产生的随机变量样本矢量
x = rand(m,n);
s = ( sign( x-p+eps ) +1 )/2;
```

[例 3-2] 通过上述(0,1)分布的随机变量产生二项分布(p,q)的随机变量。

解 令 $Y=\sum_{k=1}^{n}X_k$,其中 X_k是 (p,q) 分布的 0～1 随机变量,则 Y 服从二项分布

$$P(Y=m)=C_n^m p^{n-m} q^m$$

```
function s = rand2(p,N,m)
%产生(p,q)的二项分布的随机变量样本,文件 rand2.m
%输入参数:
%        p,N: 二项分布中的参数
%        m:产生的随机变量样本个数 1×m
%输出:产生的随机变量样本矢量
y = rand01(1-p,N,m);
s = sum(y);
```

[**例 3-3**]　通过 Matlab 中的函数 randn 产生 $N(0,1)$的高斯随机变量,并用其产生 $\sigma^2=2$ 的瑞利分布随机变量。

解　可以证明,两个独立同分布、均值为 0 的高斯随机变量 $N(0,\sigma^2)$ 的平方和开根号所得的随机变量服从功率为 $2\sigma^2$的瑞利分布。

```
function s = rayleigh(sigma2,m,n)
%产生瑞利分布的随机变量, 文件 rayleigh.m
%输入参数:
%         sigma2: 瑞利分布的功率
%         m,n:     输出 m×n 个样本
x = sqrt(sigma2/2) * randn(m,n);
y = sqrt(sigma2/2) * randn(m,n);
s = sqrt(x. * x+y. * y);
```

3.2　蒙特卡罗仿真算法

该算法又称随机性模拟算法,是通过计算机仿真来解决问题的算法,同时可以通过模拟来检验自己模型的正确性。

它的基本思想是,为了求解数学、物理、工程技术以及管理等方面的问题 ,首先建立一个概率模型或随机过程,使它们的参数,如概率分布或数学期望等是所求问题的解;然后通过对模型或过程的观察或抽样试验来计算所求参数的统计特征,并用算术平均值作

为所求解的近似值。对于随机性问题,有时还可以根据实际物理背景的概率法则,用电子计算机直接进行抽样试验,从而对问题进行解答。

[**例 3-4**] 蒙特卡罗方法进行积分的思想。

设要计算积分 $y=\int_a^b f(x)g(x)\mathrm{d}x$,且设 $f(x)$ 是一个在区间$[a,b]$上的概率密度函数,则

$$y=\int f(x)g(x)\mathrm{d}x=\lim_{N\to\infty}\sum_{i=1}^{N}(f(x_i)\mathrm{d}x)g(x_i)$$

因此若 $f(x)$ 是一个概率密度,其对应的随机变量为 X,则 $f(x_i)\mathrm{d}x$ 近似表示 X 在区间 $\left[x_i-\frac{\mathrm{d}x}{2},x_i+\frac{\mathrm{d}x}{2}\right]$ 内的概率,如果对 X 按 $f(x)$ 取 N 个样点,样点值在 $\left[x_i-\frac{\mathrm{d}x}{2},x_i+\frac{\mathrm{d}x}{2}\right]$ 内的个数为 i,则

$$\lim_{N\to\infty}\frac{i}{N}=f(x_i)\mathrm{d}x$$

因此上述积分可以通过产生概率密度为 $f(x)$的随机变量 X 的 N 个样本$(x_1,x_2,\cdots,x_N)$,然后计算

$$\tilde{y}=\frac{1}{N}\sum_i g(x_i)$$

当 N 趋于无穷时,$y=\tilde{y}$,即

$$\begin{aligned}y&=\int f(x)g(x)\mathrm{d}x=\lim_{N\to\infty}\sum_{i=1}^{N}(f(x_i)\mathrm{d}x)g(x_i)\\&=\lim_{N\to\infty}\frac{1}{N}\sum_{i=1}^{N}g(x_i)\end{aligned}$$

如果 $f(x)$不是概率密度函数,可以通过归一化的方式使之成为一个概率密度函数。

在通信系统的误码率计算中,由于计算公式复杂,甚至在很多情况下无法得到解析解,因此通过蒙特卡罗方法模拟实际的通信过程,得到仿真的通信系统误码率就成为一种方便的手段。在后续的章节中,将在第 5 章、第 6 章陆续介绍蒙特卡罗仿真在通信系统中的应用。

3.3 信息论初步

通信的目的是实现信息的传输。为了能定量地描述信息的传输、处理,需要给信息一个定量的表示。目前,关于信息的度量以 Shannon(1948)定义的信息量度量使用最为普遍。

1. 消息的概念(message)

消息是直接体现在通信系统的传输中的信息的载体(文字、语言等)。例如,英文有26个字母,如果在英文通信系统的一端发送“Zhang yimou won a top prize at the Venice Film Festival last Saturday”到另一端,真正信息的意义是这一段字母的含义。即消息是作为信息的载体,信息是消息传输的真正意义所在。信息可以理解为消息中包含的有意义的内容。

2. 信息的度量

在一切有意义的通信中,虽然消息的传递意味着信息的传递,但对于接收者而言,消息中所含的信息量是不同的。Shannon 的信息论假设,信息的大小与消息的出现概率有如下关系。

(1) 消息中所含的信息量 I 是出现该消息概率的函数,即 $I=I[p(x)]$。

(2) 消息的出现概率越小,它所含的信息量越大;反之,消息的出现概率越大,它所含的信息量越小,且当 $p(x)=1$ 时,$I=0$,即确定性的消息无信息。

(3) 若干个互相独立的事件构成的消息,所含信息量等于各独立事件信息量之和,即

$$I[p(x_1)p(x_2)\cdots]=I[p(x_1)]+I[p(x_2)]+\cdots$$

根据以上的假设,可以得到当 $I=\log\dfrac{1}{p(x)}$ 时,以上 3 点假设均能成立。

3. 信息量的大小

$$I=\log\frac{1}{p(x)}=-\log p(x)$$

如果计算中以 2 为底,计算得到的信息量的单位为 bit。

以二进制数字通信来说,传输的消息要么是 0,要么是 1。假设 0、1 的出现概率分别为 $\begin{pmatrix} 0 & 1 \\ p(0) & p(1) \end{pmatrix}$,$P(0)+P(1)=1$,且 0、1 的出现是互相独立的,则此二进制通信系统每传输一个符号,如果传 0,信息量为 $-\log p(0)$;如果传 1,信息量为 $-\log p(1)$。由于 0 出现的概率为 $p(0)$,1 出现的概率为 $p(1)$,可以计算得到平均每传输一个符号 X 传输的信息量为

$$H(X)=-p(0)\log p(0)-p(1)\log p(1)$$

将这个结论扩展到具有 n 个符号的离散信息源,假设每个符号出现是统计独立的,它们的概率分布为

$$\begin{pmatrix} x_1 & x_2 & \cdots & x_n \\ p(x_1) & p(x_2) & \cdots & p(x_n) \end{pmatrix}$$

则每个符号的平均信息量为

$$H(X)=\sum_{i=1}^{n}-p(x_i)\log p(x_i)$$

4. 熵

作为信息的定量度量,熵的概念非常重要。通常对于离散随机变量,熵定义为符号的平均信息量,其中每个符号信息量定义为其概率的负对数,即

$$H(X)=-\sum_{k=1}^{n}P(X=x_k)\log P(X=x_k)=E[-\log P(X=x_k)] \tag{3-6}$$

当对数的底取 2 时,上式单位为比特/符号。

对于连续型随机变量 X,其熵定义为

$$H(X)=-\int_{-\infty}^{\infty}p(x)\log p(x)\mathrm{d}x \tag{3-7}$$

从熵的定义看,可以将熵理解为符号 X 的平均不确定程度。当 X 的分布是均匀分布时,具有最大的不确定性;当 X 的分布中有 1 时,意味着 X 必然出现那个为 1 的字符,没有不确定性。因此,信息可以理解为一种关于 X 的不确定性的度量。

[例 3-5] 若信源的分布满足高斯分布 $X\sim N(1,1)$,试产生该信源的样本,并计算其熵。

```
%产生高斯信源并计算其熵
x = 1 + randn(1,100000);        %产生 N(1,1)高斯信源
px = 1/sqrt(2 * pi) * exp( - (x - 1).^2/2);
I = - mean(log2(px))                %近似的信源熵
```

3.4 平稳随机过程

平稳随机过程是通信中最常见也最有用的随机过程。

3.4.1 随机过程

若 $\xi(t)$ 表示一个随机过程,则在任意一个时刻 t_1 上的 $\xi(t_1)$ 是一个随机变量。可见,随机过程中每一时刻的值都是随机变量。

例如,假设 $X(t)=A\sin\omega_0 t$,其中 A 是[−1,1]之间均匀分布的随机变量,ω_0 是常

数,则可以看到 $X(t)$ 是一个随机过程,在任一个时刻 t_1,变量 $X(t_1)$ 是一个均匀分布的随机变量。

通常用 t_1 时刻的概率分布来表示随机过程是不充分的,因此随机过程一般用 n 维分布函数或 n 维概率密度函数来描述。

$\xi(t)$的 n 维分布函数的定义:

$$F_n(x_1,x_2,\cdots,x_n;t_1,t_2,\cdots,t_n)=P(\xi(t_1)\leqslant x_1,\xi(t_2)\leqslant x_2,\cdots,\xi(t_n)\leqslant x_n) \tag{3-8}$$

$\xi(t)$的 n 维概率密度函数(设分布函数可微):

$$f_n(x_1,x_2,\cdots,x_n;t_1,t_2,\cdots,t_n)=\frac{\partial F_n(x_1,x_2,\cdots,x_n;t_1,t_2,\cdots,t_n)}{\partial x_1\partial x_2\cdots\partial x_n} \tag{3-9}$$

$\xi(t)$ 的数学期望:

$$E[\xi(t)]=\int_{-\infty}^{\infty}xf_1(x,t)\mathrm{d}x=a(t) \tag{3-10}$$

随机过程 $\xi(t)$ 的方差:

$$\begin{aligned}D[\xi(t)]&=E\{\xi(t)-E[\xi(t)]\}^2=E[\xi(t)]^2-[E(\xi(t))]^2\\&=\int_{-\infty}^{\infty}x^2f_1(x,t)\mathrm{d}x-[a(t)]^2=\sigma^2(t)\end{aligned} \tag{3-11}$$

随机过程 $\xi(t)$的自相关函数:

$$R(t_1,t_2)=E[\xi(t_1)\xi(t_2)]=\int_{-\infty}^{\infty}\int_{-\infty}^{\infty}x_1x_2f_2(x_1,x_2;t_1,t_2)\mathrm{d}x_1\mathrm{d}x_2 \tag{3-12}$$

随机过程 $\xi(t)$的自协方差函数:

$$\begin{aligned}B(t_1,t_2)&=E\{[\xi(t_1)-a(t_1)][\xi(t_2)-a(t_2)]\}\\&=\int_{-\infty}^{\infty}\int_{-\infty}^{\infty}[x_1-a(t_1)][x_2-a(t_2)]f_2(x_1,x_2;t_1,t_2)\mathrm{d}x_1\mathrm{d}x_2\end{aligned}$$

$$B(t_1,t_2)=R(t_1,t_2)-E[\xi(t_1)]E[\xi(t_2)] \tag{3-13}$$

3.4.2　平稳随机过程

1. 严平稳随机过程

如果一个随机过程 $\xi(t)$ 的 n 维分布函数或 n 维分布密度函数与时间的绝对起点无关,即

$$f_n(x_1,x_2,\cdots,x_n;t_1,t_2,\cdots,t_n)=f_n(x_1,x_2,\cdots,x_n;t_1+\tau,t_2+\tau,\cdots,t_n+\tau) \tag{3-14}$$

或

$$F_n(x_1,x_2,\cdots,x_n;t_1,t_2,\cdots,t_n)=F_n(x_1,x_2,\cdots,x_n;t_1+\tau,t_2+\tau,\cdots,t_n+\tau) \tag{3-15}$$

则称此随机过程为一个严平稳随机过程。

设随机过程的期望和自相关存在,则严平稳随机过程有如下性质。

(1) $\xi(t)$ 的数学期望是常数：

$$E[\xi(t_1)] = \int_{-\infty}^{\infty} x f_1(x,t_1)\mathrm{d}x = \int_{-\infty}^{\infty} x f_1(x,t_1+\tau)\mathrm{d}x = E[\xi(t_2)] = a \quad (3\text{-}16)$$

(2) $\xi(t)$ 的自相关函数仅与时间差有关：

$$\begin{aligned} R(t_1,t_1+\tau) &= \int_{-\infty}^{\infty}\int_{-\infty}^{\infty} x_1 x_2 f_2(x_1,x_2;t_2,t_2+\tau)\mathrm{d}x_1\mathrm{d}x_2 \\ &= R(t_2,t_2+\tau) = R(\tau) \end{aligned} \quad (3\text{-}17)$$

由于 t_1、t_2是任意的，因此 $R(t_1,t_1+\tau)=R(\tau)$，即自相关仅与时间差有关，与 t_1 无关。

2. 宽平稳随机过程

如果随机过程的数学期望是常数，自相关函数仅与时间差有关，则称为宽平稳随机过程(注：宽平稳不一定严平稳)。以下如不特别说明，平稳随机过程均指宽平稳随机过程。

3. 随机过程的“各态历经性”

假设 $\xi(t)$ 是随机过程的一个实现，则“各态历经”指的是：

$$a = \lim_{T\to\infty}\frac{1}{T}\int_{-T/2}^{T/2}\xi(t)\mathrm{d}t = \overline{a}$$

$$\sigma^2 = \lim_{T\to\infty}\frac{1}{T}\int_{-T/2}^{T/2}\xi(t)^2\mathrm{d}t = \overline{\sigma^2}$$

$$R(\tau) = \lim_{T\to\infty}\frac{1}{T}\int_{-T/2}^{T/2}\xi(t)\xi(t+\tau)\mathrm{d}t = \overline{R(\tau)}$$

即统计平均等于时间平均，任何一个实现都遍历了随机过程的各个状态(注：平稳随机过程不一定是遍历的，遍历过程一定是宽平稳的)。

4. 平稳随机过程的功率谱密度

随机过程的功率谱密度定义为

$$P_\xi(\omega)=E\left[\lim_{T\to\infty}\frac{|F_T(\omega)|^2}{T}\right]=\lim_{T\to\infty}\frac{E[|F_T(\omega)|^2]}{T} \quad (3\text{-}18)$$

其中，$F_T(\omega)$是 $\xi(t)$的样本在时间[0，T]内截短的傅里叶变换。可以证明(维纳-欣钦定理)：平稳随机过程的自相关函数 $R(\tau)$ 与随机过程的功率谱密度 $P(\omega)$ 是一对傅里叶变换对，即

$$P(\omega) = \int_{-\infty}^{\infty} R(\tau)\mathrm{e}^{-\mathrm{j}\omega\tau}\mathrm{d}\tau \quad (3\text{-}19)$$

从式(3-18)可以看到，随机过程的功率谱密度可以通过产生大量随机过程的样本，然后对每个样本取傅里叶变换的模平方和时间平均，再将得到的各样本的功率谱密度取平均而得。当随机过程遍历时，只要取足够长的样本进行傅里叶变换，再取模平方和时间平均，就得到遍历随机过程的功率谱密度。

3.5　平稳随机过程经过线性非时变系统

如果线性非时变系统的输入是一个随机过程，则输出也是一个随机过程。当线性非时变系统的输入是一个平稳随机过程时，可以得到如下一些性质。

输出随机过程 $y(t)$的均值：

$$E[y(t)] = E[x(t)]\int_{-\infty}^{\infty} h(u)\mathrm{d}u \tag{3-20}$$

输出随机过程 $y(t)$的自相关及功率谱密度：

$$R_y(\tau) = \int_{-\infty}^{\infty}\int_{-\infty}^{\infty} R_x(\tau + u - v)h(u)h(v)\mathrm{d}u\mathrm{d}v \tag{3-21}$$

$$P_y(f) = |H(f)|^2 P_x(f) \tag{3-22}$$

随机过程 $x(t)$，$y(t)$的互相关及互功率谱密度：

$$R_{xy}(\tau) = R_x(\tau) * h(\tau) \tag{3-23}$$

$$P_{xy}(f) = H(f)P_x(f) \tag{3-24}$$

这里 $h(\tau)$是线性非时变系统的冲激响应，$H(f)$是其相应的傅里叶变换。

3.6　窄带平稳随机过程

这里窄带平稳随机过程定义为信号功率谱密度是一个带通型且带宽远小于中心频率的随机过程，通常窄带平稳随机过程 $X(t)$可以展开成如下形式：

$$X(t) = X_c(t)\cos 2\pi f_c t - X_s(t)\sin 2\pi f_c t = \mathrm{Re}\left[X_l(t)\mathrm{e}^{\mathrm{j}2\pi f_c t}\right] \tag{3-25}$$

其中，$X_l(t) = X_c(t) + \mathrm{j}X_s(t)$是等效基带信号，$X_c(t)$，$X_s(t)$分别是平稳随机过程，其功率谱密度是基带型。一个典型的窄带随机过程是高斯白噪声经过带通系统的输出。可以证明，窄带平稳过程具有如下性质：

- 如果 $X(t)$平稳，则 $X_c(t)$，$X_s(t)$也平稳；
- 如果 $E[X(t)]=0$，则 $E[X_c(t)]=E[X_s(t)]=0$；
- 如果 $X(t)$是高斯平稳过程，则 $X_c(t)$，$X_s(t)$也是高斯平稳过程；
- 如果 $X(t)$是高斯平稳过程且均值为 0，则 $X_c(t)$，$X_s(t)$相互正交，且功率与 $X(t)$相同。

［**例 3-6**］　高斯白噪声是一个功率谱密度为常数，且各时刻满足高斯分布的随机过程，设高斯白噪声的双边功率谱密度为 $N_0/2$，现将高斯白噪声经过一个中心频率为 f_c、带宽为 B 的带通滤波器，得到的输出信号即为窄带随机过程。

(1) 用 Matlab 产生高斯平稳窄带随机过程，$f_c=10$，$B=1$ Hz，$N_0=1$；

(2) 画出窄带高斯过程的等效基带信号;

(3) 求出窄带高斯过程的功率,等效基带信号的实部功率、虚部功率。

解

```
%例:窄带高斯过程,文件 zdpw.m
clear all; close all;
N0 = 1;             %单边功率谱密度
fc = 10;            %中心频率
B = 1;              %带宽

dt = 0.01;
T = 100;
t = 0:dt:T - dt;
%产生功率为 N0 * B 的高斯白噪声
P  =  N0 * B;
st  =  sqrt(P) * randn(1,length(t));
%将上述白噪声经过窄带带通系统
[f,sf]  =  T2F(t,st);                     %高斯信号频谱
figure(1)
plot(f,abs(sf));                          %高斯信号的幅频特性

[tt gt] = bpf(f,sf,fc - B/2,fc + B/2);    %高斯信号经过带通系统

glt  =  hilbert(real(gt));                %窄带信号的解析信号,调用 hilbert 函数
glt  =  glt. * exp( - j * 2 * pi * fc * tt);   %得到解析信号

[ff,glf] = T2F( tt, glt );
figure(2)
plot(ff,abs(glf));
xlabel('频率(Hz)'); ylabel('窄带高斯过程样本的幅频特性')

figure(3)
subplot(411);
plot(tt,real(gt));
title('窄带高斯过程样本')
subplot(412)
```

```
plot(tt,real(glt).*cos(2*pi*fc*tt)-imag(glt).*sin(2*pi*fc*tt))
title('由等效基带重构的窄带高斯过程样本')
subplot(413)
plot(tt,real(glt));
title('窄带高斯过程样本的同相分量')
subplot(414)
plot(tt,imag(glt));
xlabel('时间 t(秒)'); title('窄带高斯过程样本的正交分量')

%求窄带高斯信号功率;注:由于样本的功率近似等于随机过程的功率,因此可能出
%现一些偏差
P_gt=sum(real(gt).^2)/T;
P_glt_real = sum(real(glt).^2)/T;
P_glt_imag = sum(imag(glt).^2)/T;

%验证窄带高斯过程的同相分量、正交分量的正交性
a = real(glt)*(imag(glt))'/T;
```

用到的子函数如下:

```
function [t,st]=bpf(f,sf,B1,B2)
% This function filter an input at frequency domain by an ideal
% bandpass filter
% Inputs:
%     f: frequency samples
%     sf: input data spectrum samples
%     B1: bandpass's lower frequency
%     B2: bandpass's higher frequency
% Outputs:
%     t: frequency samples
%     st: output data's time samples
df = f(2)-f(1);
T = 1/df;
hf = zeros(1,length(f));
```

```
bf = [floor( B1/df ): floor( B2/df )] ;
bf1 = floor( length(f)/2 ) + bf;
bf2 = floor( length(f)/2 ) - bf;
hf(bf1) = 1/sqrt(2 * (B2 - B1));
hf(bf2) = 1/sqrt(2 * (B2 - B1));

yf = hf. * sf. * exp( - j * 2 * pi * f * 0.1 * T);
[t,st] = F2T(f,yf) ;
```

运行结果如图 3-1 所示。

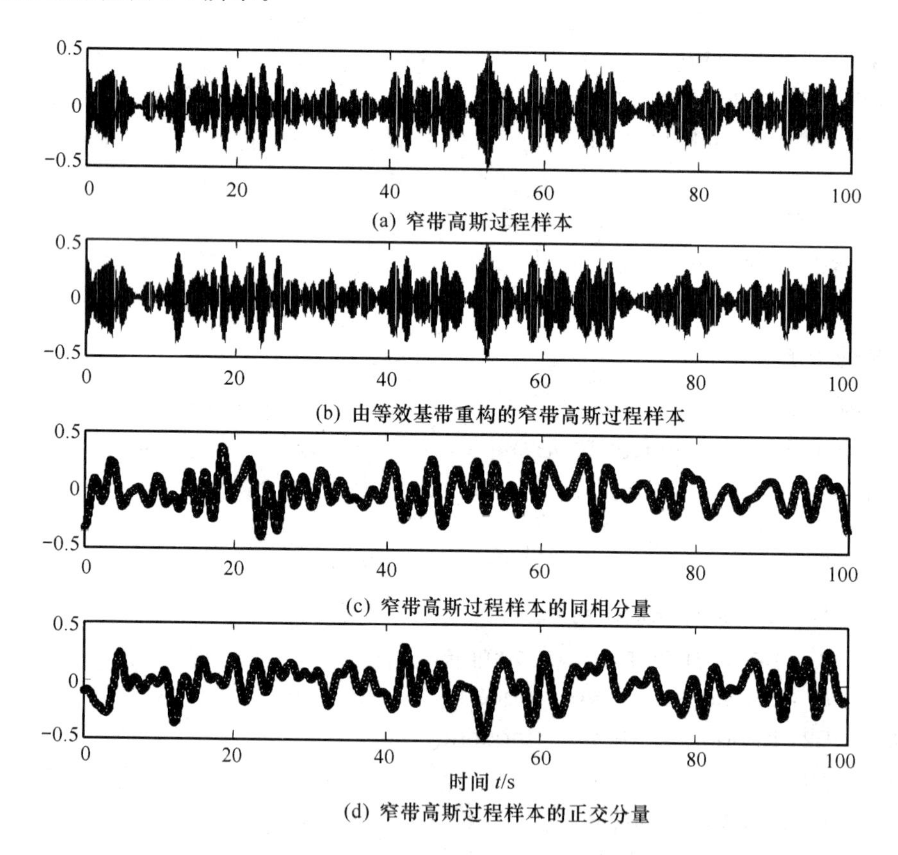

图 3-1　窄带高斯过程

练 习 题

3-1　利用 Matlab 函数 rand(1, N)在区间[0, 1]上产生 1 000 个均匀随机数的集合。

(1) 画出这个序列的直方图。直方图可以这样做:用覆盖住[0, 1]范围的 10 个等宽度的子区间去量化这个区间,并在每个子区间内计数。

(2) 调用 Matlab 函数 hist 画出这个序列的直方图,与你自己编写的直方图程序比较一下结果。

3-2　已知随机变量 $X=\sqrt{X_1^2+X_2^2}$,其中 $X_1\sim N(m,\sigma^2)$,$X_2\sim N(0,\sigma^2)$,且 X_1,X_2 独立。

(1) 求 X 的概率密度表达式,并计算其均值和方差。注:X 的概率密度满足莱斯(Rice)分布。

(2) 用 Matlab 产生该随机变量的一个长样本,求其均值和方差,用 hist 画出其直方图,与概率密度对比。

3-3　已知窄带过程

$$X(t)=A\cos 2\pi f_c t+n(t)$$

其中

$$n(t)=n_c(t)\cos 2\pi f_c t-n_s(t)\sin 2\pi f_c t$$

是一个零均值的窄带高斯过程,平均功率为 N_0B。

(1) 求 $X(t)$的包络、相位的概率密度。

(2) 用 Matlab 产生一个该窄带过程的样本,得到包络的样本,并用 hist 画出其直方图与上问求得的概率密度对比。

3-4　题表 3-1 给出了出现在书面英语中字母的概率。求书面英语的熵。

题表　3-1

字母	概率	字母	概率
A	0.064 2	B	0.012 7
C	0.021 8	D	0.031 7
E	0.103 1	F	0.020 8
G	0.015 2	H	0.046 7
I	0.057 5	J	0.000 8
K	0.004 9	L	0.032 1
M	0.019 8	N	0.057 4
O	0.063 2	P	0.015 2
Q	0.000 8	R	0.048 4
S	0.051 4	T	0.079 6
U	0.022 8	V	0.008 3
W	0.017 5	X	0.001 3
Y	0.016 4	Z	0.000 5
字的空间	0.185 9		

3-5 利用蒙特卡罗仿真的思想计算如下积分,并观察取样随机点为 100、1 000、10 000、100 000 时结果的区别。

(1) $y=\int_{-\infty}^{\infty} x^8 \frac{1}{\sqrt{2\pi}} e^{-\frac{x^2}{2}} dx$

(2) $y=\int_{-\infty}^{0} x^8 \frac{1}{\sqrt{2\pi}} e^{-\frac{x^2}{2}} dx$

(3)* 分析一下如果要以 90%的把握使结果的误差在 1%以内,需要多少的取样点数?

第 4 章　模拟调制

调制是一个将信号变换成适于信道传输的装置，由于信源的特性与信道的特性可能不匹配，直接传输可能严重影响传输质量。模拟调制针对的信源为模拟信号，常用的模拟调制有调幅、调相、调频。

4.1　幅度调制

4.1.1　双边带抑制载波调幅(DSB-SC)

设均值为零的模拟基带信号为 $m(t)$，双边带抑制载波调幅(DSB-SC)信号为

$$s(t)=m(t)\cos 2\pi f_c t \tag{4-1}$$

当 $m(t)$ 是随机信号，其功率谱密度为

$$P_s(f)=\frac{1}{4}[P_M(f-f_c)+P_M(f+f_c)] \tag{4-2}$$

当 $m(t)$ 是确知信号，其频谱为

$$S(f)=\frac{1}{2}[M(f-f_c)+M(f+f_c)] \tag{4-3}$$

其中，$P_M(f)$ 是 $m(t)$ 的功率谱密度，$M(f)$ 是 $m(t)$ 的频谱。由于 $m(t)$ 均值为 0，因此调制后的信号不含离散的载波分量，若接收端能恢复出载波分量，则可以采用如下的相干解调：

$$r(t)=s(t)\cos 2\pi f_c t=m(t)\cos^2 2\pi f_c t=\frac{1}{2}m(t)+\frac{1}{2}m(t)\cos 4\pi f_c t$$

再用低通滤波器滤去高频分量，就恢复出了原始信息。

[例 4-1]　用 Matlab 产生一个频率为 1 Hz、功率为 1 的余弦信源，设载波频率为 10 Hz，试画出：

(1) DSB-SC 调制信号；

(2) 该调制信号的功率谱密度;

(3) 相干解调后的信号波形。

解

```
%显示模拟调制的波形及解调方法 DSB,文件 mdsb.m
%信源
close all;
clear all;
dt = 0.001;                          %时间采样间隔
fm=1;                                %信源最高频率
fc=10;                               %载波中心频率
T=5;                                 %信号时长
t = 0:dt:T;
mt = sqrt(2) * cos(2 * pi * fm * t); %信源
%N0 = 0.01;                          %白噪单边功率谱密度
%DSB modulation
s_dsb = mt. * cos(2 * pi * fc * t);
B=2 * fm;
%noise = noise_nb(fc,B,N0,t);
%s_dsb=s_dsb+noise;
figure(1)
subplot(311)
plot(t,s_dsb);hold on;               %画出 DSB 信号波形
plot(t,mt,'r--');                    %标示 mt 的波形
title('DSB 调制信号');
xlabel('t');
%DSB demodulation
rt = s_dsb. * cos(2 * pi * fc * t);
rt = rt-mean(rt);
[f,rf] = T2F(t,rt);
[t,rt] = lpf(f,rf,2 * fm);
```

```
subplot(312)
plot(t,rt); hold on;
plot(t,mt/2,'r--');
title('相干解调后的信号波形与输入信号的比较');
xlabel('t')
subplot(313)
[f,sf] = T2F(t,s_dsb);           % 求调制信号的频谱
psf = (abs(sf).^2)/T;            % 求调制信号的功率谱密度
plot(f,psf);
axis([-2 * fc 2 * fc 0 max(psf)]);
title('DSB 信号功率谱');
xlabel('f');
function [t st] = lpf(f,sf,B)
%This function filter an input data using a lowpass filter
%输入：f：均匀采样的频率坐标序列
%      sf：输入信号对应 f 的频谱序列
%      B：矩形低通滤波器截止频率
%输出：t：输出信号的时间坐标序列
%      st：输出信号对应时间 t 的信号序列
df = f(2) - f(1);
hf = zeros(1,length(f));
bf = [-floor( B/df ): floor( B/df )] + floor( length(f)/2 );
hf(bf) = 1;
yf = hf. * sf;
[t,st] = F2T(f,yf);
st = real(st);
```

运行结果如图 4-1 所示。

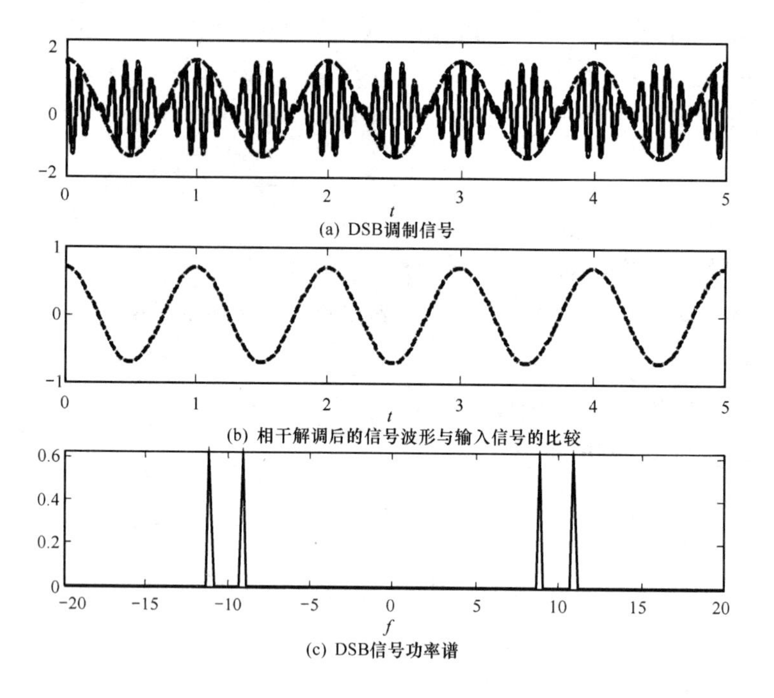

图 4-1 DSB 信号及其解调

4.1.2 具有离散大载波的双边带调幅(AM)

设模拟基带信号为 $m(t)$，调幅信号为

$$s(t)=[A+m(t)]\cos 2\pi f_c t \tag{4-4}$$

其中 A 是一个常数。可以将调幅信号看成一个余弦载波加抑制载波双边带调幅信号，当 $A>m(t)$时，称此调幅信号欠调幅；$A<m(t)$时，为过调幅。当 $m(t)$的频宽远小于载波频率时，欠调幅信号可以用包络检波的方式解调，而过调幅信号只能通过相干解调。包络检波的方式如图 4-2 所示，相干解调的方式如图 4-3 所示。

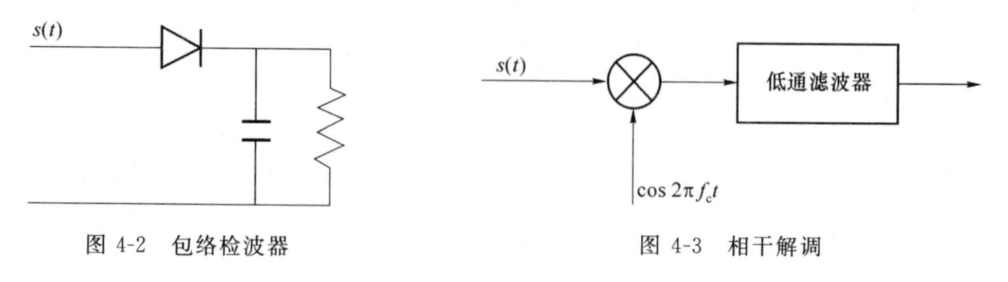

图 4-2 包络检波器　　　图 4-3 相干解调

［**例 4-2**］　用 Matlab 产生一个频率为 1 Hz、功率为 1 的余弦信源 $m(t)$，设载波频率为10 Hz，$A=2$，试画出：

(1) AM 调制信号；

(2) 调制信号的功率谱密度；

(3) 相干解调后的信号波形。

解

```
%显示模拟调制的波形及解调方法 AM，文件 mam.m
%信源
close all;
clear all;
dt = 0.001;                              %时间采样间隔
fm=1;                                    %信源最高频率
fc=10;                                   %载波中心频率
T=5;                                     %信号时长
t = 0:dt:T;
mt = sqrt(2) * cos(2 * pi * fm * t);     %信源
%N0 = 0.01;                              %白噪单边功率谱密度

%AM modulation
A=2;
s_am = (A+mt).* cos(2 * pi * fc * t);
B = 2 * fm;                              %带通滤波器带宽
%noise = noise_nb(fc,B,N0,t);            %窄带高斯噪声产生
%s_am = s_am + noise;

figure(1)
subplot(311)
plot(t,s_am);hold on;                    %画出 AM 信号波形
plot(t,A+mt,'r--');                      %标示 AM 的包络
title('AM 调制信号及其包络');
xlabel('t');
%AM demodulation
rt = s_am.* cos(2 * pi * fc * t);        %相干解调
rt = rt-mean(rt);
[f,rf] = T2F(t,rt);
```

```
[t,rt] = lpf(f,rf,2 * fm);                    %低通滤波
subplot(312)
plot(t,rt); hold on;
plot(t,mt/2,'r--');
title('相干解调后的信号波形与输入信号的比较');
xlabel('t')
subplot(313)
[f,sf]=T2F(t,s_am);                           % 调制信号频谱
psf = (abs(sf).^2)/T;                         % 调制信号功率谱密度
plot(f,psf);
axis([-2 * fc 2 * fc 0 max(psf)]);
title('AM 信号功率谱');
xlabel('f');
```

运行结果如图 4-4 所示。

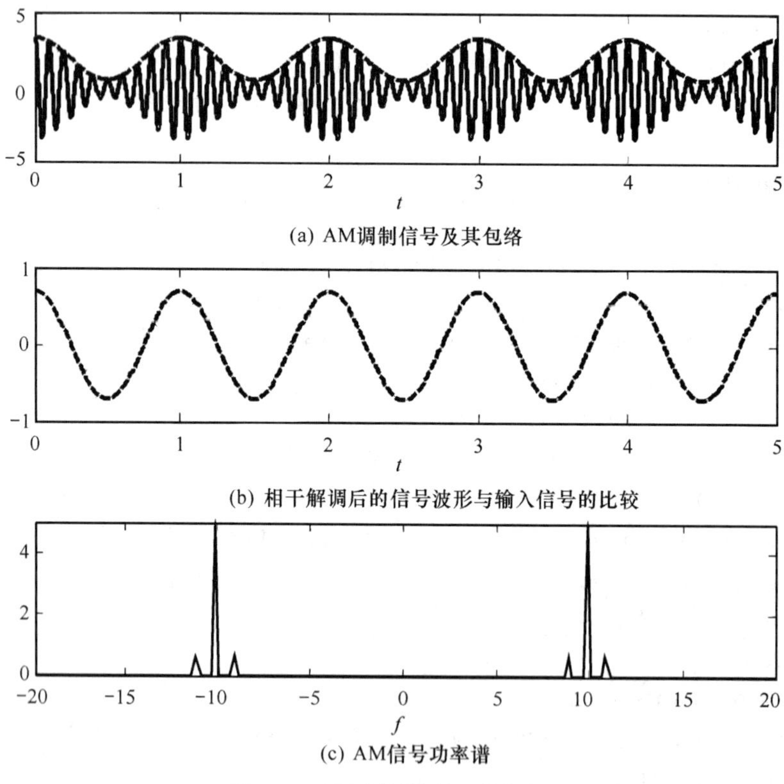

(a) AM调制信号及其包络

(b) 相干解调后的信号波形与输入信号的比较

(c) AM信号功率谱

图 4-4　AM 调制信号及其解调

4.1.3　单边带调幅(SSB)

如图 4-5 所示，模拟基带信号 $m(t)$ 经过双边带调制后，频谱被搬移到中心频率为 $\pm f_c$ 处，但从恢复原信号频谱的角度看，只要传输双边带信号的一半带宽就可以完全恢复出原信号的频谱。因此，图 4-5 所示单边带信号(上边带)可以表示成

$$\begin{aligned} s(t) &= m(t)\cos 2\pi f_c t - \hat{m}(t)\sin 2\pi f_c t \\ &= \mathrm{Re}\left[(m(t)+\mathrm{j}\hat{m}(t))\mathrm{e}^{\mathrm{j}2\pi f_c t}\right] \\ &= \frac{1}{2}\left[(m(t)+\mathrm{j}\hat{m}(t))\mathrm{e}^{\mathrm{j}2\pi f_c t}+(m(t)-\mathrm{j}\hat{m}(t))\mathrm{e}^{-\mathrm{j}2\pi f_c t}\right] \\ &= \mathscr{F}^{-1}\left\{\frac{1}{2}\left[M^+(f-f_c)+M^-(f+f_c)\right]\right\} \end{aligned}$$

其中，$M^+(f)$、$M^-(f)$ 分别表示 $M(f)$ 的正、负频率分量。同理，单边带下边带信号可表示为

$$s(t)=m(t)\cos 2\pi f_c t+\hat{m}(t)\sin 2\pi f_c t$$

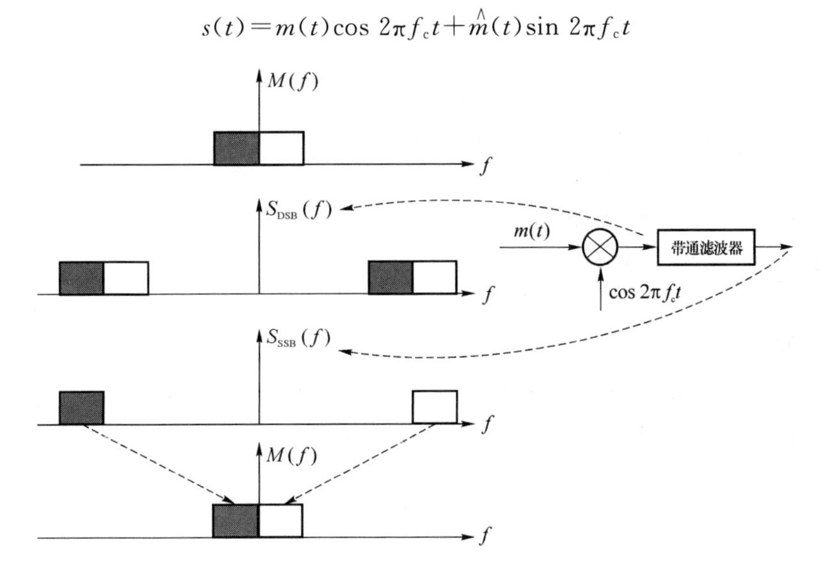

图 4-5　单边带调制、解调示意图

在接收端，可以通过图 4-3 相干解调的方式对单边带信号进行解调。

[例 4-3]　用 Matlab 产生一个频率为 1 Hz、功率为 1 的余弦信源 $m(t)$，设载波频率为10 Hz，试画出：

(1) SSB 调制信号；

(2) 该调制信号的功率谱密度；

(3) 相干解调后的信号波形。

解

```
%显示模拟调制的波形及解调方法 SSB,文件 mssb.m
%信源
close all;
clear all;
dt = 0.001;              %时间采样间隔
fm=1;                    %信源最高频率
fc=10;                   %载波中心频率
T=5;                     %信号时长
t = 0:dt:T;
mt = sqrt(2) * cos(2 * pi * fm * t); %信源
%N0 = 0.01;              %白噪单边功率谱密度

%SSB modulation
s_ssb = real( hilbert(mt). * exp(j * 2 * pi * fc * t) );
B=fm;
%noise = noise_nb(fc,B,N0,t);
%s_ssb=s_ssb+noise;
figure(1)
subplot(311)
plot(t,s_ssb);hold on;       %画出 SSB 信号波形
plot(t,mt,'r--');            %标示 mt 的波形
title('SSB 调制信号');
xlabel('t');

%SSB demodulation
rt = s_ssb. * cos(2 * pi * fc * t);
rt = rt-mean(rt);
[f,rf] = T2F(t,rt);
[t,rt] = lpf(f,rf,2 * fm);

subplot(312)
```

```
plot(t,rt); hold on;
plot(t,mt/2,'r--');
title('相干解调后的信号波形与输入信号的比较');
xlabel('t')
subplot(313)
[f,sf] = T2F(t,s_ssb);          % 单边带信号频谱
psf = (abs(sf).^2)/T;           % 单边带信号功率谱
plot(f,psf);
axis([-2 * fc 2 * fc 0 max(psf)]);
title('SSB 信号功率谱');
xlabel('f');
```

运行结果如图 4-6 所示。

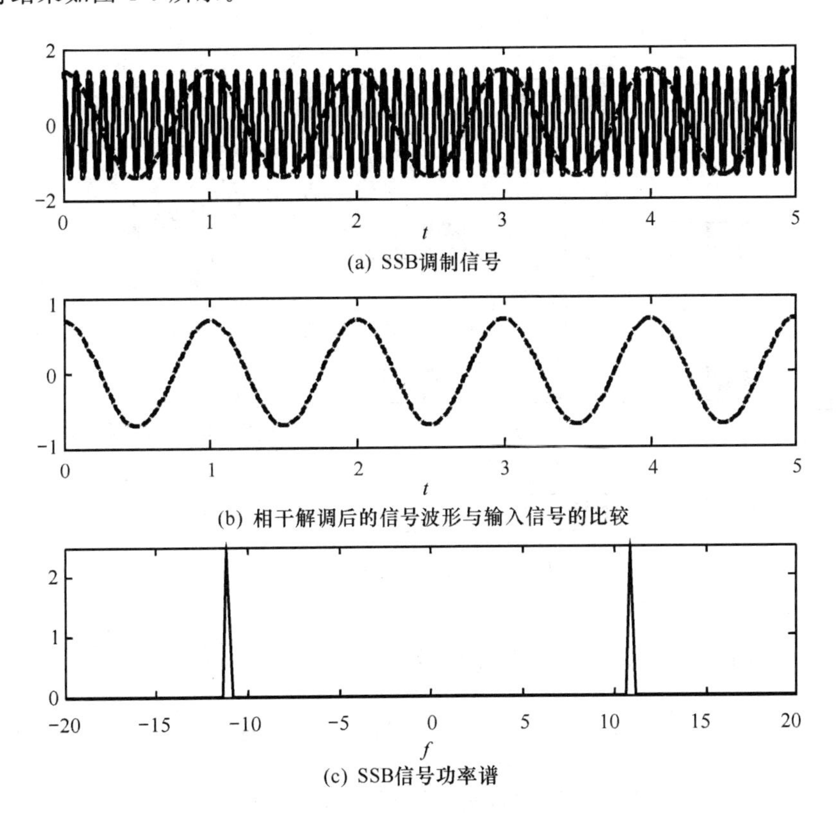

(a) SSB调制信号

(b) 相干解调后的信号波形与输入信号的比较

(c) SSB信号功率谱

图 4-6　SSB 信号及其解调

4.1.4 残留边带调幅(VSB)

单边带信号比双边带信号的带宽窄。由图 4-5 可以看到,产生单边带信号需要理想的矩形滤波器。在实际应用中,这需要长的滤波器阶数。当基带信号具有丰富的低频分量时,如果滤波器不是理想矩形,则解调时恢复的信号就有较大的失真。残留边带调制对低频信号保留双边带,对高频分量部分则采用单边带方式传输,接收端通过残留边带滤波器,相干解调出原始信号。残留边带信号占用带宽介于单边带信号和双边带信号之间。

图 4-7 中,残留边带滤波器的特性应该满足如下特性才能无失真恢复原始信号。

$$H_{\mathrm{VSB}}(f-f_c)+H_{\mathrm{VSB}}(f+f_c)=C \tag{4-5}$$

其原因如下。

经过残留边带滤波器后的信号频谱为

$$S(f)=\frac{1}{2}[M(f-f_c)+M(f+f_c)]H_{\mathrm{VSB}}(f)$$

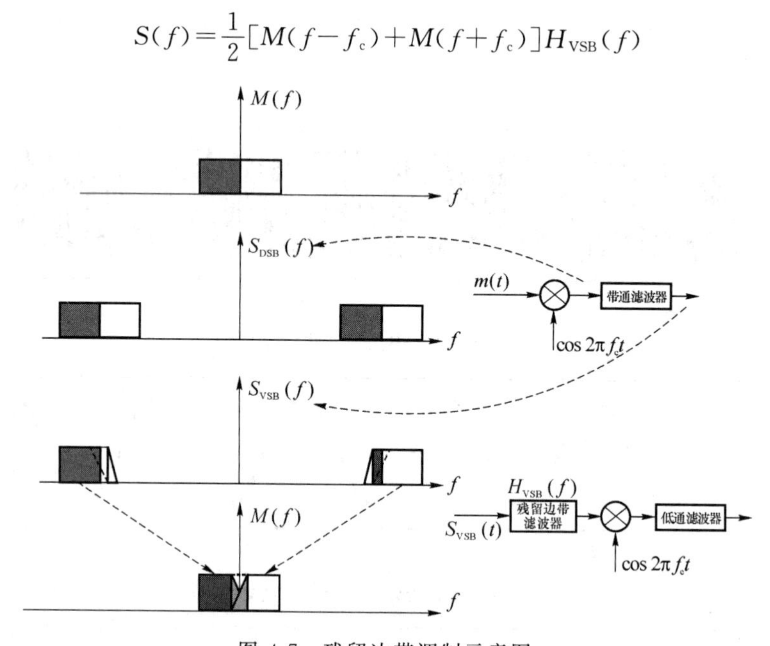

图 4-7 残留边带调制示意图

而经过相干载波相乘后得到的信号频谱

$$\begin{aligned}R(f)&=\frac{1}{2}[S(f+f_c)+S(f-f_c)]\\&=\frac{1}{4}[M(f)H_{\mathrm{VSB}}(f+f_c)+M(f+2f_c)H_{\mathrm{VSB}}(f+f_c)]+\\&\quad\frac{1}{4}[M(f-2f_c)H_{\mathrm{VSB}}(f-f_c)+M(f)H_{\mathrm{VSB}}(f-f_c)]\\&=\frac{1}{4}M(f)[H_{\mathrm{VSB}}(f+f_c)+H_{\mathrm{VSB}}(f-f_c)]+\text{高频分量}\end{aligned}$$

因此，需要满足式(4-5)。

[**例 4-4**]　用 Matlab 产生一个频率分别为 5 Hz、5/2 Hz 的余弦和正弦叠加信号作为信源 $m(t)$，两个频率分量功率相同，总信号功率为 2，设载波频率为 20 Hz，试画出：

(1) 残留边带为 $0.2f_m$ 的 VSB 调制信号；

(2) 调制信号的功率谱密度；

(3) 相干解调后的信号波形。

解

```
%显示模拟调制的波形及解调方法 VSB，文件 mvsb.m
%信源
close all;
clear all;
dt = 0.001;            %时间采样间隔
fm=5;                  %信源最高频率
fc=20;                 %载波中心频率
T=5;                   %信号时长
t = 0:dt:T;
mt = sqrt(2) * ( cos(2 * pi * fm * t) + sin(2 * pi * 0.5 * fm * t) ); %信源
%VSB modulation
s_vsb = mt. * cos(2 * pi * fc * t);
B=1.2 * fm;
[f,sf] = T2F(t,s_vsb);
[t,s_vsb] = vsbpf(f,sf,0.2 * fm,1.2 * fm,fc);
figure(1)
subplot(311)
plot(t,s_vsb);hold on;          %画出 VSB 信号波形
plot(t,mt,'r--');               %标示 mt 的波形
title('VSB 调制信号');
xlabel('t');
%VSB demodulation
rt = s_vsb. * cos(2 * pi * fc * t);
[f,rf] = T2F(t,rt);
[t,rt] = lpf(f,rf,2 * fm);
subplot(312)
plot(t,rt); hold on;
```

```
plot(t,mt/2,'r--');
title('相干解调后的信号波形与输入信号的比较');
xlabel('t')
subplot(313)
[f,sf] = T2F(t,s_vsb);
psf = (abs(sf).^2)/T;
plot(f,psf);
axis([-2 * fc 2 * fc 0 max(psf)]);
title('VSB 信号功率谱');
xlabel('f');
```

```
function [t,st] = vsbpf(f,sf,B1,B2,fc)
% This function filter an input by an residual bandpass filter
% Inputs: f: frequency samples
%        sf: input data spectrum samples
%        B1: residual bandwidth
%        B2: highest freq of the basedband signal
% Outputs: t: time samples
%          st: output data's time samples
df = f(2) - f(1);
T = 1/df;
hf = zeros(1,length(f));
bf1 = [floor( (fc - B1)/df ): floor( (fc + B1)/df )] ;
bf2 = [floor( (fc + B1)/df ) + 1: floor( (fc + B2)/df )];

f1 = bf1 + floor( length(f)/2 ) ;
f2 = bf2 + floor( length(f)/2 ) ;
stepf = 1/length(f1);
hf(f1) = 0:stepf:1 - stepf;
hf(f2) = 1;

f3 = -bf1 + floor( length(f)/2 ) ;
f4 = -bf2 + floor( length(f)/2) ;
hf(f3) = 0:stepf:(1 - stepf);
hf(f4) = 1;
```

```
yf = hf. * sf;
[t,st] = F2T(f,yf);
st = real(st);
```

运行结果如图 4-8 所示。

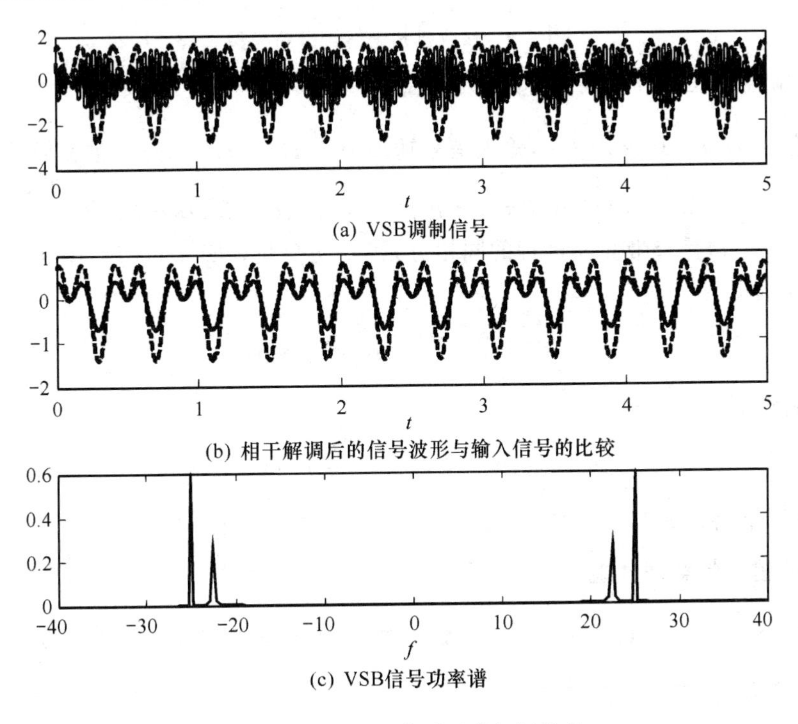

图 4-8　VSB 调制信号及其解调信号

4.1.5　幅度调制信号的解调性能

调幅类信号的解调都可以通过相干解调的方式实现解调。由于信道的噪声影响，因此解调出的信号叠加上了噪声。衡量解调器的性能通常可以通过接收机输入、输出端的信噪比比值来衡量，即

$$G=\frac{\mathrm{SNR_{in}}}{\mathrm{SNR_{out}}}=\frac{S_{\mathrm{in}}/N_{\mathrm{in}}}{S_{\mathrm{out}}/N_{\mathrm{out}}} \tag{4-6}$$

其中，S_{in}，N_{in}，S_{out}，N_{out} 分别是解调器的输入信号功率、输入噪声功率、输出信号功率、输出噪声功率。

接收机的分析模型如图 4-9 所示，图中 $n(t)$ 是高斯白噪声，其双边功率谱密度为

$N_0/2$,带通滤波器带宽为 B,经过带通滤波器后,噪声为窄带,则解调器输入前的噪声功率为 N_0B。

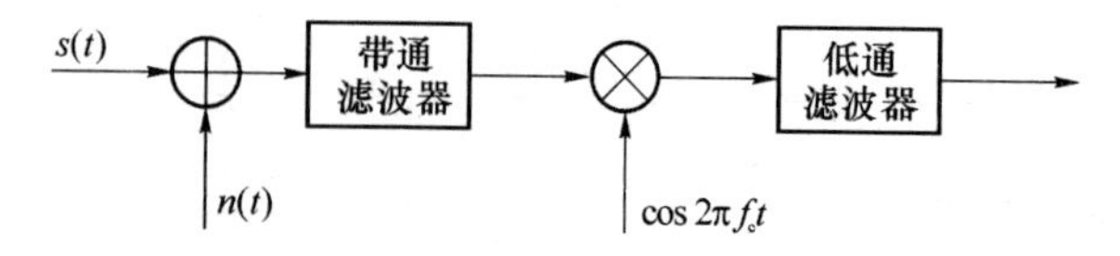

图 4-9 接收机相干解调分析模型

1. 抑制载波双边带调幅信号的解调性能

输入信号为 $m(t)\cos 2\pi f_c t$,输入信号功率为 $\frac{1}{2}E[m(t)^2]$,经过带通后,接收信号为

$$r(t)=m(t)\cos 2\pi f_c t+n_c(t)\cos 2\pi f_c t-n_s(t)\sin 2\pi f_c t$$

其中,$n_c(t)$,$n_s(t)$是窄带高斯过程的同相分量、正交分量,$E[n_c^2(t)]=E[n_s^2(t)]=N_0B$,输入信噪比为

$$\mathrm{SNR_{in}}=\frac{1}{2}E[m(t)^2]/N_0B$$

经过相干解调后,输出为

$$y(t)=\frac{1}{2}m(t)+\frac{1}{2}n_c(t)$$

因此,输出信噪比为 $\mathrm{SNR_{out}}=E[m(t)^2]/N_0B$, $G=2$ 。

2. AM 信号的解调性能

输入信号为 $(A+m(t))\cos 2\pi f_c t$,输入信号功率为 $\frac{1}{2}E[m(t)^2]+\frac{1}{2}A^2$,经过带通后,接收信号为

$$r(t)=(A+m(t))\cos 2\pi f_c t+n_c(t)\cos 2\pi f_c t-n_s(t)\sin 2\pi f_c t$$

其中,$n_c(t)$,$n_s(t)$是窄带高斯过程的同相分量、正交分量,$E[n_c^2(t)]=E[n_s^2(t)]=N_0B$,输入信噪比为

$$\mathrm{SNR_{in}}=\frac{1}{2}(E[m(t)^2]+A^2)/N_0B$$

经过相干解调后,输出为

$$y(t)=\frac{1}{2}m(t)+\frac{1}{2}n_c(t)$$

因此,输出信噪比为 $\mathrm{SNR_{out}}=E[m(t)^2]/N_0B$, $G=\frac{2E[m(t)^2]}{E[m(t)^2]+A^2}$ 。

3. SSB 信号的解调性能

输入信号为 $s(t)=\frac{1}{\sqrt{2}}[m(t)\cos 2\pi f_c t\mp\hat{m}(t)\sin 2\pi f_c t]$,输入信号功率为 $E[s(t)^2]=$

$\frac{1}{2}E[m(t)^2]$ ，经过带通后，接收信号为

$$r(t)=\frac{1}{\sqrt{2}}[m(t)\cos 2\pi f_c t \mp \hat{m}(t)\sin 2\pi f_c t]+n_c(t)\cos 2\pi f_c t-n_s(t)\sin 2\pi f_c t$$

其中，$n_c(t)$，$n_s(t)$是窄带高斯过程的同相分量、正交分量，$E[n_c^2(t)]=E[n_s^2(t)]=N_0 B$ 。输入信噪比为

$$\text{SNR}_{\text{in}}=\frac{1}{2}E[m(t)^2]/N_0 B$$

经过相干解调后，输出为

$$y(t)=\frac{1}{2\sqrt{2}}m(t)+\frac{1}{2}n_c(t)$$

因此，输出信噪比为 $\text{SNR}_{\text{out}}=\frac{1}{2}E[m(t)^2]/N_0 B$ ，$G=1$。

将上述结果整理，如表 4-1 所示。

表 4-1　几种调制方式的性能比较

调制类型	输入信号	信号带宽 B	输入信号功率	输入信噪比	输出信噪比
AM	$(A+m(t))\cos 2\pi f_c t$	$2f_m$	$\frac{1}{2}E[m(t)^2]+\frac{1}{2}A^2$	$\frac{E[m(t)^2]+A^2}{2N_0 B}$	$\frac{E[m(t)^2]}{N_0 B}$
DSB	$m(t)\cos 2\pi f_c t$	$2f_m$	$\frac{1}{2}E[m(t)^2]$	$\frac{E[m(t)^2]}{2N_0 B}$	$\frac{E[m(t)^2]}{N_0 B}$
SSB	$\frac{1}{\sqrt{2}}[m(t)\cos 2\pi f_c t \pm \hat{m}(t)\sin 2\pi f_c t]$	f_m	$\frac{1}{2}E[m(t)^2]$	$\frac{E[m(t)^2]}{2N_0 B}$	$\frac{E[m(t)^2]}{2N_0 B}$

从表 4-1 中可以看到，虽然 DSB 与 SSB 的解调增益不同，但当解调器输入信噪比相同时，由于 SSB 的带宽 $B=f_m$比 DSB 的带宽 $B=2f_m$少一半，两者的输出信噪比相同，从这个意义上说，DSB 与 SSB 具有相同的解调性能。

［**例 4-5**］用 Matlab 产生一个频率为 1 Hz、功率为 1 的余弦信源，设载波频率为 10 Hz，试画出：

（1）$A=2$ 的 AM 调制信号；

（2）DSB 调制信号；

（3）SSB 调制信号；

（4）在信道中各自加入经过带通滤波器后的窄带高斯白噪声，功率为 0.1，解调各个信号，并画出解调后的波形。

解

```
%显示模拟调制的波形及解调方法 AM、DSB、SSB
%信源
close all;
clear all;
dt = 0.001;
fm=1;
fc=10;
t = 0:dt:5;
mt = sqrt(2) * cos(2 * pi * fm * t);
N0 = 0.1;

%AM modulation
A=2;
s_am = (A+mt).* cos(2 * pi * fc * t);
B = 2 * fm;
noise = noise_nb(fc,B,N0,t);
s_am = s_am + noise;

figure(1)
subplot(321)
plot(t,s_am);hold on;
plot(t,A+mt,'r--');
%AM demodulation
rt = s_am.* cos(2 * pi * fc * t);
rt = rt-mean(rt);
[f,rf] = T2F(t,rt);
[t,rt] = lpf(f,rf,2 * fm);
title('AM 信号');xlabel('t');
subplot(322)
plot(t,rt); hold on;
plot(t,mt/2,'r--');
title('AM 解调信号');xlabel('t');
```

```
%DSB modulation
s_dsb = mt. * cos(2 * pi * fc * t);
B=2 * fm;
noise = noise_nb(fc,B,N0,t);
s_dsb=s_dsb+noise;

subplot(323)
plot(t,s_dsb);hold on;
plot(t,mt,'r--');
title('DSB 信号');xlabel('t');
%DSB demodulation
rt = s_dsb. * cos(2 * pi * fc * t);
rt = rt-mean(rt);
[f,rf] = T2F(t,rt);
[t,rt] = lpf(f,rf,2 * fm);
subplot(324)
plot(t,rt); hold on;
plot(t,mt/2,'r--');
title('DSB 解调信号');xlabel('t');
%SSB modulation
s_ssb = real( hilbert(mt). * exp(j * 2 * pi * fc * t) );
B=fm;
noise = noise_nb(fc,B,N0,t);
s_ssb=s_ssb+noise;
subplot(325)
plot(t,s_ssb);
title('SSB 信号');xlabel('t');
%SSB demodulation
rt = s_ssb. * cos(2 * pi * fc * t);
rt = rt-mean(rt);
[f,rf] = T2F(t,rt);
[t,rt] = lpf(f,rf,2 * fm);
subplot(326)
plot(t,rt); hold on;
plot(t,mt/2,'r--');
title('SSB 解调信号');xlabel('t');
```

```
function [out] = noise_nb(fc,B,N0,t)
% output the narrow band gaussian noise sample with single - sided power
% spectrum N0
%at carrier frequency equals fc and bandwidth euqals B
dt = t(2) - t(1);
Fmx = 1/dt;

n_len = length(t);
p = N0 * Fmx;
rn = sqrt(p) * randn(1,n_len);
[f,rf] = T2F(t,rn);

[t,out] = bpf(f,rf,fc - B/2,fc + B/2);
```

运行结果如图 4-10 所示。

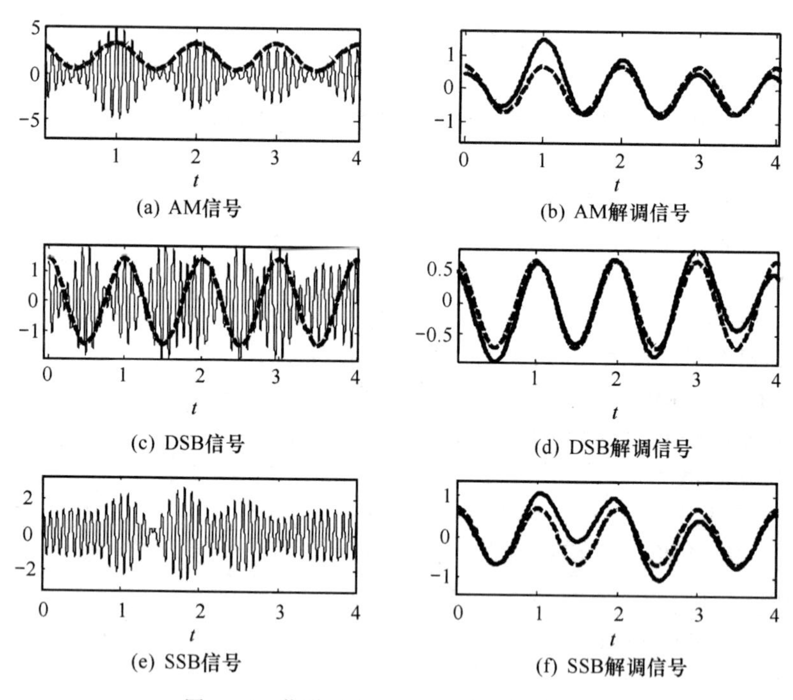

图 4-10　信道噪声对各种调制解调的影响

4.2　角度调制

4.2.1　调频信号

可以看到，无论是单边带、双边带还是残留边带调制方式，输入模拟基带信号改变的是正弦载波的幅度。当载波的频率变化与输入基带信号幅度的变化成线性关系时，就构成了调频信号。调频信号可以写成

$$s(t) = A\cos\left(2\pi f_c t + 2\pi K_f \int_{-\infty}^{t} m(\tau)\,\mathrm{d}\tau\right) \tag{4-7}$$

该载波的瞬时相位为

$$\phi(t) = 2\pi f_c t + 2\pi K_f \int_{-\infty}^{t} m(\tau)\,\mathrm{d}\tau$$

瞬时频率为

$$\frac{1}{2\pi}\frac{\mathrm{d}\phi(t)}{\mathrm{d}t} = f_c + K_f m(t)$$

因此，调频信号的瞬时频率与输入信号成线性关系，K_f 称为频率偏移常数。

调频信号的频谱与输入信号频谱之间不再是频率搬移的关系，因此通常无法写出调频信号的频谱的明确表达式，但调频信号的 98% 功率带宽与调频指数和输入信号的带宽有关。调频指数定义为最大的频偏与输入信号带宽 f_m 的比值，即

$$\beta_f = \frac{\Delta f_{max}}{f_m} \tag{4-8}$$

调频信号的带宽可以根据经验公式-卡森公式近似计算：

$$B = 2\Delta f_{max} + 2f_m = 2(\beta_f + 1)f_m \tag{4-9}$$

4.2.2　调相

调相信号与调频信号不同的是，输入基带信号与载波信号的瞬时相位成线性关系，即

$$s(t) = A\cos\left(2\pi f_c t + 2\pi K_p m(t)\right)$$

由于瞬时频率与瞬时相位之间的关系为微分与积分的关系，因此调频、调相信号之间具有类似的频谱。调相信号可以看成是输入信号进行微分后的调频信号，而调频信号可以看成是输入信号积分后的调相信号。因此，调相信号的信号带宽也可以用卡森公式近似计算得到，即

$$B = 2\Delta f_{max} + 2f_m = 2(\beta_P + 1)f_m$$

这里定义调相指数为 $\beta_P = 2\pi K_p \max|m(t)|$ 。

4.2.3 调频、调相信号的解调

由于调相信号与调频信号类似,因此下面只考虑调频信号的解调,调频信号的解调方法有:鉴频法、基于锁相环的解调方法等。这里将重点介绍鉴频法,图 4-11 是鉴频法的框图。其基本原理如下:

$$\frac{\mathrm{d}s(t)}{\mathrm{d}t} = -(2\pi f_c + 2\pi K_f m(t)) A\sin(2\pi f_c t + 2\pi K_f \int_{-\infty}^{t} m(\tau)\mathrm{d}\tau) \tag{4-10}$$

经过微分后,信号的包络变化反映了输入信号的变化,因此通过包络检波器就可以直接恢复出输入信号。

图 4-11 调频信号的鉴频法解调

设信道噪声是加性高斯白噪声,且双边功率谱密度为 $N_0/2$,则调频信号解调性能分析图如图 4-12 所示。信道加性高斯白噪声经过带通滤波器后,变成窄带高斯过程。由于鉴频器的主要作用是微分,因此需要考察经过噪声污染后调频信号的瞬时相位。如图,鉴频器输入信号为

$$r(t) = A\cos[2\pi f_c t + 2\pi K_f \int_{-\infty}^{t} m(\tau)\mathrm{d}\tau] + n_c(t)\cos 2\pi f_c t - n_s(t)\sin 2\pi f_c t$$

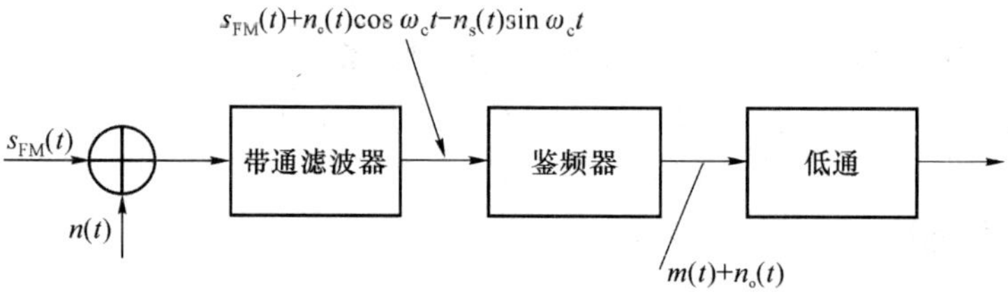

$s_{FM}(t)+n_c(t)\cos\omega_c t-n_s(t)\sin\omega_c t$

$s_{FM}(t)$ $n(t)$ 带通滤波器 鉴频器 低通 $m(t)+n_o(t)$

图 4-12 调频信号解调性能分析图

$$\begin{aligned} r(t) &= A\cos[2\pi f_c t + 2\pi K_f \int_{-\infty}^{t} m(\tau)\mathrm{d}\tau] + v(t)\cos[2\pi f_c t + \theta(t)] \\ &= \mathrm{Re}[(A\mathrm{e}^{\mathrm{j}\phi(t)} + v(t)\mathrm{e}^{\mathrm{j}\theta(t)})\mathrm{e}^{\mathrm{j}2\pi f_c t}] \\ &= \mathrm{Re}[B\mathrm{e}^{\mathrm{j}\psi(t)}\mathrm{e}^{\mathrm{j}2\pi f_c t}] \end{aligned} \tag{4-11}$$

这里,$\phi(t) = 2\pi K_f \int_{-\infty}^{t} m(\tau)\mathrm{d}\tau$。

瞬时相位 $\psi(t)$可以看成是两个矢量 $A\mathrm{e}^{\mathrm{j}\phi(t)}$、$v(t)\mathrm{e}^{\mathrm{j}\theta(t)}$叠加后矢量的相位，如图 4-13 可以得到矢量相加的结果。

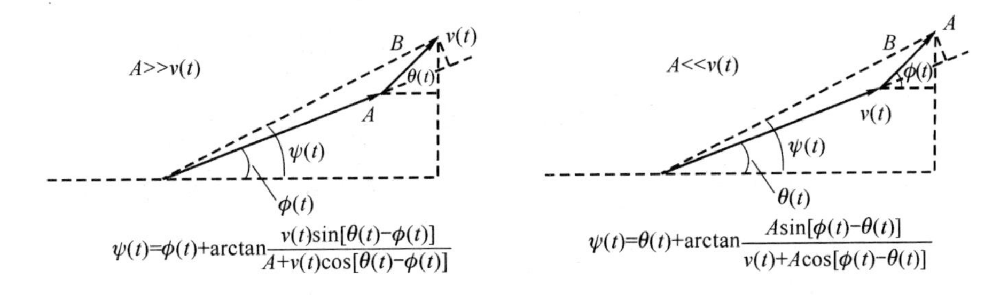

图 4-13　调频信号加窄带噪声后的相位计算

（1）当 $A\gg v(t)$时，表示信号功率远大于噪声功率，则瞬时相位可以近似为

$$\psi(t)\approx 2\pi K_{\mathrm{f}}\int_{-\infty}^{t}m(\tau)\mathrm{d}\tau+\frac{v(t)}{A}\sin\left[\theta'(t)\right] \tag{4-12}$$

其中，由于窄带高斯过程的特性，$\theta(t)$ 服从$[0,2\pi]$上的均匀分布，可以近似认为 $\theta'(t)=\theta(t)-\phi(t)$也服从$[0,2\pi]$上的均匀分布，$v(t)$服从瑞利分布。经过微分器后，得到瞬时频率为

$$\frac{1}{2\pi K_{\mathrm{f}}}\frac{\mathrm{d}\psi(t)}{\mathrm{d}t}=m(t)+\frac{1}{2\pi K_{\mathrm{f}}A}\frac{\mathrm{d}n'(t)}{\mathrm{d}t} \tag{4-13}$$

其中 $n'(t)=v(t)\sin\theta'(t)$是窄带高斯过程的等效基带信号，$\frac{\mathrm{d}n'(t)}{\mathrm{d}t}$ 可以看成如图 4-14 所示线性系统，经过鉴频后噪声的输出功率谱为

$$P_{n_{\mathrm{o}}}(f)=\frac{1}{(2\pi K_{\mathrm{f}}A)^2}(2\pi f)^2P_{\mathrm{n}}(f)=\frac{N_0}{A^2K_{\mathrm{f}}^2}f^2 \tag{4-14}$$

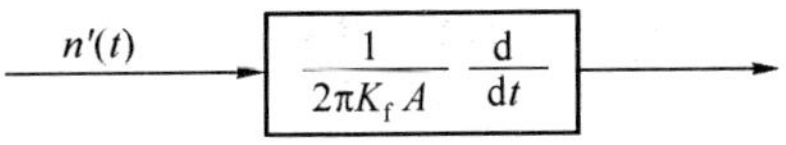

$n'(t)$ → $\frac{1}{2\pi K_{\mathrm{f}}A}\;\frac{\mathrm{d}}{\mathrm{d}t}$ →

图 4-14　噪声经过鉴频器后的等效框图

即噪声功率谱密度随频率的平方增加。因此最终经过低通滤波器后，设低通滤波器带宽为 f_{m}（输入信号的最高频率分量），输出信号为

$$y(t)=m(t)+n_{\mathrm{o}}(t)$$

其中，$n_{\mathrm{o}}(t)$的平均功率为

$$P_{n_{\mathrm{o}}}=\int_{-f_{\mathrm{m}}}^{f_{\mathrm{m}}}\frac{N_0}{A^2K_{\mathrm{f}}^2}f^2\mathrm{d}f=\frac{2N_0f_{\mathrm{m}}^3}{3A^2K_{\mathrm{f}}^2} \tag{4-15}$$

输出信噪比为

$$\begin{aligned}\mathrm{SNR_o}&=\frac{E[m(t)^2]}{P_{n_o}}=\frac{E[m(t)^2]}{N_0 f_m^3}\frac{3A^2K_f^2}{2}\\&=\frac{3A^2K_f^2|m(t)|_{\max}^2}{f_m^2}\frac{E[m(t)^2]}{|m(t)|_{\max}^2 2N_0 f_m}\\&=3\beta_f^2\frac{E[m(t)^2]}{|m(t)|_{\max}^2}\frac{A^2/2}{N_0 f_m}\end{aligned}\tag{4-16}$$

鉴频器前的输入信噪比为 $\mathrm{SNR_{in}}=\dfrac{A^2/2}{n_0(\beta_f+1)f_m}$，因此调频信号的解调增益为

$$G=\frac{\mathrm{SNR_o}}{\mathrm{SNR_{in}}}=3\beta_f^2(\beta_f+1)\frac{E[m(t)^2]}{|m(t)|_{\max}^2}\tag{4-17}$$

当调频指数 $\beta_f>1$ 时(此时调频信号的带宽比 DSB 信号带宽宽)，则解调增益与调频指数的三次方成正比，意味着恢复出的信号具有很好的质量，因此常用来传输需要高保真质量的信号。但应该看到，调频信号的这种好处是以牺牲信道带宽为代价的。

(2) 当 $A\ll v(t)$时，表示信号功率远小于噪声功率，则瞬时相位可以近似为

$$\psi(t)\approx\theta(t)+\frac{A}{v(t)}\sin[\theta'(t)]$$

这意味着最终解调出的信号被淹没在噪声中(噪声相位起主导作用)，因此解调性能恶化。由(1)、(2)的讨论可以推断，调频信号存在一个“门限”效应，即只有当输入信噪比达到一定值时，调频解调信号的质量才能得到保证，给人的感觉是当输入信噪比达到一定门限以上时，调频解调信号“突然”变好。

[例 4-6] 设输入信号为 $m(t)=\cos 2\pi t$，载波中心频率 $f_c=10$ Hz，调频器的压控振荡系数为 5 Hz/V，载波平均功率为 1 W。

(1) 画出该调频信号的波形；

(2) 求出该调频信号的振幅谱；

(3) 用鉴频器解调该调频信号，并与输入信号比较。

解

```
%FM modulation and demodulation,mfm.m
clear all;
close all;

Kf = 5;
fc = 10;
T=5;
dt=0.001;
```

```
t = 0:dt:T;

%信源
fm= 1;
%mt = cos(2*pi*fm*t) + 1.5*sin(2*pi*0.3*fm*t);        %信源信号
mt = cos(2*pi*fm*t);             %信源信号
%FM 调制
A = sqrt(2);
%mti = 1/2/pi/fm*sin(2*pi*fm*t)-3/4/pi/0.3/fm*cos(2*pi*0.3*fm*t);
                                         %mt 的积分函数
mti = 1/2/pi/fm*sin(2*pi*fm*t) ; %mt 的积分函数
st = A*cos(2*pi*fc*t + 2*pi*Kf*mti);
figure(1)
subplot(311);
plot(t,st); hold on;
plot(t,mt,'r--');
xlabel('t');ylabel('调频信号')

subplot(312)
[f sf] = T2F(t,st);
plot(f, abs(sf));
axis([-25 25 0 3])
xlabel('f');ylabel('调频信号幅度谱')

%FM 解调
for k=1:length(st)-1
  rt(k) = (st(k+1)-st(k))/dt;
end
rt(length(st))=0;
subplot(313)
plot(t,rt); hold on;
plot(t,A*2*pi*Kf*mt+A*2*pi*fc,'r--');
xlabel('t');ylabel('调频信号微分后包络')
```

运行结果如图 4-15 所示。

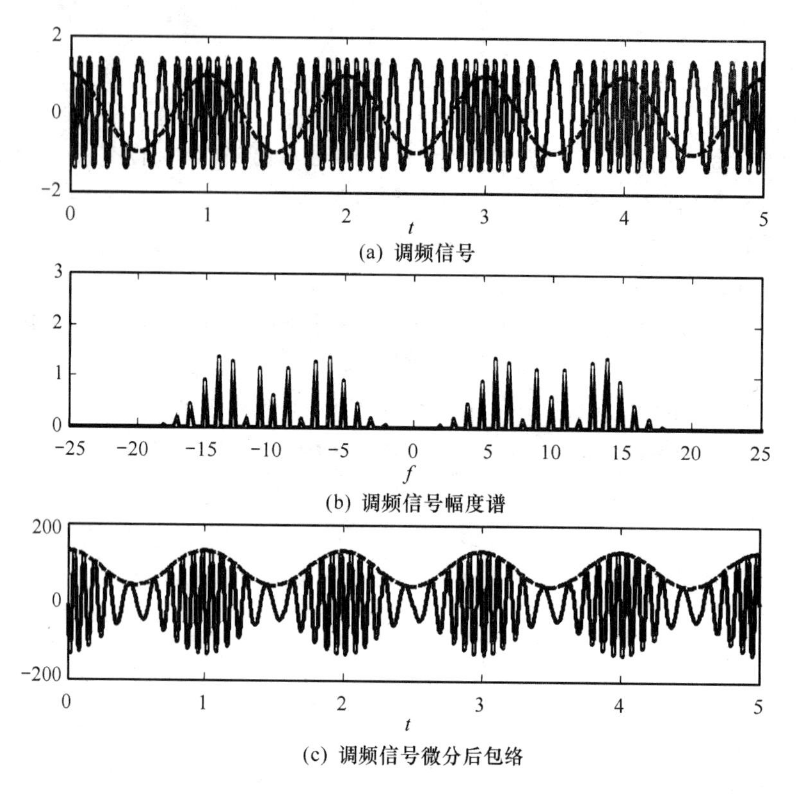

图 4-15　调频信号及其解调

练 习 题

4-1　用在区间[0,2]内的信号

$$m(t)=\begin{cases} t & 0\leqslant t\leqslant 1 \\ -t+2 & 1\leqslant t\leqslant 2 \end{cases}$$

以 DSB-AM 方式调制一载波频率为 25 Hz、幅度为 1 的载波产生已调信号 $u(t)$。写一个 Matlab 的 M 文件,并用该文件做下面的题:

(1) 画出已调信号;

(2) 求已调信号的功率;

(3) 求已调信号的振幅谱,并与消息信号 $m(t)$的频谱作比较。

4-2　设 AM 调制时,输入信号为 $m(t)=0.2\sin 1\,000\pi t+0.5\cos 1\,000\sqrt{2}\pi t$,$A=1$,载波中心频率 $f_c=10$ kHz。

（1）用 Matlab 画出 AM 信号的波形及其频谱；

（2）若接收端采用如图 4-2 所示的包络检波器，假设二极管的工作模式为正通负断方式，负载电阻为 50 Ω，画出电容为 2 μF、20 μF、0.2 μF 时 AM 解调器的输出信号。

（3）* 将二极管模型用常见的 PN 结模型代替，重新考察(2)问。

（4）* 从中总结出设计 AM 信号的包络检波器的一些经验，并通过分析的方法来与仿真的结果进行互相验证。

4-3　设 FM 调制时调频器的输入信号为一个周期性的锯齿波，锯齿波的一个周期为信号 $g(t)=\begin{cases} t & 0\leqslant t<1 \\ 0 & \text{其他} \end{cases}$，FM 的中心频率为 $f_c=100$ Hz，$K_{FM}=10$ Hz/V。

（1）画出调频后的信号波形及其振幅谱；

（2）若接收端采用鉴频器进行解调，且 AWGN 信道的功率谱密度为 $N_0/2$，试画出当解调器输入信噪比为 0 dB、10 dB、20 dB 时的解调输出信号，并与原信号进行比较；

（3）通过 Matlab 仿真获得输入、输出信噪比的关系，并观察是否存在“门限”效应。

4-4　用信号

$$m(t)=\begin{cases} t & 0\leqslant t<1 \\ -t+2 & 1<t\leqslant 2 \\ 0.1 & \text{其他} \end{cases}$$

对频率为 1 000 Hz 的载波进行频率调制 FM，频率偏移常数 $K_f=25$。

（1）求已调信号的瞬时频率范围；

（2）求已调信号的带宽；

（3）画出消息信号和已调信号的振幅谱；

（4）求调制指数。

4-5　利用频率解调的 Matlab 文件对习题 4-4 的已调信号进行解调，并将已调信号与消息信号作比较。

第5章　数字基带传输

在数字通信系统中，需要将输入的数字序列映射为信号波形在信道中传输，此时信源输出数字序列，经过信号映射后成为适于信道传输的数字调制信号。数字序列中每个数字产生的时间间隔称为码元间隔，单位时间内产生的符号数称为符号速率，它反映了数字符号产生的快慢程度。由于数字符号是按码元间隔不断产生的，经过将数字符号一一映射为相应的信号波形后，就形成了数字调制信号。根据映射后信号的频谱特性，可以分成基带信号和频带信号。

通常基带信号指信号的频谱为低通型，而频带信号的频谱为带通型。

5.1　数字基带信号

1. 数字PAM信号

利用波形的不同幅度表示不同数字的信号称为脉冲幅度调制（PAM）信号，可以写成

$$s(t)=\sum_{n}a_{n}g(t-nT_{s}) \tag{5-1}$$

其中，$g(t)$ 是该数字信号的波形（成形）信号，a_n 的取值与第 n 时刻的数字符号取值一一映射。例如，数字符号0,1分别对应幅度 $+1$ V，-1 V，波形 $g(t)=\begin{cases}1 & 0\leqslant t<T_{s}\\0 & \text{其他}\end{cases}$。

数字PAM信号可以看成是一个输入的数字序列经过脉冲成形滤波器形成的信号，如图5-1所示。

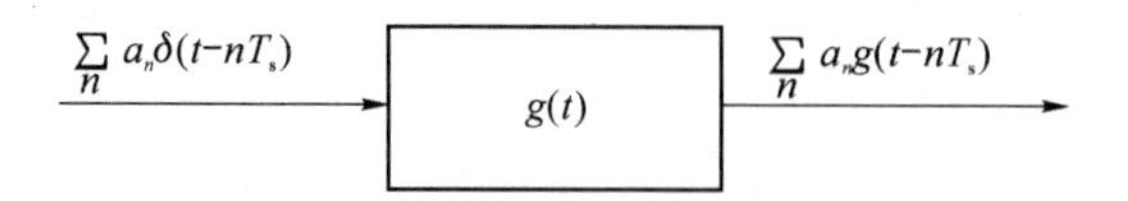

图5-1　数字基带信号成形

2. 数字 PAM 信号的功率谱密度

设输入的数字序列是平稳的，则 PAM 信号的功率谱密度可以通过式(5-2)计算得到：

$$P_s(f)=\frac{1}{T_s}\sum_n R_a(n)\mathrm{e}^{-\mathrm{j}2\pi fnT_s}\left|G(f)\right|^2 \tag{5-2}$$

其中，$R_a(n)$ 是序列$\{a_n\}$的自相关函数，$G(f)$是 $g(t)$的频谱，T_s 是码元间隔。由式(5-2)可以看到，PAM 信号的功率谱密度不仅受信号波形的影响，同时受序列的自相关特性的影响。因此，可以利用构造不同的自相关特性序列来改变数字基带信号的功率谱形状，即基带信号的码型，适应信道的频率特性。

［例 5-1］ 用 Matlab 画出如下数字基带信号波形及其功率谱密度。

(1)若 $g(t)=\begin{cases}1 & 0\leqslant t<T_s\\ 0 & \text{其他}\end{cases}$，输入二进制序列取值为 0,1(且假设等概出现)，此波形称为单极性非归零(NRZ)波形；

(2)若 $g(t)=\begin{cases}1 & 0\leqslant t<\tau<T_s\\ 0 & \text{其他}\end{cases}$，输入二进制序列取值 0,1(且假设等概出现)，此波形称为单极性归零(RZ)波形；

(3)若 $g(t)=\sin(\pi t/T_s)/(\pi t/T_s)$，输入二进制序列取值$-1$，$+1$(且假设等概出现)。

解

```
%数字基带信号的功率谱密度 digit_baseband.m
clear all;
close all;
Ts=1;
N_sample = 8;                    %每个码元的抽样点数
dt = Ts/N_sample;                %抽样时间间隔
N = 1000;                        %码元数

t = 0:dt:(N*N_sample-1)*dt;

gt1 = ones(1,N_sample);          %NRZ 非归零波形
gt2 = ones(1,N_sample/2);        %RZ 归零波形
gt2 = [gt2 zeros(1,N_sample/2)];
mt3 = sinc((t-5)/Ts);% sin(pi*t/Ts)/(pi*t/Ts)波形，截段取 10 个码元
```

```
gt3 = mt3(1:10 * N_sample);
d = ( sign( randn(1,N) ) +1 )/2;
data = sigexpand(d,N_sample); %对序列间隔插入 N_sample-1 个 0

st1 = conv(data,gt1);              % 调用 Matlab 的卷积函数
st2 = conv(data,gt2);
d = 2 * d-1;                       %变成双极性序列
data= sigexpand(d,N_sample);
st3 = conv(data,gt3);

[f,st1f] = T2F(t,[st1(1:length(t))]);
[f,st2f] = T2F(t,[st2(1:length(t))]);
[f,st3f] = T2F(t,[st3(1:length(t))]);

figure(1)
subplot(321)
plot(t,[st1(1:length(t))] );grid
axis([0 20 -1.5 1.5]);ylabel('单极性 NRZ 波形');
subplot(322);
plot(f,10 * log10(abs(st1f).^2/T) );grid
axis([-5 5 -40 10]); ylabel('单极性 NRZ 功率谱密度(dB/Hz)');

subplot(323)
plot(t,[st2(1:length(t))] );
axis([0 20 -1.5 1.5]);grid
ylabel('单极性 RZ 波形');
subplot(324)
plot(f,10 * log10(abs(st2f).^2/T));
axis([-5 5 -40 10]);grid
ylabel('单极性 RZ 功率谱密度(dB/Hz)');

subplot(325)
plot(t-5,[st3(1:length(t))] );
axis([0 20 -2 2]);grid
ylabel('双极性 sinc 波形');xlabel('t/Ts');
```

```
subplot(326)
plot(f,10 * log10(abs(st3f).^2/T));
axis([-5 5 -40 10]);grid
ylabel('sinc 波形功率谱密度(dB/Hz)');xlabel('f * Ts');
```

```
function [out] = sigexpand(d,M)
%将输入的序列扩展成间隔为 N-1 个 0 的序列
N = length(d);
out = zeros(M,N);
out(1,:) = d;
out = reshape(out,1,M * N);
```

运行结果如图 5-2 所示。

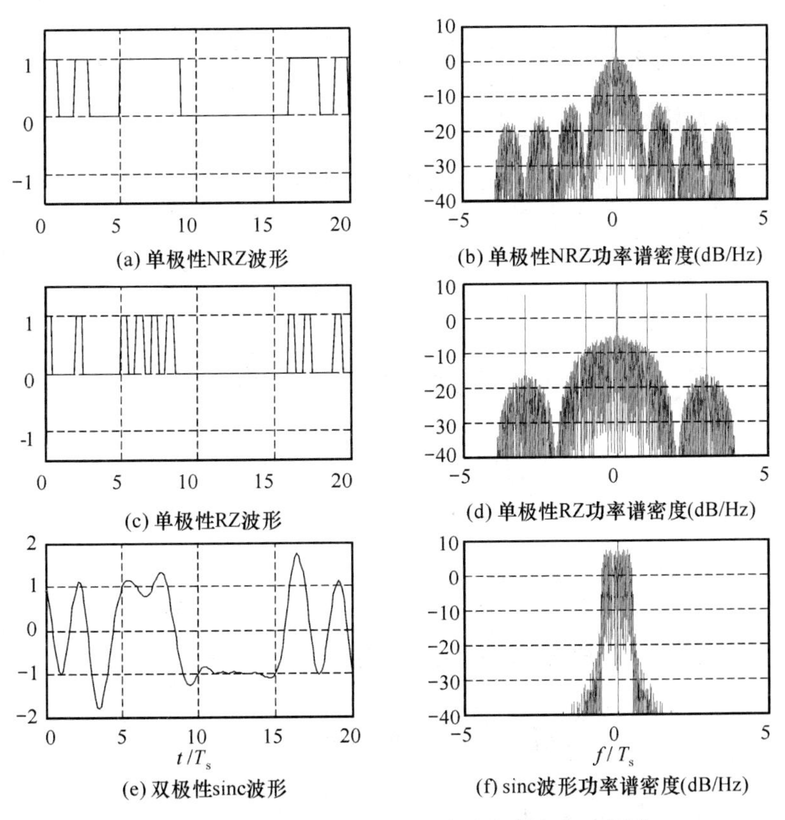

图 5-2　数字基带信号波形及其功率谱密度示意图

5.2 数字基带接收

数字基带信号的接收可以用图 5-3 表示。

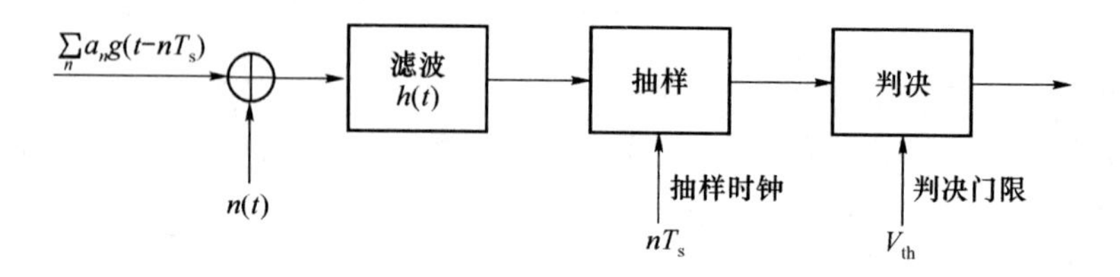

图 5-3 数字基带信号接收

经过滤波后，输出信号

$$\begin{aligned} r(t) &= \sum_n a_n g(t-nT_s) \otimes h(t) + n(t) \otimes h(t) \\ &= \sum_n a_n \int_{-\infty}^{\infty} h(\tau) g(t-\tau-nT_s)\mathrm{d}\tau + \int_{-\infty}^{\infty} h(\tau) n(t-\tau)\mathrm{d}\tau \end{aligned} \tag{5-3}$$

$$\begin{aligned} r_k &= r(kT_s) \\ &= \sum_n a_n \int_{-\infty}^{\infty} h(\tau) g(kT_s-nT_s-\tau)\mathrm{d}\tau + \int_{-\infty}^{\infty} h(\tau) n(kT_s-\tau)\mathrm{d}\tau \\ &= \sum_n a_n f_{k-n} + w_k \end{aligned} \tag{5-4}$$

这里

$$\begin{aligned} f_k &= \int_{-\infty}^{\infty} h(\tau) g(kT_s-\tau)\mathrm{d}\tau \\ w_k &= \int_{-\infty}^{\infty} h(\tau) n(kT_s-\tau)\mathrm{d}\tau \end{aligned} \tag{5-5}$$

$$E[w_k] = 0$$

$$\begin{aligned} E[w_k^2] &= E[\int_{-\infty}^{\infty}\int_{-\infty}^{\infty} h(\tau)h(v)n(kT_s-\tau)n(nT_s-v)\mathrm{d}v\mathrm{d}\tau] \\ &= \int_{-\infty}^{\infty}\int_{-\infty}^{\infty} E[n(kT_s-\tau)n(kT_s-v)]h(\tau)h(v)\mathrm{d}\tau\mathrm{d}v \\ &= \int_{-\infty}^{\infty}\int_{-\infty}^{\infty} \frac{N_0}{2}\delta(v-\tau)h(\tau)h(v)\mathrm{d}\tau\mathrm{d}v \\ &= \frac{N_0}{2}\int_{-\infty}^{\infty} h(\tau)^2\mathrm{d}\tau \end{aligned} \tag{5-6}$$

因此，w_k是一个均值为0、方差为 $\sigma^2 = \frac{N_0}{2}\int_{-\infty}^{\infty} h(\tau)^2 \mathrm{d}\tau$ 的高斯随机变量。

由式(5-4)，得

$$r_k = f_0 a_k + \sum_{n \neq k} f_{k-n} a_n + w_k \tag{5-7}$$

因此，基带信号的接收可以等效成离散模型进行分析，正如式(5-7)所示，接收信号在 k 时刻的抽样值取决于当前输入码元值、前后码元对其的干扰（码间干扰）和加性高斯白噪声。

［**例 5-2**］ 设二进制数字基带信号 $s(t)=\sum_n a_n g(t-nT_s)$，其中 $a_n \in \{+1,-1\}$，$g(t)=\begin{cases}1 & 0 \leqslant t < T_s \\ 0 & \text{其他}\end{cases}$，加性高斯白噪声的双边功率谱密度为 $N_0/2=0$。

(1) 若接收滤波器的冲激响应函数 $h(t)=g(t)$，画出经过滤波器后的波形图。

(2) 若 $H(f)=\begin{cases}1 & |f| \leqslant 5/(2T_s) \\ 0 & \text{其他}\end{cases}$，画出经过滤波器后的波形图。

解

```
%数字基带信号接收示意 digit_receive.m
clear all;
close all;

N =100;
N_sample=8;                    %每码元抽样点数
Ts=1;
dt = Ts/N_sample;
t=0:dt:(N*N_sample-1)*dt;

gt = ones(1,N_sample);         %数字基带波形
d = sign(randn(1,N));          %输入数字序列
a = sigexpand(d,N_sample);
st = conv(a,gt);               %数字基带信号

ht1 = gt;
rt1 = conv(st,ht1);
```

```
ht2 = 5 * sinc(5 * (t-5)/Ts);
rt2 = conv(st,ht2);

figure(1)
subplot(321)
plot( t,st(1:length(t)) );
axis([0 20 -1.5 1.5]); ylabel('输入双极性 NRZ 数字基带波形');
subplot(322)
stem( t,a);
axis([0 20 -1.5 1.5]); ylabel('输入数字序列')

subplot(323)
plot( t,[0 rt1(1:length(t)-1)]/8 );
axis([0 20 -1.5 1.5]);ylabel('方波滤波后输出');
subplot(324)
dd = rt1(N_sample:N_sample:end);
ddd= sigexpand(dd,N_sample);
stem( t,ddd(1:length(t))/8 );
axis([0 20 -1.5 1.5]);ylabel('方波滤波后抽样输出');

subplot(325)
plot(t-5, [0 rt2(1:length(t)-1)]/8 );
axis([0 20 -1.5 1.5]);
xlabel('t/Ts'); ylabel('理想低通滤波后输出');
subplot(326)
dd = rt2(N_sample-1:N_sample:end);
ddd=sigexpand(dd,N_sample);
stem( t-5,ddd(1:length(t))/8 );
axis([0 20 -1.5 1.5]);
xlabel('t/Ts'); ylabel('理想低通滤波后抽样输出');
```

运行结果如图 5-4 所示。

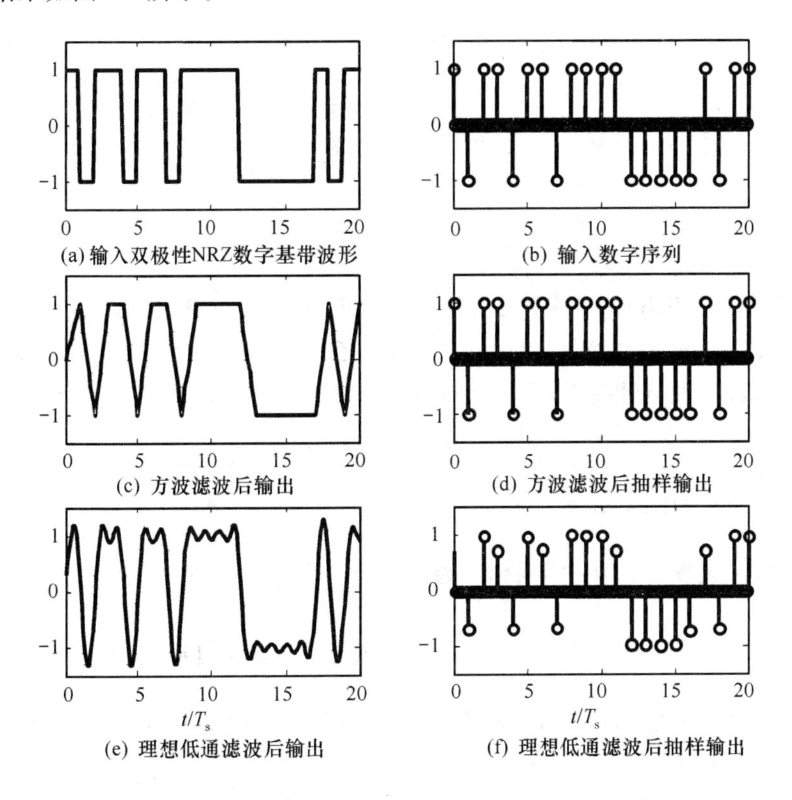

图 5-4　数字基带信号的接收示意图

由例 5-2 可以看到，相同的基带信号，可以用不同的接收方法。因此引出了如何才是最优的接收方法这个问题，即最佳接收的问题。通常，数字通信中的性能以误码率为判断标准，相同的信噪比下，能达到最小的误码率被视为是最佳的。

考虑式(5-7)，如果整个基带传输系统的冲激响应能满足 $f_k=\begin{cases} f_0 & (k=0) \\ 0 & (k\neq 0) \end{cases}$，则称该系统是无码间干扰的系统。此时接收端第 k 时刻抽样值为

$$r_k=f_0 a_k+w_k \tag{5-8}$$

其中，$f_0=\int_{-\infty}^{\infty} h(\tau)g(-\tau)\mathrm{d}\tau$，$w_k \sim N\left(0,\dfrac{N_0}{2}\int_{-\infty}^{\infty} h(\tau)^2\mathrm{d}\tau\right)$。

由式(5-8)，第 k 时刻抽样时的信噪比为

$$\begin{aligned}\mathrm{SNR} &= \frac{|f_0|^2 E[|a_k|^2]}{\frac{N_0}{2}\int_{-\infty}^{\infty} h(\tau)^2 \mathrm{d}\tau} \\ &\leqslant \frac{2E[|a_k|^2]}{N_0} \frac{\int_{-\infty}^{\infty} h(\tau)^2 \mathrm{d}\tau \int_{-\infty}^{\infty} g(-\tau)^2 \mathrm{d}\tau}{\int_{-\infty}^{\infty} h(\tau)^2 \mathrm{d}\tau} \\ &= \frac{2E[|a_k|^2]}{N_0}\int_{-\infty}^{\infty} g(t)^2 \mathrm{d}t\end{aligned}$$

其中用到了史瓦兹(Schwarts)不等式,当 $h(\tau)=Kg(-\tau)$ 时等式成立,K 为常数,称此滤波器为波形 $g(t)$的匹配滤波器,此时在抽样点得到的信噪比最大,具有最佳的误码性能。因此在匹配接收滤波器情况下,式(5-8)可以等效成

$$r_k = \sqrt{E_g}a_k + n_k \tag{5-9}$$

其中,$E_g = \int_{-\infty}^{\infty} g(t)^2 \mathrm{d}t$, $n_k \sim N\left(0,\frac{N_0}{2}\right)$。

[例 5-3] 设发送的数字基带信号为 $s(t) = \sum\limits_n a_n g(t-nT_s)$,其中 $a_n \in \{+1,-1\}$, $g(t) = \begin{cases}1 & 0\leqslant t < T_s \\ 0 & \text{其他}\end{cases}$,a_n 独立同分布,+1 和 −1 的发送概率相同,信道中加性高斯白噪声的双边功率谱密度为 $N_0/2$,接收机如图 5-3 所示,接收滤波器为 $g(t)$ 的匹配滤波器。

(1) 求该数字基带系统的误码率;

(2) 通过 Matlab 仿真该通信系统的性能,并与(1)式的理论结果对照。

解

(1)由式(5-9)可知,当发送 $a_k=+1$,判决为−1,或发送 $a_k=-1$,判决为+1 时均发生误码,因此平均误码率为

$$\begin{aligned}P_b &= P(r_k < V_{th} \mid a_k=+1)P(a_k=+1) + P(r_k > V_{th} \mid a_k=-1)P(a_k=-1) \\ &= \frac{1}{2}P(\sqrt{E_g}+n_k < V_{th}) + \frac{1}{2}P(-\sqrt{E_g}+n_k > V_{th}) \\ &= \frac{1}{2}\int_{-\infty}^{V_{th}} \frac{1}{\sqrt{N_0\pi}}\mathrm{e}^{-\frac{(r_k-\sqrt{E_g})^2}{N_0}}\mathrm{d}r_k + \frac{1}{2}\int_{V_{th}}^{+\infty} \frac{1}{\sqrt{N_0\pi}}\mathrm{e}^{-\frac{(r_k+\sqrt{E_g})^2}{N_0}}\end{aligned}$$

为了求出最佳的判决门限,令

$$\frac{\partial P_b}{\partial V_{th}} = \frac{1}{2\sqrt{N_0\pi}}\mathrm{e}^{-\frac{(V_{th}-\sqrt{E_g})^2}{N_0}} - \frac{1}{2\sqrt{N_0\pi}}\mathrm{e}^{-\frac{(V_{th}+\sqrt{E_g})^2}{N_0}} = 0$$

可以解得 $V_{th}=0$,因此误码率为

$$P_b = \int_{-\infty}^{0} \frac{1}{\sqrt{N_0\pi}}\mathrm{e}^{-\frac{(r_k-\sqrt{E_g})^2}{N_0}}\mathrm{d}r_k = Q\left(\sqrt{\frac{2E_g}{N_0}}\right) = \frac{1}{2}\mathrm{erfc}\left(\sqrt{\frac{E_g}{N_0}}\right) \tag{5-10}$$

(2) 可以采用第 3 章介绍的蒙特卡罗方法仿真该数字基带系统的误码性能，具体实现方法如图 5-5 所示。

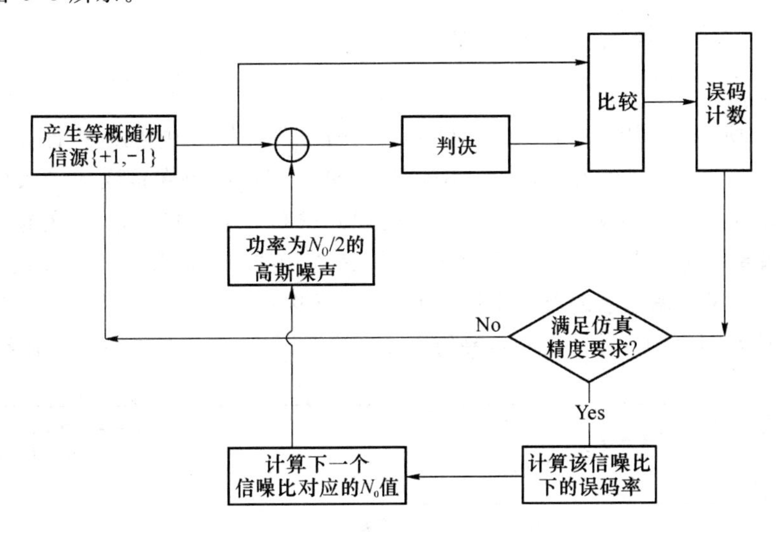

图 5-5　蒙特卡罗仿真无码间干扰基带系统误码率框图

```
%数字基带接收机的性能 digit_ber.m
clear all;
close all;
EbN0dB =0:0.5:10;
N0 = 10.^(-EbN0dB/10);
sigma = sqrt(N0/2);
%理论计算的误码率
Pb = 0.5*erfc(sqrt(1./N0));
%仿真误码率
for n=1:length(EbN0dB)
    a = sign(randn(1,100000));                  %产生等概信源+1、-1
    rk = a + sigma(n)*randn(1,100000);          %离散等效接收模型
    dec_a = sign(rk);                           %判决
    ber(n) = sum( abs(a-dec_a)/2 )/length(a);   %计算误码率
end
semilogy(EbN0dB,Pb);
hold;
```

```
semilogy(EbN0dB,ber,'rd-');
legend('理论值','仿真结果');
xlabel('Eb/N0(dB)');ylabel('Pb');
```

如图 5-6 所示,采用蒙特卡罗仿真得到的误码率曲线与(1)中的理论计算得到的结果几乎一致,证明这种方法的有效性。图中仿真结果与理论结果在信噪比较大的时候有些微差别的原因在于:由于蒙特卡罗仿真得到的误码率是一个随机变量,它的精度与仿真次数有关,如果要使仿真得到的误码率精度控制在一定范围内,通常必须保证足够的仿真次数,仿真次数的大小视要求的误码率精度而定,通常选择平均误码事件超过误码率倒数的 100 倍可以达到精度约 90%。例如,要仿真 10^{-3} 的误码率,需要仿真约 10^5 比特。

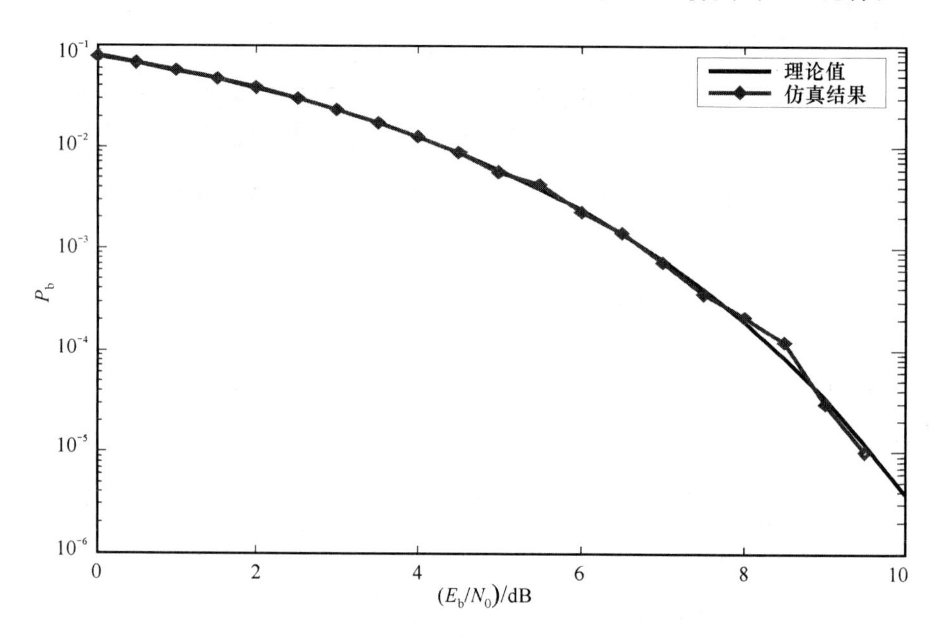

图 5-6 二进制匹配接收机的性能

5.3 带限系统下的基带信号

由图 5-2 可以看到,不同的基带成形,最终得到的数字基带信号的频谱特性不同,有的频谱带宽无限,有的频带受限。在实际系统中,信道经常是带限的,因此频带无限的数字基带信号经过这样的信道会造成接收信号的失真。为了避免信号功率损失,必须设计频带受限的数字基带信号。

根据傅里叶变换的性质，可以知道带限的信号一定是时间无限的，因此如果限制数字基带信号的带宽，则数字信号的成形波形是时间无限的。由于数字信号是间隔 T_s 发送的，因此时间无限的信号在接收端可能造成对别的码元的干扰，如式(5-7)所示。因此带限系统下的基带信号设计的一个重要原则是如何设计无码间干扰的信号波形。

5.3.1　抽样点无码间干扰的基带成形

如式(5-7)所示，如果基带信号与接收滤波器能实现

$$f_k=\begin{cases}1 & (k=0)\\ 0 & (k\neq 0)\end{cases} \tag{5-11}$$

则称该系统是无码间干扰的系统。不妨令 $f(t)=g(t)\otimes h(t)$ 为在接收端抽样前的等效基带成形，则数字信号为

$$s(t)=\sum_n a_n f(t-nT_s) \tag{5-12}$$

无码间干扰的系统满足式(5-11)，即

$$\begin{aligned}f_k &= f(kT_s)=\int_{-\infty}^{+\infty}F(f)\mathrm{e}^{\mathrm{j}2\pi fkT_s}\,\mathrm{d}f\\ &=\sum_{m=-\infty}^{+\infty}\int_{m/T_s-1/2T_s}^{m/T_s+1/2T_s}F(f)\mathrm{e}^{\mathrm{j}2\pi fkT_s}\,\mathrm{d}f\\ &=\sum_{m=-\infty}^{+\infty}\int_{-1/2T_s}^{+1/2T_s}F\left(f+\frac{m}{T_s}\right)\mathrm{e}^{\mathrm{j}2\pi\left(f+\frac{m}{T_s}\right)kT_s}\,\mathrm{d}f\\ &=\int_{-1/2T_s}^{+1/2T_s}\sum_m F\left(f+\frac{m}{T_s}\right)\mathrm{e}^{\mathrm{j}2\pi fkT_s}\,\mathrm{d}f\end{aligned} \tag{5-13}$$

而

$$\sum_m F\left(f+\frac{m}{T_s}\right)\xlongequal{\text{傅里叶级数展开}}\sum_k z_k\mathrm{e}^{-\mathrm{j}2\pi kfT_s} \tag{5-14}$$

其中

$$z_k=T_s\int_{-1/2T_s}^{+1/2T_s}\sum_m F\left(f+\frac{m}{T_s}\right)\mathrm{e}^{\mathrm{j}2\pi fkT_s}\,\mathrm{d}f=T_s\cdot f_k \tag{5-15}$$

比较式(5-13)和式(5-15)可知，f_k 是式(5-14)中的傅里叶级数系数，结合式(5-11)可以得到

$$\sum_m F\left(f+\frac{m}{T_s}\right)=T_s \tag{5-16}$$

因此，满足抽样点无码间干扰的数字基带系统，其收发等效的基带成形应满足式(5-16)或式(5-11)。式(5-16)表明等效的基带成形的频谱特性应该满足的条件，而式(5-11)表

明等效基带成形应该满足的时间特性,这两者是等价的,又称为奈奎斯特抽样无码间干扰定理。式(5-16)是抽样点无码间干扰时整个基带系统需要满足的条件,包括了发送基带成形和接收滤波器。图 5-7 示意了无码间干扰的基带系统的频率响应特性应该满足的条件。

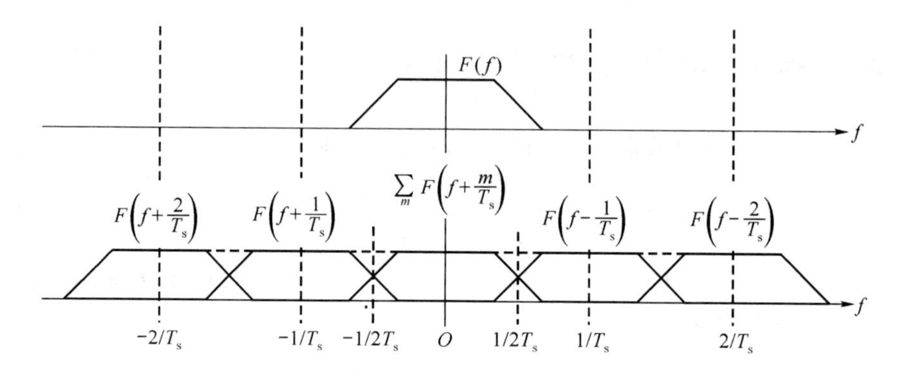

图 5-7　无码间干扰的基带系统

5.3.2　升余弦滚降系统

一类常用的无码间干扰基带传输系统为升余弦滚降系统,即

$$F(f)=\begin{cases} T_s & 0\leqslant|f|\leqslant\frac{1-\alpha}{2T_s} \\ \frac{T_s}{2}\left\{1+\cos\left[\frac{\pi T_s}{\alpha}\left(|f|-\frac{1-\alpha}{2T_s}\right)\right]\right\} & \frac{1-\alpha}{2T_s}<|f|\leqslant\frac{1+\alpha}{2T_s} \\ 0 & |f|>\frac{1+\alpha}{2T_s} \end{cases} \tag{5-17}$$

其中 α 称为滚降系数,频带利用率为 $\eta=\frac{1/T_s}{(1+\alpha)/2T_s}=\frac{2}{1+\alpha}$。升余弦滚降系统的时域波形为

$$f(t)=\frac{\sin(\pi t/T_s)}{\pi t/T_s}\frac{\cos(\alpha\pi t/T_s)}{1-4\alpha^2t^2/T_s^2} \tag{5-18}$$

[例 5-4] 用 Matlab 画出 $\alpha=0,0.5,1$ 的升余弦滚降系统频谱,并画出其各自对应的时域波形。

解

```
%升余弦滚降系统示意图,raisecos.m
clear all;
close all;
Ts=1;
N_sample = 17;
dt = Ts/N_sample;
df = 1.0/(20.0*Ts);

t = -10*Ts:dt:10*Ts;
f = -2/Ts:df:2/Ts;

alpha = [0,0.5,1];

for n=1:length(alpha)
    for k=1:length(f)
        if abs(f(k)) > 0.5*(1+alpha(n))/Ts
            Xf(n,k)=0;
        elseif abs( f(k) ) < 0.5*(1-alpha(n))/Ts
            Xf(n,k)=Ts;
        else
Xf(n,k)=0.5*Ts*(1+cos( pi*Ts/(alpha(n)+eps)*(abs(f(k))-0.5*(1-
alpha(n))/Ts) ) );
        end
    end
xt(n,:) = sinc(t/Ts).*(cos(alpha(n)*pi*t/Ts))./(1 - 4*alpha(n)^2
* t.^2 / Ts^2 + eps);
end

figure(1)
plot(f,Xf);
axis([-1 1 0 1.2]);xlabel('f/Ts');ylabel('升余弦滚降频谱');
figure(2)
plot(t,xt);
axis([-10 10 -0.5 1.1]);xlabel('t');ylabel('升余弦滚降波形');
```

运行结果如图 5-8 所示。

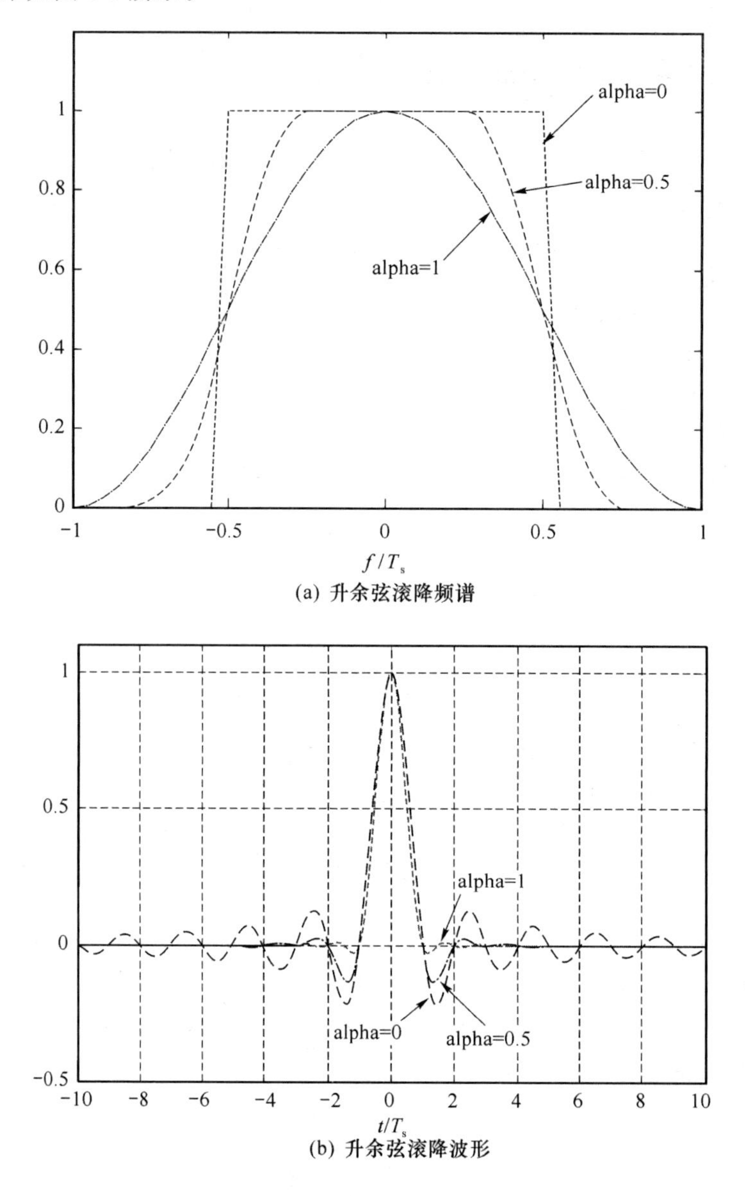

(a) 升余弦滚降频谱

(b) 升余弦滚降波形

图 5-8 升余弦滚降系统的频谱及其时域波形

5.3.3 最佳基带系统

由于收发波形匹配使抽样时的信噪比最大,因此带限情况下的最佳基带系统设计应该既保证无码间干扰，同时收发匹配，此时的基带系统称为最佳基带系统设计。通常，满足最佳基带系统设计的发送滤波器和接收滤波器的幅度谱可以采用升余弦滚降系统的根号函数，即根号升余弦，其相移特性是线性的。

5.3.4 基带信号眼图

在数字基带系统的接收端用示波器观察接收信号，将接收信号输入示波器的垂直放大器，同时调整示波器的水平扫描周期为码元间隔的整数倍，则示波器上显示的波形形如一只只“眼睛”，称为基带信号的眼图。其实，基带信号的眼图形成原因是因为示波器的荧光显示屏光迹在信号消失后需要一段时间才能消失，因此显示在示波器上的是若干段的数字基带波形的叠加，呈现出眼图的形状。

[例 5-5] 设基带传输系统响应是 $\alpha=1$ 的升余弦滚降系统，画出在接收端的基带数字信号波形及其眼图。

解

```
%基带信号眼图示意,yt.m
clear all;
close all;
Ts=1;
N_sample=17;
eye_num = 7;
alpha =1;
N_data=1000;

dt = Ts/N_sample;
t = -3*Ts:dt:3*Ts;

%产生双极性数字信号
d = sign(randn(1,N_data));
dd= sigexpand(d,N_sample);
%基带系统冲激响应(升余弦)
ht = sinc(t/Ts).*(cos(alpha*pi*t/Ts))./(1- 4*alpha^2 * t.^2 / Ts^2 +
eps);
st = conv(dd,ht);
tt = -3*Ts:dt:(N_data+3)*N_sample*dt-dt;
```

```
figure(1)
subplot(211)
plot(tt,st);
axis([0 20 -1.2 1.2]);xlabel('t/Ts');ylabel('基带信号');
subplot(212)
%画眼图
ss=zeros(1,eye_num*N_sample);
ttt = 0:dt:eye_num*N_sample*dt-dt;
for k=3:50
    ss = st(k*N_sample+1:(k+eye_num)*N_sample);
    drawnow;
    plot(ttt,ss); hold on;
end
%plot(ttt,ss);
xlabel('t/Ts');ylabel('基带信号眼图');
```

运行结果如图 5-9 所示。

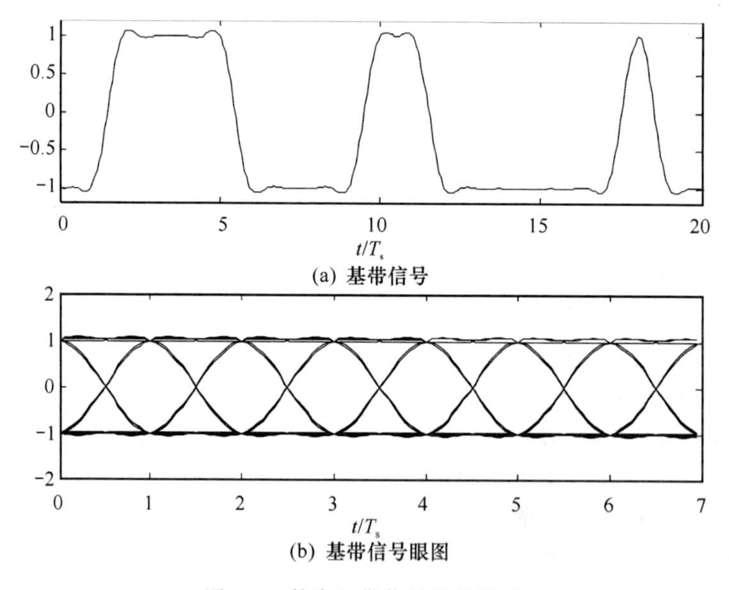

(a) 基带信号

(b) 基带信号眼图

图 5-9　数字基带信号及其眼图

[例 5-6]　设二进制数字基带信号 $a_n \in \{+1,-1\}$，$g(t)=\begin{cases}1 & 0\leqslant t<T_s \\ 0 & \text{其他}\end{cases}$，设加性高

斯白噪声的双边功率谱密度为 $N_0/2=0$，画出眼图。

(1)经过理想低通 $H(f)=\begin{cases}1 & |f|\leqslant 5/(2T_s)\\ 0 & \text{其他}\end{cases}$ 后的眼图。

(2)经过理想低通 $H(f)=\begin{cases}1 & |f|\leqslant 1/T_s\\ 0 & \text{其他}\end{cases}$ 后的眼图。

解

```
%示意双极性 NRZ 基带信号经过带宽受限信号造成的码间干扰影响及其眼图，文件
mjgr.m
    clear all;
    close all;

    N =1000;
    N_sample=8;                     %每码元抽样点数
    Ts=1;
    dt = Ts/N_sample;
    t=0:dt:(N*N_sample-1)*dt;

    gt = ones(1,N_sample);          %数字基带波形
    d = sign(randn(1,N));           %输入数字序列
    a = sigexpand(d,N_sample);
    st = conv(a,gt);                %数字基带信号

    ht1 = 2.5*sinc(2.5*(t-5)/Ts);
    rt1 = conv(st,ht1);

    ht2 = sinc((t-5)/Ts);s
    rt2 = conv(st,ht2);

    eyediagram(rt1+j*rt2,40,5); %调用 Matlab 画眼图的函数，行 40 点，表示 5 只眼
```

运行结果如图 5-10 所示。

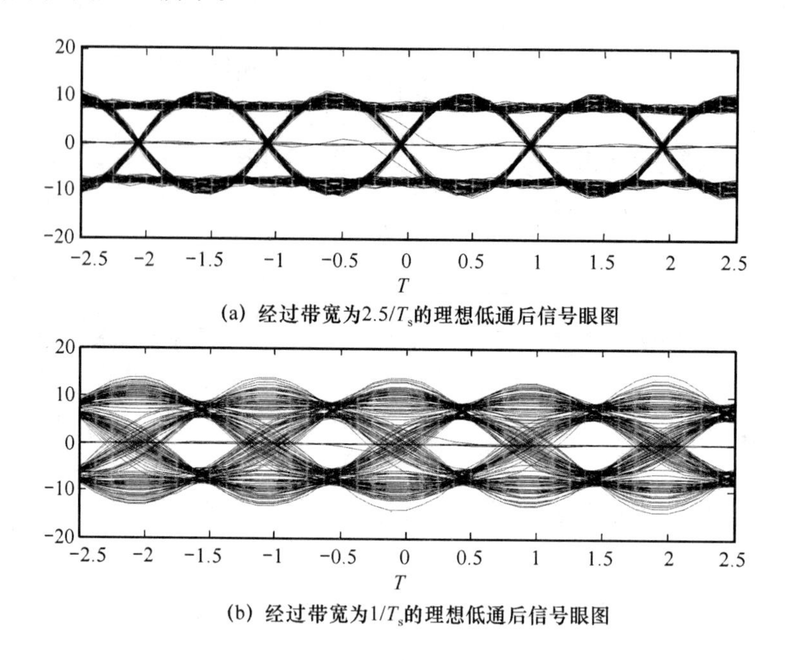

(a) 经过带宽为$2.5/T_s$的理想低通后信号眼图

(b) 经过带宽为$1/T_s$的理想低通后信号眼图

图 5-10 双极性 NRZ 信号经过理想低通后的眼图(有码间干扰)

可以看到,双极性 NRZ 信号经过不同带宽的滤波器后,输出信号的码间干扰的大小不同。

5.4 部分响应系统

从图 5-8 可以看到,α 越小,基带信号的带宽越小,但基带信号波形的衰减越慢;反之,α 越大,基带信号的带宽也越大,但基带信号波形的衰减却加快了。由于升余弦滚降系统是抽样点无码间干扰,因此如果接收端能精确抽样,则码间干扰不存在。但在实际系统中抽样时钟可能不很精确,因此如果基带信号波形衰减越快,对抽样时钟的精确度就越不敏感。因此能不能找到一种方法使基带信号的带宽小,同时基带信号波形的衰减又快呢?部分响应系统波形通过人为引入前后码元的干扰,实现上述目标。

通过发送时有意地在连续几个码元间引入码间干扰,且其余码元不产生码间干扰,在接收判决时,由于码间干扰的规律是已知的,因此可以在收端消除相应的码间干扰,最终达到提高系统频带利用率的目的。

第一类部分响应系统是在相邻的两个码元间引入码间干扰。由于理想低通系统的传递函数为 $H(f)=\begin{cases}T_s & |f|<\frac{1}{2T_s}\\ 0 & 其他\end{cases}$，其冲激响应为 $h(t)=\frac{\sin \pi t/T_s}{\pi t/T_s}$，如果用 $h(t)$ 以及 $h(t)$ 的时延 T_s 的波形作为系统的冲激响应，那么它的系统带宽肯定限制在 $\left(-\frac{1}{2T_s},\frac{1}{2T_s}\right)$，也就是说，系统的频带利用率为 2 bit/Hz。

接着来看系统的冲激响应函数 $g(t)$：

$$g(t)=h(t)+h(t-T_s)=\left[\operatorname{sinc}\frac{\pi t}{T_s}+\operatorname{sinc}\frac{\pi(t-T_s)}{T_s}\right] \tag{5-19}$$

$$=\frac{\sin\frac{\pi t}{T_s}}{\frac{\pi t}{T_s}}\frac{1}{1-t/T_s}$$

可以看到，这个系统的冲激响应的衰减是理想低通冲激响应函数衰减的 $\frac{1}{1-t/T_s}$，它比理想低通系统冲激响应函数衰减快，因此相对于对定时精度的要求降低，它的系统响应为

$$G(f)=(1+\mathrm{e}^{-\mathrm{j}2\pi fT_s})H(f)=\begin{cases}2T_s\cos(\pi fT_s)\mathrm{e}^{-\mathrm{j}\pi fT_s} & |f|\leqslant\frac{1}{2T_s}\\ 0 & 其他\end{cases} \tag{5-20}$$

可以看到，第一类部分响应系统并不满足抽样点无码间干扰的条件，其每个抽样点仅受前一个码元的影响，因此可以通过减去前一码元的干扰来确定当前抽样点值，从而正确判决。因此，第一类部分响应系统可以用图 5-11 所示框图表示。

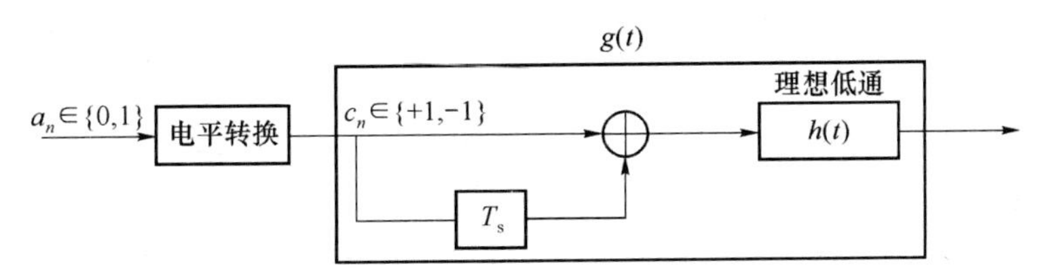

图 5-11　第一类部分响应系统框图

［例 5-7］　产生一个{+1，−1}的二元随机序列，画出其第一类部分响应系统的基带信号及其眼图。

解

```
%部分响应信号眼图示意,pres.m
clear all;
close all;
Ts=1;
N_sample=16;
eye_num = 11;

N_data=1000;

dt = Ts/N_sample;
t = -5*Ts:dt:5*Ts;

%产生双极性数字信号
d = sign(randn(1,N_data));
dd= sigexpand(d,N_sample);
%部分响应系统冲激响应
ht = sinc((t+eps)/Ts)./(1- (t+eps)./Ts);
ht( 6*N_sample+1 ) = 1;
st = conv(dd,ht);
tt = -5*Ts:dt:(N_data+5)*N_sample*dt-dt;

figure(1)
subplot(211);
plot(tt,st);
axis([0 20 -3 3]);xlabel('t/Ts');ylabel('部分响应基带信号');
subplot(212)
%画眼图
ss=zeros(1,eye_num*N_sample);
ttt = 0:dt:eye_num*N_sample*dt-dt;
for k=5:50
    ss = st(k*N_sample+1:(k+eye_num)*N_sample);
    drawnow;
```

```
    plot(ttt,ss); hold on;
end
%plot(ttt,ss);
xlabel('t/Ts');ylabel('部分响应信号眼图');
```

可以看到,部分响应在抽样点的取值为+2,-2,0,如图 5-12 所示。

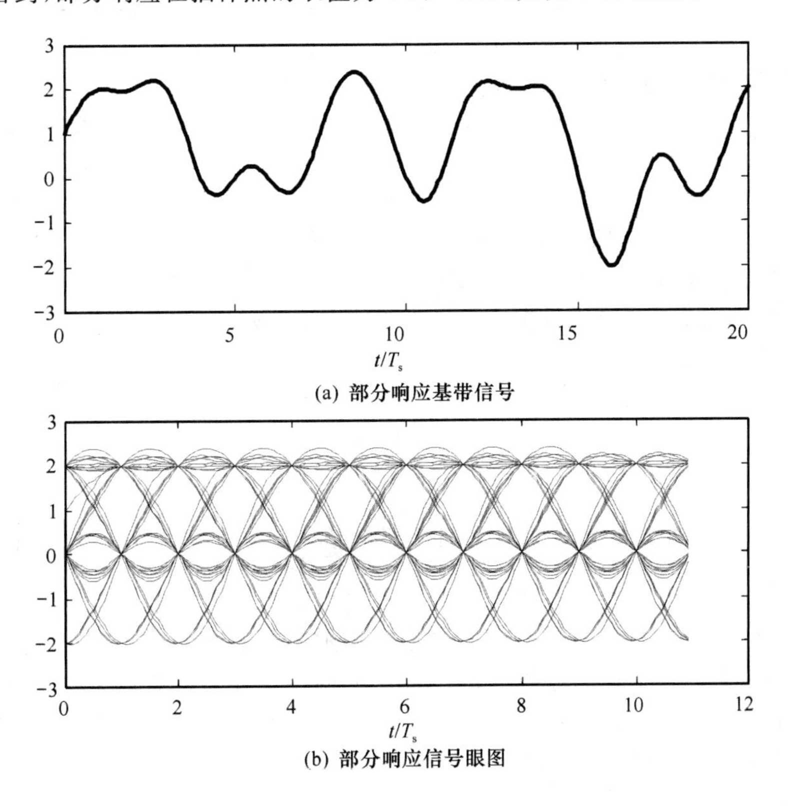

图 5-12　部分响应信号及其眼图

如图 5-13,设输入的二进制码元序列为 $\{a_n\}$,并设 a_n 的取值为 0、1,经过电平变换为 $c_n \in \{+1,-1\}$, $g(t)$ 的波形在抽样点上的值由 $b_n = c_n + c_{n-1}$ 构成,称为部分响应编码。此时,b_n 具有可能的取值为+2、0、-2。在收端,抽样得到的是各个抽样时刻的 b_n 值,$c_n = b_n - c_{n-1}$ 就可以实现接收。但是,当某一时刻的 c_n 受噪声原因判决错误之后,则以后不可能接收正确,直到下一个错误判决发生,这种现象叫"差错传播"。"差错传播"使系统的错误率急剧上升,在实际系统应用中是不允许的。采用"预编码"方法可以对抗"差错传播"的现象。

令 $d_k = a_k \oplus d_{k-1}$,然后用 d_k 作为输入序列进行电平转换 $c_k = 1 - 2d_k$ 和部分响应编码,得到 $b_k = c_k + c_{k-1}$,"$\oplus$" 表示"模 2 加","+"表示"算术加", d_k 称为"预编码",如图

5-13所示。

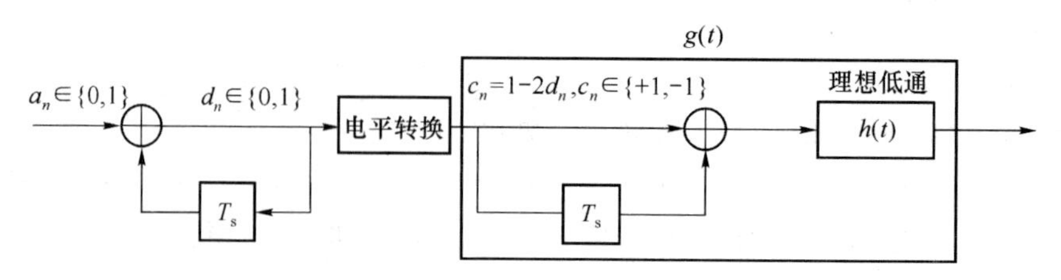

图 5-13　第一类部分响应系统及其预编码

在解调时得到抽样点(假设无噪)

$$b_k = c_k + c_{k-1} = 2 - 2(d_k + d_{k-1}) \tag{5-21}$$

因为

$$\begin{aligned} d_k + d_{k-1} = 1 \rightarrow a_k = 1 \rightarrow b_k = 0 \\ d_k + d_{k-1} = 0, 2 \rightarrow a_k = 0 \rightarrow b_k = 2, -2 \end{aligned} \tag{5-22}$$

因此,判决时根据抽样点 b_k的值可以判决 a_k(如上判决式),可以看到此时 a_k的判决仅取决于 b_k,没有差错传播。有加性白高斯噪声的情况下,假设发送信息序列是等概的,则可以采用如下判决方式:

$$\begin{aligned} |b_k| < 1 \rightarrow a_k = 1 \\ |b_k| \geqslant 1 \rightarrow a_k = 0 \end{aligned} \tag{5-23}$$

练 习 题

5-1　如图 5-13 所示,第一类部分响应系统经过理想低通后进行抽样判决,假设发送端采用的不是理想低通滤波器,而是 $\alpha=0.1$ 的根号升余弦滚降滤波器,信道噪声为高斯白噪声,接收滤波器经过 $\alpha=0.1$ 的根号升余弦滚降滤波器后经过抽样、判决。

(1) 通过 Matlab 画出发送信号的波形、经过滤波器后的信号波形;

(2) 画出接收端经过滤波器后的眼图;

(3) 分析这种情况下系统的误码率;

(4) 通过 Matlab 仿真证实你的分析结果。

5-2　请查阅书后的参考文献[1],通过 Matlab 画出 AMI、HDB3 码的功率谱密度的形状。

5-3　编写一个 Matlab 程序,完成一个 $M = 4$ 的 PAM 通信系统的仿真,$a_n \in \{\pm1, \pm3\}$。仿真对 10 000 个符号(20 000 bit)实行,并测量在 $\sigma^2=0$,$\sigma^2=0.1$,$\sigma^2=1.0$ 和 $\sigma^2=2.0$时的符号差错概率。画出理论误码率和由 Monte Carlo 仿真测得的差错,并比较这些结果。另外,画出在每种 σ^2 值时,在检验器输入端 1 000 个接收到的信号加噪声的样本。

5-4　若 $M=2$ 的 PAM 信号 $a_n \in \{0,1\}$,重做习题 5-3。

第6章 数字频带传输

数字频带信号通常也称为数字调制信号，其信号频谱通常是带通型的，适合于在带通型信道中传输。数字调制是将基带数字信号变换成适合带通型信道传输的一种信号处理方式，正如模拟通信中介绍的一样，可以通过对基带信号的频谱搬移来适应信道特性，也可以采用频率调制、相位调制的方式来达到同样的目的。

本章将主要通过 Matlab 来学习二进制及多进制的调制解调方式，包括 OOK、2PSK、2FSK、QPSK、OQPSK，并分析和仿真这些调制系统在 AWGN 信道下的性能。

6.1 二进制数字调制

6.1.1 OOK

如果将二进制码元"0"对应信号 0，"1"对应信号 $A\cos 2\pi f_c t$，则 OOK 信号可以写成如下表达式：

$$s(t)=\left\{\sum_n a_n g(t-nT_s)\right\}A\cos 2\pi f_c t \tag{6-1}$$

其中，$a_n\in\{0,1\}$，$g(t)=\begin{cases}1 & 0\leqslant t\leqslant T_s\\ 0 & \text{其他}\end{cases}$。

可以看到，上式是数字基带信号 $m(t)=\sum_n a_n g(t-nT_s)$ 经过 DSB 调制后形成的信号，OOK 信号波形如图 6-1 所示。

OOK 信号的功率谱密度为

$$P_s(f)=\frac{A^2}{4}[P_m(f-f_c)+P_m(f+f_c)] \tag{6-2}$$

OOK 的调制框图如图 6-2 所示。

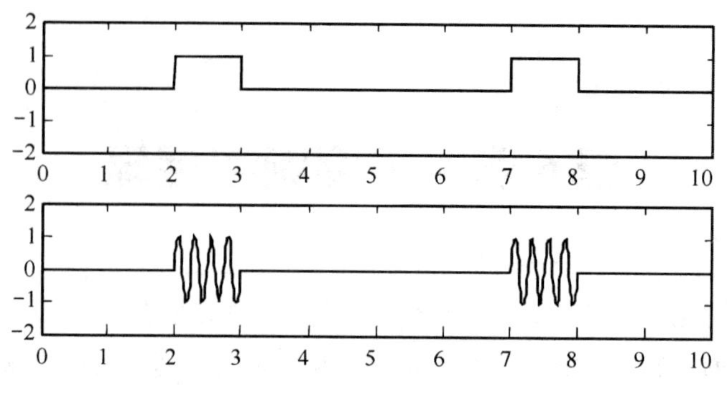

图 6-1　OOK 信号波形

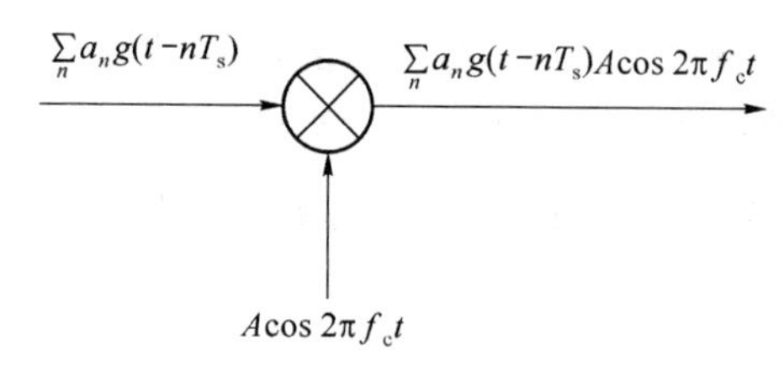

图 6-2　OOK 信号调制框图

6.1.2　2PSK

将二进制码元“0”对应相位为 π 的载波 $-A\cos 2\pi f_c t$，“1”对应相位为 0 的载波 $A\cos 2\pi f_c t$，则 2PSK 信号可以写成如下表达式：

$$s(t)=\left\{\sum_n a_n g(t-nT_s)\right\}A\cos 2\pi f_c t \tag{6-3}$$

其中 $a_n\in\{+1,-1\}$，$g(t)=\begin{cases}1 & 0\leqslant t\leqslant T_s\\ 0 & \text{其他}\end{cases}$。

2PSK 信号波形如图 6-3 所示，其实现框图与 OOK 相同，只是输入是双极性的。

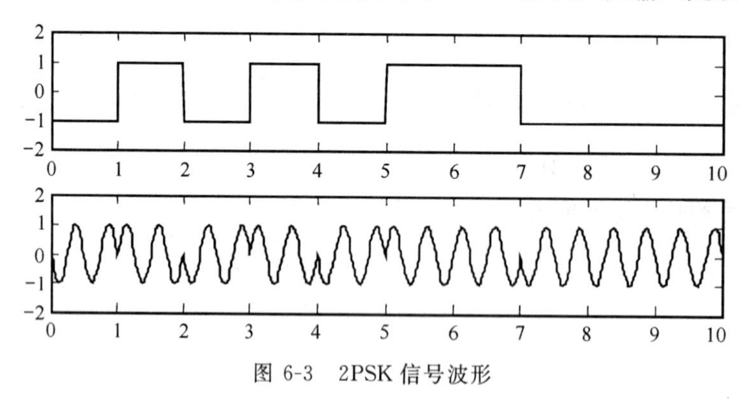

图 6-3　2PSK 信号波形

2PSK 信号的功率谱密度为

$$P_s(f)=\frac{A^2}{4}[P_m(f-f_c)+P_m(f+f_c)] \tag{6-4}$$

6.1.3　2FSK

将二进制码元"0"对应载波 $A\cos 2\pi f_1 t$,"1"对应载波 $A\cos 2\pi f_2 t$,则形成 2FSK 信号,可以写成如下表达式:

$$s(t)=\sum_n \overline{a_n}g(t-nT_s)A\cos(2\pi f_1 t+\varphi_n)+\sum_n a_n g(t-nT_s)A\cos(2\pi f_2 t+\theta_n) \tag{6-5}$$

当 $a_n=1$ 时,对应的传输信号频率为 f_2;当 $a_n=0$ 时,对应的传输信号频率为 f_1。上式中,φ_n、θ_n是两个频率波的初相。2FSK 也可以写成另外的形式如下:

$$s(t)=A\cos\left[2\pi f_c t+2\pi h\sum_{n=-\infty}^{\infty}a_n g(t-nT_s)\right] \tag{6-6}$$

其中,$a_n\in\{+1,-1\}$,$f_c=(f_1+f_2)/2$,$g(t)=\begin{cases}1 & 0<t\leqslant T_s\\ 0 & \text{其他}\end{cases}$,$h=|f_c-f_1|$ 为频偏,其波形如图 6-4 所示。

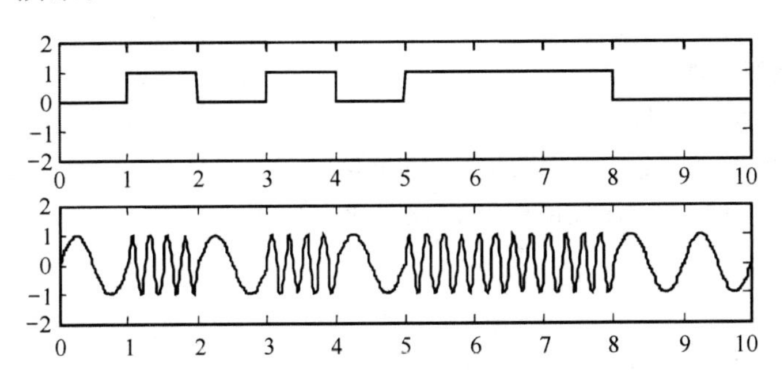

图 6-4　2FSK 波形

2FSK 信号可以看成是两个不同载波的 OOK 信号的叠加:

$$s(t)=s_1(t)\cos(\omega_1 t+\phi_1)+s_2(t)\cos(\omega_2 t+\phi_2)$$

当这两项不相关时(如载波之间频率差足够大),它的功率谱密度为

$$P_s=\frac{1}{4}[P_{s1}(f+f_1)+P_{s1}(f-f_1)]+\frac{1}{4}[P_{s2}(f+f_2)+P_{s2}(f-f_2)] \tag{6-7}$$

[**例 6-1**]　用 Matlab 产生独立等概的二进制信源。

(1) 画出 OOK 信号波形及其功率谱;

(2) 画出 2PSK 信号波形及其功率谱;

(3) 画出 2FSK 信号波形及其功率谱(设 $|f_1-f_2| \gg \frac{1}{T_s}$)。

解

```
%OOK,2PSK,文件名 binarymod.m
clear all;
close all;

A=1;
fc = 2;                  %2 Hz;
N_sample = 8;
N = 500;                 %码元数
Ts = 1;                  %1 Baud/s

dt = Ts/fc/N_sample; %波形采样间隔
t = 0:dt:N*Ts-dt;
Lt = length(t);

%产生二进制信源
d = sign(randn(1,N));
dd = sigexpand((d+1)/2,fc*N_sample);
gt = ones(1,fc*N_sample); %NRZ 波形

figure(1)
subplot(221); %输入 NRZ 信号波形(单极性)
d_NRZ = conv(dd,gt);
plot(t,d_NRZ(1:length(t)));
axis([0 10 0 1.2]); ylabel('输入信号');

subplot(222); %输入 NRZ 频谱
[f,d_NRZf]=T2F( t,d_NRZ(1:length(t)) );
plot(f,10*log10(abs(d_NRZf).^2/T));
axis([-2 2 -50 10]);ylabel('输入信号功率谱密度(dB/Hz)');

%OOK 信号
```

```
ht = A * cos(2 * pi * fc * t);
s_2ask = d_NRZ(1:Lt). * ht;
subplot(223)
plot(t,s_2ask);
axis([0 10 -1.2 1.2]); ylabel('OOK');

[f,s_2askf] = T2F(t,s_2ask );
subplot(224)
plot(f,10 * log10(abs(s_2askf).^2/T));
axis([-fc-4 fc+4 -50 10]);ylabel('OOK 功率谱密度(dB/Hz)');

figure(2)
%2PSK 信号
d_2psk = 2 * d_NRZ-1;
s_2psk = d_2psk(1:Lt). * ht;
subplot(221)
plot(t,s_2psk);
axis([0 10 -1.2 1.2]); ylabel('2PSK');

subplot(222)
[f,s_2pskf] = T2F(t,s_2psk);
plot( f,10 * log10(abs(s_2pskf).^2/T) );
axis([-fc-4 fc+4 -50 10]);ylabel('2PSK 功率谱密度(dB/Hz)');

% 2FSK
% s_2fsk = Acos(2 * pi * fc * t + int(2 x d_NRZ-1) );
sd_2fsk = 2 * d_NRZ-1;

s_2fsk = A * cos(2 * pi * fc * t + 2 * pi * sd_2fsk(1:length(t)). * t );
subplot(223)
plot(t,s_2fsk);
axis([0 10 -1.2 1.2]);xlabel('t'); ylabel('2FSK')
subplot(224)
[f,s_2fskf] = T2F(t,s_2fsk);
plot(f,10 * log10(abs(s_2fskf).^2/T));
axis([-fc-4 fc+4 -50 10]);xlabel('f');ylabel('2FSK 功率谱密度(dB/Hz)');
```

运行结果如图 6-5 所示。

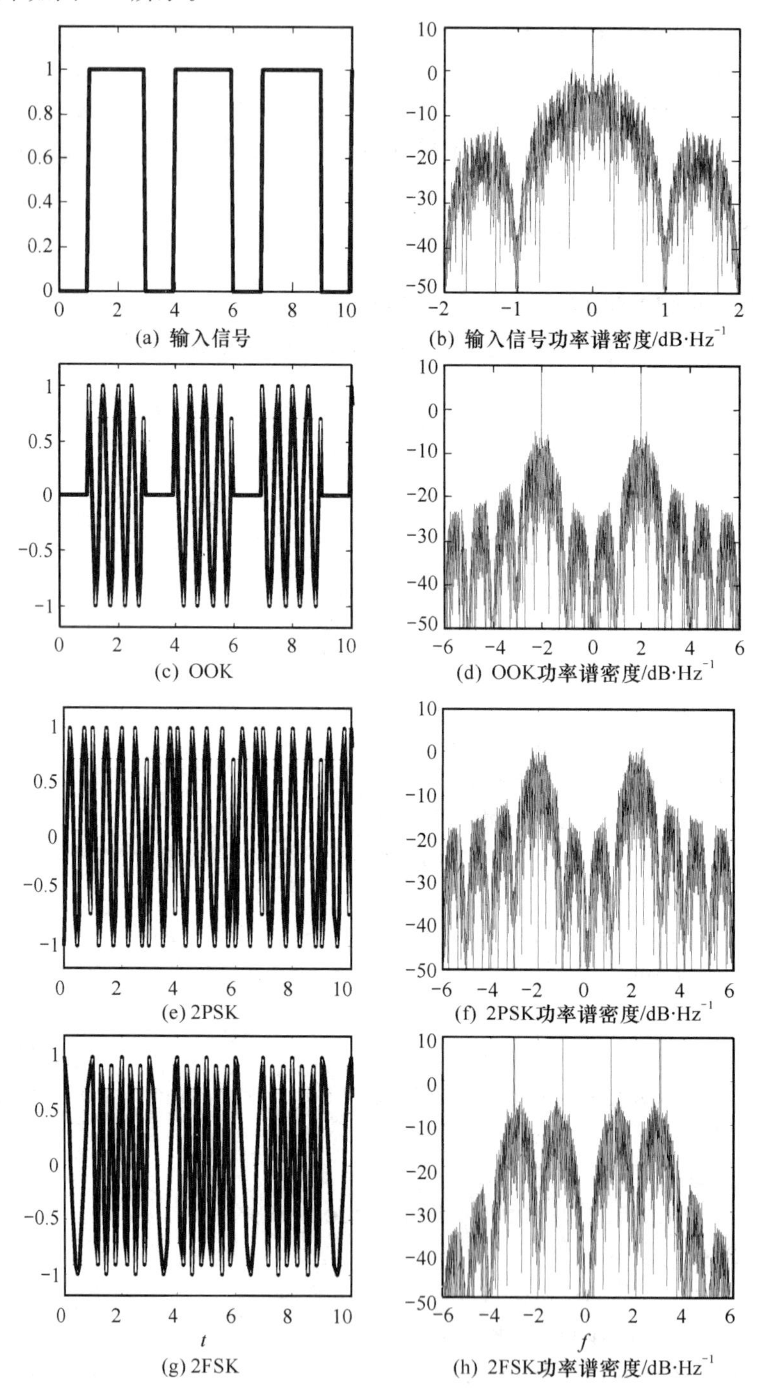

图 6-5　二进制调制波形及其频谱

6.2　多进制数字调制

6.2.1　MASK(一维信号)

MASK 信号将 M 进制数字符号一一映射为 M 个幅度值不同的波形，可以写成如下形式：

$$
\begin{aligned}
s_m(t) &= \mathrm{Re}\left[A_m g(t) e^{j2\pi f_c t}\right] \\
&= A_m g(t)\cos 2\pi f_c t \quad (m=1,2,\cdots,M\ ,\ 0\leqslant t\leqslant T_s)
\end{aligned} \tag{6-8}
$$

这里 $\{A_m, 1\leqslant m\leqslant M\}$ 与 M 进制符号一一对应，一般 $M=2^k$，且 $A_m=(2m-1-M)d$ ，$m=1,2,\cdots,M$ ，$g(t)$ 是基带成形信号。

MASK 信号的矢量表示

$$
\boldsymbol{s}_m(t)=\boldsymbol{s}_m f(t) \tag{6-9}
$$

其中，$f(t)=\sqrt{\dfrac{2}{\varepsilon_g}}g(t)\cos 2\pi f_c t\ \left(\int_{-\infty}^{\infty} f^2(t)\mathrm{d}t=1\right)$，$s_m=A_m\sqrt{\varepsilon_g/2}\ (m=1,2,\cdots,M)$，这里，$\varepsilon_g=\int_{-\infty}^{\infty} g^2(t)\mathrm{d}t$ 。

因此，MASK 信号可以用一维信号空间中的点(星座)表示，如图 6-6 示意了 8ASK 的星座图。

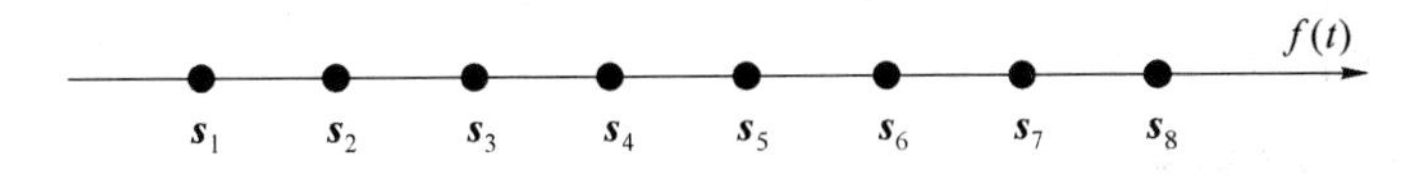

图 6-6　PAM 信号星座

6.2.2　MPSK(二维信号)

MPSK 信号将 M 进制符号与 M 个载波相位一一对应，可以写成如下形式：

$$
\begin{aligned}
s_m(t) &= \mathrm{Re}\left[g(t)e^{j2\pi(m-1/2)/M}e^{j2\pi f_c t}\right] \quad (m=1,2,\cdots,M,\ 0\leqslant t\leqslant T) \\
&= g(t)\cos\left[2\pi f_c t+\frac{2\pi}{M}\left(m-\frac{1}{2}\right)\right] \\
&= g(t)\cos\frac{2\pi}{M}\left(m-\frac{1}{2}\right)\cos 2\pi f_c t - g(t)\sin\frac{2\pi}{M}\left(m-\frac{1}{2}\right)\sin 2\pi f_c t
\end{aligned} \tag{6-10}
$$

MPSK 信号的矢量表示

$$
\boldsymbol{s}_m(t)=\boldsymbol{s}_{m1} f_1(t)+\boldsymbol{s}_{m2} f_2(t) \tag{6-11}
$$

其中

$$f_1(t)=\sqrt{\frac{2}{\varepsilon_g}}g(t)\cos 2\pi f_c t$$

$$f_2(t)=-\sqrt{\frac{2}{\varepsilon_g}}g(t)\sin 2\pi f_c t$$

$$\int_{-\infty}^{\infty} f_1(t)f_2(t)\mathrm{d}t=0$$

$$s_{m1}=\sqrt{\frac{\varepsilon_g}{2}}\cos\frac{2\pi}{M}\left(m-\frac{1}{2}\right)$$

$$s_{m2}=\sqrt{\frac{\varepsilon_g}{2}}\sin\frac{2\pi}{M}\left(m-\frac{1}{2}\right)$$

$$\boldsymbol{s}_m=[s_{m1},s_{m2}]$$

$$m=1,2,\cdots,M$$

$$E_s=\varepsilon_g/2$$

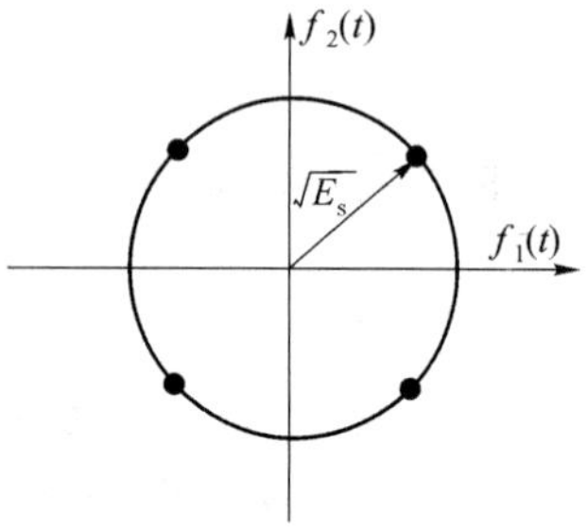

图 6-7 QPSK 信号星座($M=4$)

因此,MPSK 可以用二维空间中的星座点表示,图 6-7 示意了 QPSK 调制的星座图。

6.2.3 MQAM(二维信号)

用载波的不同幅度、相位对应 M 进制符号,则可以得到 QAM(正交幅度调制)信号,可以写成

$$\begin{aligned}s_m(t)&=\mathrm{Re}\ \{[A_c+\mathrm{j}A_s]g(t)\mathrm{e}^{\mathrm{j}2\pi f_c t}\}\\&=A_c g(t)\cos 2\pi f_c t-A_s g(t)\sin 2\pi f_c t\end{aligned}\quad 0\leqslant t\leqslant T_s \tag{6-12}$$

其等效基带信号为 $[A_c+\mathrm{j}A_s]g(t)$ 。

MQAM 信号的矢量表示

取正交函数

$$f_1(t)=\sqrt{\frac{2}{\varepsilon_g}}g(t)\cos\omega_c t\quad f_2(t)=-\sqrt{\frac{2}{\varepsilon_g}}g(t)\sin\omega_c t$$

则

$$s_m(t)=A_c\sqrt{\frac{\varepsilon_g}{2}}f_1(t)+A_s\sqrt{\frac{\varepsilon_g}{2}}f_2(t)$$

因此, $s_m(t)$ 可以用二维空间的星座点 $\left(A_c\sqrt{\frac{\varepsilon_g}{2}},A_s\sqrt{\frac{\varepsilon_g}{2}}\right)$ 表示,若

$$A_c=(2n-1-\sqrt{M})d\ ,\ A_s=(2k-1-\sqrt{M})d\qquad(k,n=1,2,\cdots,\sqrt{M})$$

当 $M=16$ 时, $A_c=\pm d,\pm 3d$, $A_s=\pm d,\pm 3d$,得到典型的 16QAM 星座图如图 6-8 所示。

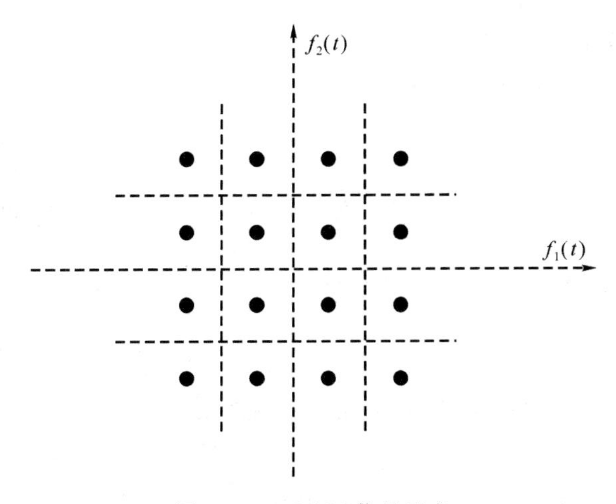

图 6-8　16QAM 信号星座

6.2.4　正交 MFSK(M 维信号)

用不同频率的余弦载波波形一一对应 M 进制符号，则得到 MFSK 信号，其信号可写成

$$s_m(t)=\mathrm{Re}\ \{A\mathrm{e}^{\mathrm{j}2\pi m\Delta ft}\mathrm{e}^{\mathrm{j}2\pi f_c t}\}=A\cos\ (2\pi f_c t+2\pi m\Delta ft)\ ,\ m=1,2,\cdots,M \quad (6\text{-}13)$$

其等效基带信号为 $\tilde{s}_m(t)=A\mathrm{e}^{\mathrm{j}2\pi m\Delta ft}$，为了保证这 M 个信号互相正交，要求

$$\begin{aligned}\rho_{mn} &= \int_0^{T_s} s_m(t)s_n(t)\mathrm{d}t = \int_0^{T_s} A^2[\cos 2\pi(m-n)\Delta ft]\mathrm{d}t \\ &= A^2\frac{\sin 2\pi(m-n)\Delta fT_s}{2\pi(m-n)\Delta f} \equiv 0\ (m\neq n)\end{aligned} \quad (6\text{-}14)$$

因此，最小的 $\Delta f=\dfrac{1}{2T_s}$。

M 进制正交信号并不仅仅是上述的 MFSK，实际上只要构造 M 个正交函数，也可以称为 M 进制正交信号。如 4 进制正交信号可以是如图 6-9 所示的信号：

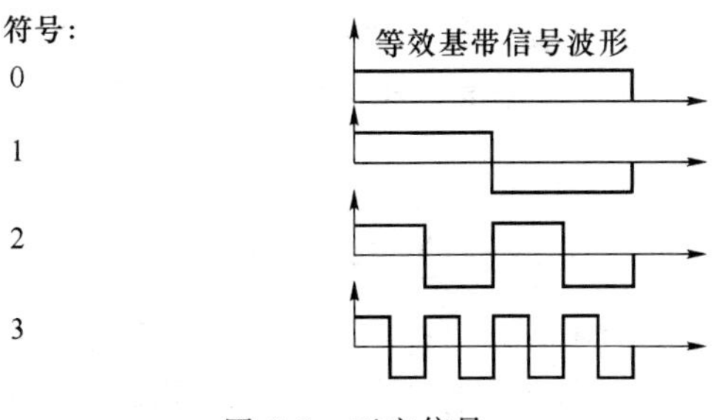

图 6-9　正交信号

M 进制正交信号的矢量表示

由上所述,M 进制正交信号可以表示为

$$s_m(t)=\sqrt{E_s}f_m(t) \tag{6-15}$$

这里,$f_m(t)=\sqrt{\frac{2}{T_s}}\cos\left(2\pi f_c t+\frac{\pi m t}{T_s}\right)$,$E_s=\frac{1}{2}A^2T_s$。所以,$s_m(t)$ 可以用点

$$(\sqrt{E_s},0,0,\cdots,0)、(0,\sqrt{E_s},0,\cdots,0)\cdots(0,0,\cdots,\sqrt{E_s})$$

表示,两点之间的最小距离 $d_{\min}=\sqrt{2E_s}$ 。

6.2.5 平均每符号能量与平均每比特能量

设 M 进制符号 $a_n\in\{1,2,\cdots,M\}$ 一一对应信号 $s(t)\in\{s_1(t),s_2(t),\cdots,s_M(t)\}$,每个符号分别对应的信号能量为 $E_i=\int_{-\infty}^{\infty}s_i(t)^2\mathrm{d}t$,则平均每符号能量定义为

$$E_s=\sum_{i=1}^{M}E_iP(a_n=i) \tag{6-16}$$

平均每比特能量定义为

$$E_b=E_s/H(a_n)$$

其中

$$H(a_n)=-\sum_{i=1}^{M}P(a_n=i)\log_2P(a_n=i)$$

为符号 a_n 的熵,表示平均每符号的信息量。

6.2.6 M 进制信号的最佳接收

如果接收端能通过某种方法得到接收信号的星座,根据接收星座的位置可以判断发送的星座点位置,从而判断出发送符号。根据正交分解原理,若一个调制信号属于 N 维信号空间,即信号可以由 N 个正交函数的加权和构成,如 MPSK 信号可以由 2 个正交函数加权和构成,其中加权系数对应该信号的星座点坐标,则经过 AWGN 信道后接收信号可以写成

$$r(t)=\sum_{k=1}^{N}s_{mk}f_k(t)+z(t) \tag{6-17}$$

其中,s_{mk} 是发送信号 $s_m(t)$ 的星座点坐标,$m=1,2,\cdots,M$,$f_k(t)(k=1,2,\cdots,N)$ 是 N 个正交函数,$z(t)$ 是双边功率谱密度为 $N_0/2$ 的白高斯噪声。设正交函数满足性质

$$\int_0^{T_s}f_n(t)f_k(t)\mathrm{d}t=\begin{cases}1 & n=k\\0 & n\neq k\end{cases},\quad \int_0^{T_s}f_k(t)^2\mathrm{d}t=1 \tag{6-18}$$

为了得到接收信号 $r(t)$ 在 N 维信号空间中的坐标，可以构造如图 6-10 的接收机结构。

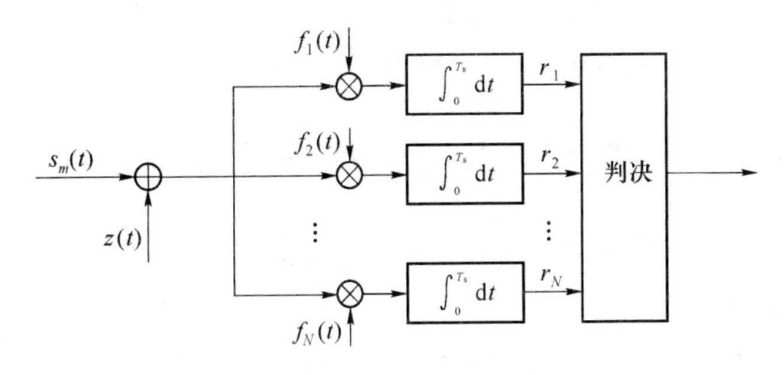

图 6-10　最佳接收机结构

图中

$$
\begin{aligned}
r_n &= \int_0^{T_s} r(t) f_n(t)\mathrm{d}t = \int_0^{T_s}\Big(\sum_{k=1}^{N} s_{mk} f_k(t) + z(t)\Big) f_n(t)\mathrm{d}t \\
&= \sum_{k=1}^{N} s_{mk}\int_0^{T_s} f_k(t) f_N(t)\mathrm{d}t + \int_0^{T_s} z(t) f_n(t)\mathrm{d}t \\
&= s_{mn} + z_n
\end{aligned}
\tag{6-19}
$$

是接收信号 $r(t)$ 在 $f_n(t)$ 上的坐标，可以看到接收信号的坐标是受噪声偏移的发送信号坐标。其中，$z_n = \int_0^{T_s} z(t) f_n(t)\mathrm{d}t$ 是均值为 0、方差为 $N_0/2$ 的高斯随机变量，且 $z_1, z_2, \cdots, z_N$ 之间互相独立，即

$$
E[z_n] = E\left[\int_0^{T_s} z(t) f_n(t)\mathrm{d}t\right] = \int_0^{T_s} E[z(t)] f_n(t)\mathrm{d}t = 0
$$

$$
\begin{aligned}
E[z_n z_k] &= E\left[\int_0^{T_s} z(t) f_n(t)\mathrm{d}t \int_0^{T_s} z(\tau) f_k(\tau)\mathrm{d}\tau\right] \\
&= \int_0^{T_s}\int_0^{T_s} E[z(t) z(\tau)] f_n(t) f_k(\tau)\mathrm{d}t\mathrm{d}\tau \\
&= \frac{N_0}{2}\int_0^{T_s} f_n(t) f_k(t)\mathrm{d}t \\
&= \frac{N_0}{2}\delta(n-k)
\end{aligned}
\tag{6-20}
$$

因此，当 $n=k$ 时，即 $E[z_n^2]=\frac{N_0}{2}$；当 $n\neq k$ 时，$E[z_n z_k]=0$，即互相关为 0(高斯情况下即独立)。经过上述的相关接收后得到矢量组 $[r_1, r_2, \cdots, r_N]$ 进行判决，判决时为了使平均误码最小，可以采取最大后验概率准则(MAP 准则)，即

$$
\hat{s} = \arg\max_m P(\boldsymbol{s}_m | \boldsymbol{r}) \tag{6-21}
$$

其中，$\boldsymbol{s}_m = [s_{m1}, s_{m2}, \cdots, s_{mN}]$ 为发送信号 $s_m(t)$ 的星座点，$\boldsymbol{r} = [r_1, r_2, \cdots, r_N]$ 为接收信号

点,argmax 表示从中挑出最大的 s_m。根据 Bayes 公式,可以得到如下判决规则:

$$\begin{aligned}\hat{s} &= \arg\max_m \frac{P(\boldsymbol{r} \mid \boldsymbol{s}_m)P(\boldsymbol{s}_m)}{P(\boldsymbol{r})} \\ &= \arg\max_m P(\boldsymbol{r} \mid \boldsymbol{s}_m)P(\boldsymbol{s}_m) \\ &= \arg\max_m P(\boldsymbol{s}_m)\left(\frac{1}{\sqrt{\pi N_0}}\right)^N \exp\left[-\frac{1}{N_0}\sum_{k=1}^{N}(r_k - s_{mk})^2\right] \\ &= \arg\max_m P(\boldsymbol{s}_m)\exp\left[-\frac{1}{N_0}\sum_{k=1}^{N}(r_k - s_{mk})^2\right] \end{aligned} \tag{6-22}$$

这里用到了独立的条件,即

$$\begin{aligned}P(\boldsymbol{r} \mid \boldsymbol{s}_m) &= P([r_1, r_2, \cdots, r_N] \mid [s_{m1}, s_{m2}, \cdots, s_{mN}]) \\ &= \prod_{k=1}^{N} P(r_k \mid s_{mk}) \\ &= \prod_{k=1}^{N} \frac{1}{\sqrt{\pi N_0}} \mathrm{e}^{-\frac{1}{N_0}(r_k - s_{mk})^2} \\ &= \left(\frac{1}{\sqrt{\pi N_0}}\right)^N \exp\left[-\frac{1}{N_0}\sum_{k=1}^{N}(r_k - s_{mk})^2\right]\end{aligned} \tag{6-23}$$

因此,最佳判决可以采用如下规则:

$$\hat{s} = \arg\min_m \left\{\sum_{k=1}^{N}(r_k - s_{mk})^2 - N_0 \ln P(s_m)\right\} \tag{6-24}$$

当假设发送信号是等概时,可以看到最佳判决准则等效于寻找与接收信号最小距离的星座点。

[例 6-2] 设信道加性高斯白噪声的双边功率谱密度为 $N_0/2$,发送信号平均每符号能量 E_s,计算:

(1) MPSK 系统在 AWGN 信道下的性能;

(2) 利用 Matlab,通过仿真的方法仿真 QPSK 系统在 AWGN 信道下的性能。

解

(1) 由于 MPSK 信号是二维信号,因此可以通过如图 6-11 所示的方法进行接收。

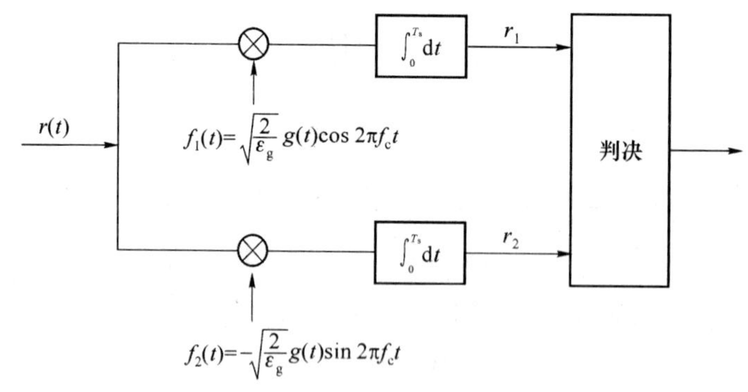

图 6-11　MPSK 信号的最佳解调

判决规则如图 6-12 所示。

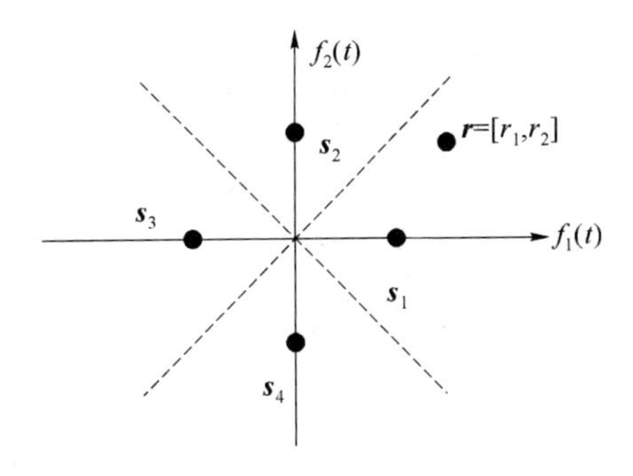

图 6-12　QPSK 信号的判决域

判断接收到的信号点 (r_1, r_2) 落在由虚线分割成的哪个区域内，则判决输出为相应的符号。如图 6-12 所示的 4PSK 调制，若发送信号为 $s_1(t)$，接收信号为 $r(t)$，经过正交相关接收后，得到 (r_1, r_2)。若 $\hat{\phi}=\arctan(r_2/r_1)$ 在区间 $\left[-\frac{\pi}{4},\frac{\pi}{4}\right]$，则正确判决为 $s_1(t)$。

因为 $r_1=s_{m1}+z_1, r_2=s_{m2}+z_2$，这里 z_1, z_2 是独立的均值为 0、方差为 $\frac{N_0}{2}$ 的高斯变量，因此发送 $s_m(t)$ 的条件联合概率密度

$$f(r_1, r_2 \mid s_m(t))=\frac{1}{N_0\pi}\mathrm{e}^{-\frac{(r_1-s_{m1})^2+(r_2-s_{m2})^2}{N_0}} \tag{6-25}$$

根据上述的判决规则，可以得到 MPSK 系统误码率。假设各个符号等概传输，则由对称性可以知道，每个符号的判决错误是相等的，因此系统的误码率与任何一个符号的判决错误概率是相等的，即

$$\begin{aligned}P_s &= P(\text{判决错误} \mid \text{发符号“1”}) = 1-P(\text{判决正确} \mid \text{发符号“1”})\\ &= 1-\iint_{S_1\text{区}} f(r_1, r_2 \mid \text{发“1”})\mathrm{d}r_1\mathrm{d}r_2\end{aligned}$$

$$\begin{aligned}\iint_{S_1\text{区}} f(r_1, r_2 \mid s_1(t))\mathrm{d}r_1\mathrm{d}r_2 &= \int_0^{\infty}\int_{-\pi/M}^{\pi/M} f(\rho,\theta) \mid J \mid \mathrm{d}\rho\mathrm{d}\theta\\ &= \int_0^{\infty}\int_{-\pi/M}^{\pi/M}\frac{1}{N_0\pi}\rho\mathrm{e}^{-\frac{(\rho\cos\theta-s_{m1})^2+(\rho\sin\theta-s_{m2})^2}{N_0}}\mathrm{d}\rho\mathrm{d}\theta\\ &= \int_0^{\infty}\int_{-\pi/M}^{\pi/M}\frac{\rho}{N_0\pi}\mathrm{e}^{-\frac{\rho^2+E_s-2\rho\sqrt{E_s}\cos\theta}{N_0}}\mathrm{d}\rho\mathrm{d}\theta\end{aligned} \tag{6-26}$$

这里，$\begin{cases}r_1=\rho\cos\theta\\ r_2=\rho\sin\theta\end{cases}$，雅可比行列式

$$|J|=\begin{vmatrix}\dfrac{\partial r_1}{\partial\rho} & \dfrac{\partial r_1}{\partial\theta}\\ \dfrac{\partial r_2}{\partial\rho} & \dfrac{\partial r_2}{\partial\theta}\end{vmatrix}=\rho$$

$$s_{m1}=\sqrt{\varepsilon_g/2},\ s_{m2}=0\ ,\ E_s=\varepsilon_g/2$$

由上可以得到

$$f(\rho,\theta)=\frac{\rho}{N_0\pi}\mathrm{e}^{-\frac{\rho^2+E_s-2\rho\sqrt{E_s}\cos\theta}{N_0}}$$

所以

$$\begin{aligned}f(\theta)&=\int_0^{\infty}f(\rho,\theta)\mathrm{d}\rho=\int_0^{\infty}\frac{\rho}{N_0\pi}\mathrm{e}^{-\frac{(\rho-\sqrt{E_s}\cos\theta)^2+E_s\sin^2\theta}{N_0}}\mathrm{d}\rho\\ &=\frac{1}{N_0\pi}\ \mathrm{e}^{-\frac{E_s}{N_0}\sin^2\theta}\int_0^{\infty}\rho\mathrm{e}^{-\frac{(\rho-\sqrt{E_s}\cos\theta)^2}{N_0}}\mathrm{d}\rho\\ &=\frac{1}{2\pi}\mathrm{e}^{-\frac{E_s}{N_0}}+\sqrt{\frac{E_s\cos^2\theta}{N_0\pi}}\left[1-Q\left(\sqrt{\frac{2E_s\cos^2\theta}{N_0}}\right)\right]\mathrm{e}^{-\frac{E_s}{N_0}\sin^2\theta}\\ P_s&=1-\int_{-\pi/M}^{\pi/M}f(\theta)\mathrm{d}\theta\end{aligned}$$

当信噪比 $\dfrac{E_s}{N_0}\gg1$ 时，$f(\theta)\approx\sqrt{\dfrac{E_s}{N_0\pi}}\cos\theta\mathrm{e}^{-\frac{E_s}{N_0}\sin^2\theta}$

$$P_s\approx2Q\left(\sqrt{\frac{2E_s}{N_0}}\sin\frac{\pi}{M}\right)=2Q\left(\sqrt{\frac{d_{\min}^2}{2N_0}}\right)=\mathrm{erfc}\left(\sqrt{\frac{d_{\min}^2}{4N_0}}\right)\tag{6-27}$$

(2)利用 Matlab,可以通过蒙特卡罗仿真的方式得到 MPSK 系统的误码率,如图 6-13所示。

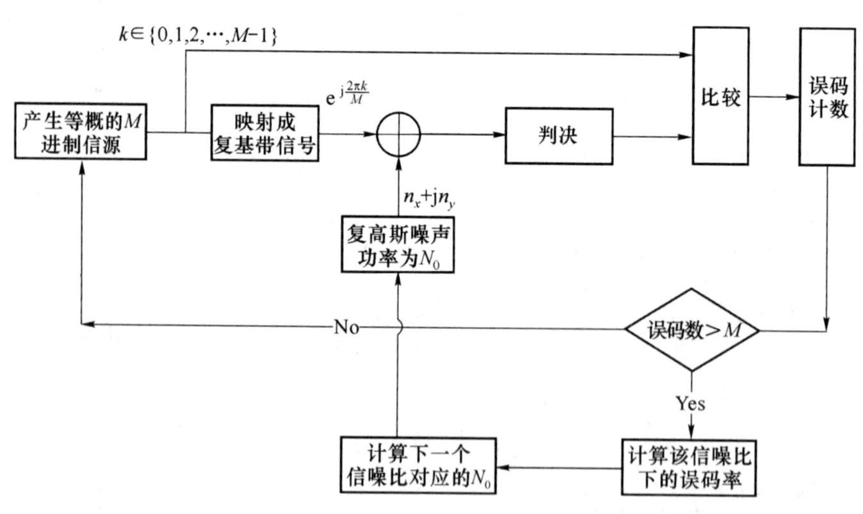

图 6-13　MPSK 等效基带系统在无码间干扰 AWGN 信道下性能仿真框图

下面的程序比较了仿真结果与式(6-27)的结果。

```
%MPSK 系统的仿真，qpsk.m
clear all;
close all;

M = 4;           %QPSK

EsN0dB = 3:0.5:10;
EsN0 = 10.^(EsN0dB/10);
Es = 1;
N0 = 10.^( -EsN0dB/10 );
sigma = sqrt(N0/2);

error = zeros(1,length(EsN0dB));
s_data = zeros(1,length(EsN0dB));

for k = 1:length(EsN0dB)
    error(k) = 0;
    s_data(k) = 0;
    while error(k)<1000
        %产生信源 1,2,3,4 均匀分布
        d = ceil( rand(1,10000) * M );
        %调制成 QPSK 信号(复基带形式)
        s = sqrt(Es) * exp(j * 2 * pi/M * (d-1));
        %加入信道噪声(复噪声)
        r = s + sigma(k) * ( randn(1,length(d)) + j * randn(1,length(d)) );
        %判决
        for m = 1:M    %计算距离
            rd(m,:) = abs( r - sqrt(Es) * exp(j * 2 * pi/M * (m-1)) );
        end
        for m = 1:length(s) %判决距离最近的点
            dd(m) = find( rd(:,m) == min(rd(:,m)) );
            if dd(m)~ = d(m)
               error(k) = error(k) + 1;
            end
```

```
            end
            s_data(k) = s_data(k) + 10000;
    end
    %   drawnow
    %   semilogy(EsN0dB, error./(s_data + eps)); hold on;
    end

    Pe = error./s_data;
    %理论计算的误码率结果
    Ps = erfc( sqrt(EsN0) * sin(pi/M) );
    semilogy(EsN0dB,Pe,'b * -'); hold on;
    semilogy(EsN0dB,Ps,'rd-');
    xlabel('Es/N0(dB)'); ylabel('误码率');
    legend('仿真结果','理论计算结果');
```

运行结果如图 6-14 所示。

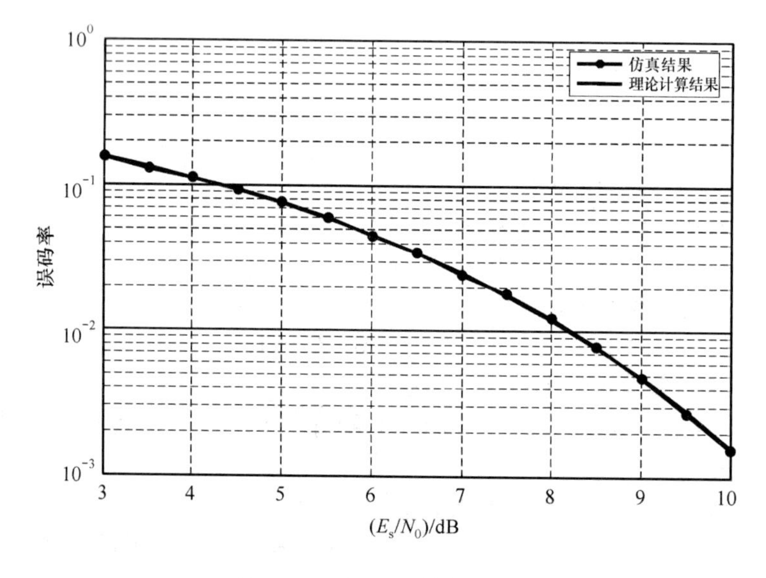

图 6-14 MPSK 系统的误码率

6.2.7 OQPSK 与 QPSK 信号

当 MPSK 信号经过带通后,原先的恒包络信号变成了包络有起伏的信号,这样的信号经过非线性功率放大电路时，会发生功率谱副瓣升高的现象，严重时将对邻道信号的接收产生影响。因此，MPSK、MQAM 调制通常要求采用线性功放，由于线性功放的效率较低，可以采用恒包络或降低包络起伏的调制技术来降低对功放线性的要求。

QPSK 信号的形成可以用图 6-15 来表示。

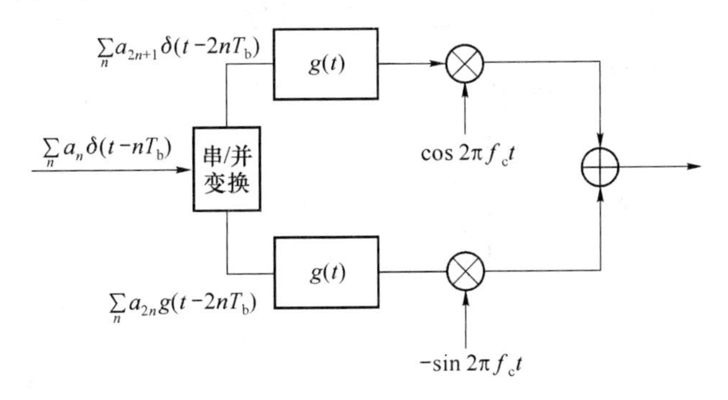

图 6-15　QPSK 信号调制框图

输入信号

$$\sum_n a_n\delta(t-nT_b) \quad a_n \in \{+1,-1\}$$

经过串/并变换后分成两个支路输出，每个支路的符号速率为输入符号速率的一半，上边支路由输入的奇数数位符号组成，下边支路由输入的偶数数位符号组成，如图 6-16 所示。

从图 6-15 可以看出，由于输入信息符号是独立的随机变量，因此经过串/并变换后，前后两个 QPSK 符号之间的相位跳转如图 6-17 所示，即前后两个 QPSK 符号之间的变化可对应造成调制信号相位的 0°、90°、180°、−90°跳变，当经过限带滤波器后，相位 180°跳变的时刻包络会明显陷落下去，造成包络的较大起伏。

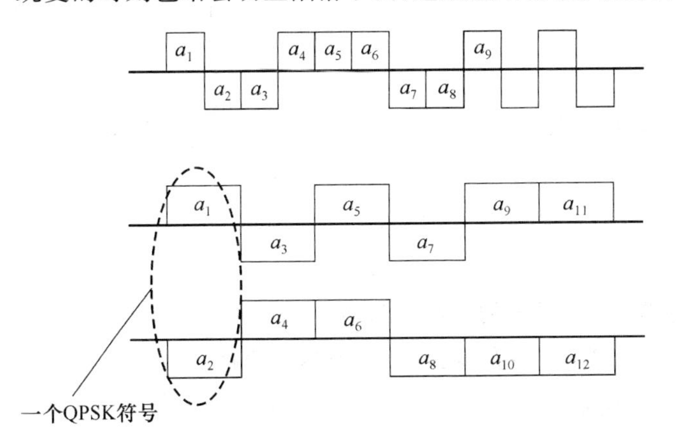

图 6-16　串/并变换器示意图

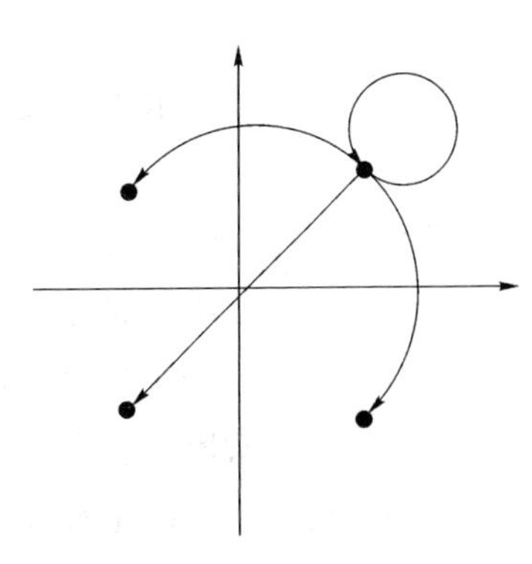

图 6-17　QPSK 信号星座跳转

OQPSK 信号避免了 180°相位的直接跳转，从而避免了包络的较大起伏。OQPSK 信号的调制方式如图6-18所示。

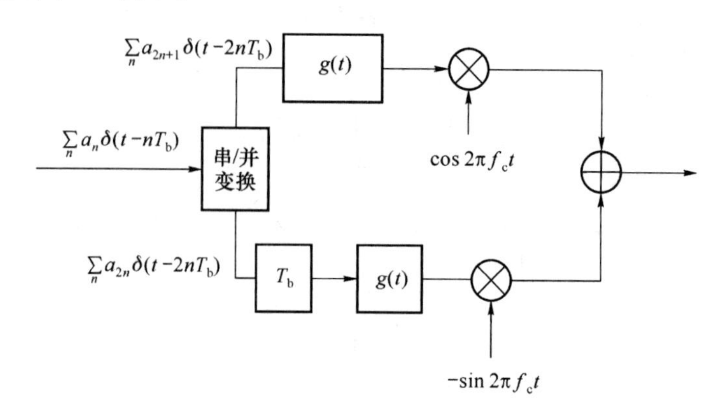

图 6-18　OQPSK 信号调制

OQPSK 信号的示意图与相位跳变关系如图 6-19、图 6-20 所示。

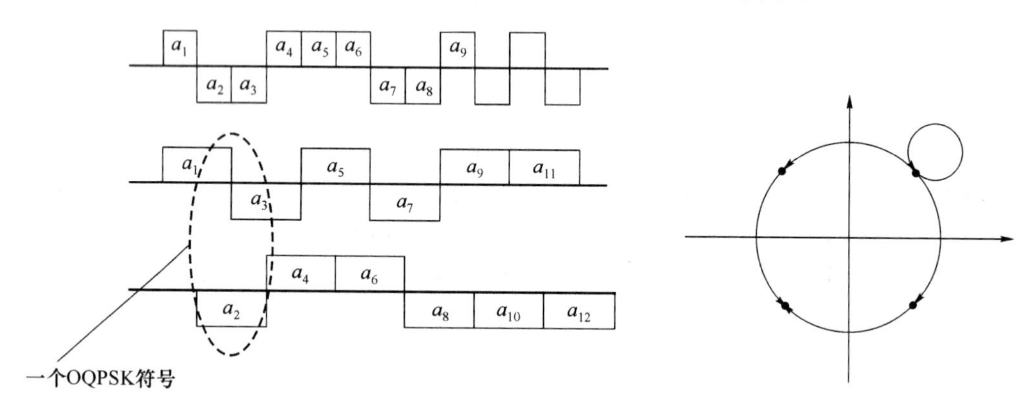

图 6-19　OQPSK 上/下支路信号示意图

图 6-20　OQPSK 信号星座跳转

[例 6-3]　设载波频率为 10 Hz，信息速率为 1 Baud，用 Matlab 画出：

(1) QPSK、OQPSK 信号的形式；

(2) QPSK、OQPSK 信号经过带宽为 2 Hz 的系统的包络；

(3) QPSK、OQPSK 信号经过带宽为 2 Hz 的系统后，再经过非线性功率放大器后的频谱，非线性放大器的特性如图 6-21 所示，为 $f(x)=1.5\tanh(2x)$。

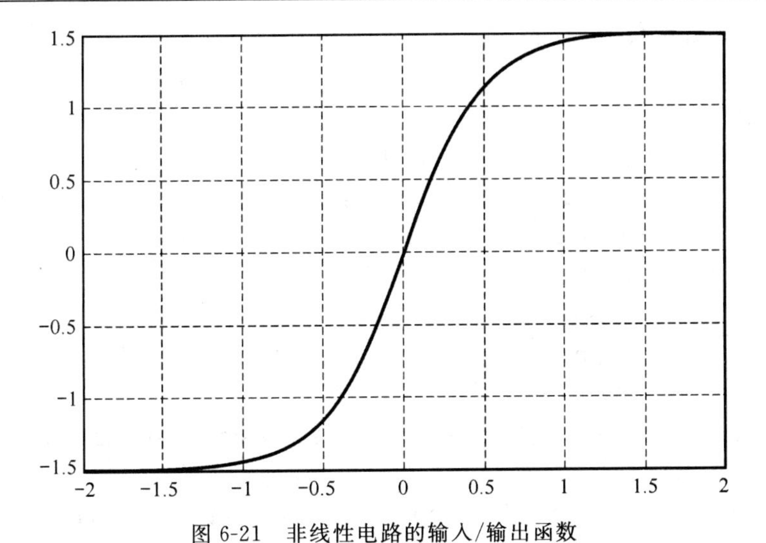

图 6-21　非线性电路的输入/输出函数

解

```
%QPSK & OQPSK
clear all;
close all;

M = 4;
Ts= 1;
fc= 10;
N_sample = 16;
N_num = 100;

dt = 1/fc/N_sample;
t = 0:dt:N_num*Ts-dt;
T = dt*length(t);

py1f = zeros(1,length(t));      %功率谱密度 1
py2f = zeros(1,length(t));      %功率谱密度 2

for PL=1:100   %输入 100 段 N_num 个码字的波形,为了使功率谱密度看起来更加平滑,
               %可以取这 100 段信号功率谱密度的平均
    d1 = sign(randn(1,N_num));
    d2 = sign(randn(1,N_num));
```

```
        gt = ones(1,fc * N_sample);

        %QPSK 调制
        s1 = sigexpand(d1,fc * N_sample);
        s2 = sigexpand(d2,fc * N_sample);
        b1 = conv(s1,gt);
        b2 = conv(s2,gt);
        s1 = b1(1:length(s1));
        s2 = b2(1:length(s2));

        st_qpsk = s1. * cos(2 * pi * fc * t) - s2. * sin(2 * pi * fc * t);

        s2_delay= [-ones(1,N_sample * fc/2) s2(1:end-N_sample * fc/2)];
        st_oqpsk= s1. * cos(2 * pi * fc * t) - s2_delay. * sin(2 * pi * fc * t);

        %经过带通后,再经过非线性电路
        [f y1f] = T2F(t,st_qpsk);
        [f y2f] = T2F(t,st_oqpsk);
        [t y1] = bpf(f,y1f,fc-1/Ts,fc+1/Ts);
        [t y2] = bpf(f,y2f,fc-1/Ts,fc+1/Ts);
        subplot(221);
        plot(t,y1); xlabel('t'); ylabel('QPSK 波形');
        axis([5 15 -1.6 1.6]);title('经过带通后的波形');

        subplot(222)
        plot(t,y2); xlabel('t'); ylabel('OQPSK 波形');
        axis([5 15 -1.6 1.6]);title('经过带通后的波形');

        %经过非线性电路
        y1 = 1.5 * tanh(2 * y1);
        y2 = 1.5 * tanh(2 * y2);
        [f y1f] = T2F(t,y1);
        [f y2f] = T2F(t,y2);
        py1f = py1f + abs(y1f).^2/T;      %QPSK 不同段信号功率谱密度相加
        py2f = py2f + abs(y2f).^2/T;      %OQPSK 不同段信号功率谱密度相加
    end
    py1f = py1f/100;                      %QPSK 100 段功率谱密度平均
```

```
py2f=py2f/100;                        %OQPSK 100 段功率谱密度平均

subplot(223);
plot(f,10*log10(py1f)); xlabel('f');ylabel('QPSK 功率谱密度(dB/Hz)');
title('经过非线性电路后的功率谱密度');axis([ -15 15 -30 10]);

subplot(224)
plot(f,10*log10(py2f));xlabel('f');ylabel('OQPSK 功率谱密度(dB/Hz)');
title('经过非线性电路后的功率谱密度');axis([ -15 15 -30 10]);

figure(2)
x = -2:0.1:2;
y=1.5*tanh(2*x);
plot(x,y); title('非线性电路的输入输出函数');
```

从图 6-22 中可以看到，经过带通滤波器后，QPSK 信号的包络起伏明显变大，而 OQPSK 信号的包络起伏相对小得多，再经过非线性功率放大器后，此时 QPSK 信号的功率谱旁瓣比 OQPSK 信号大。

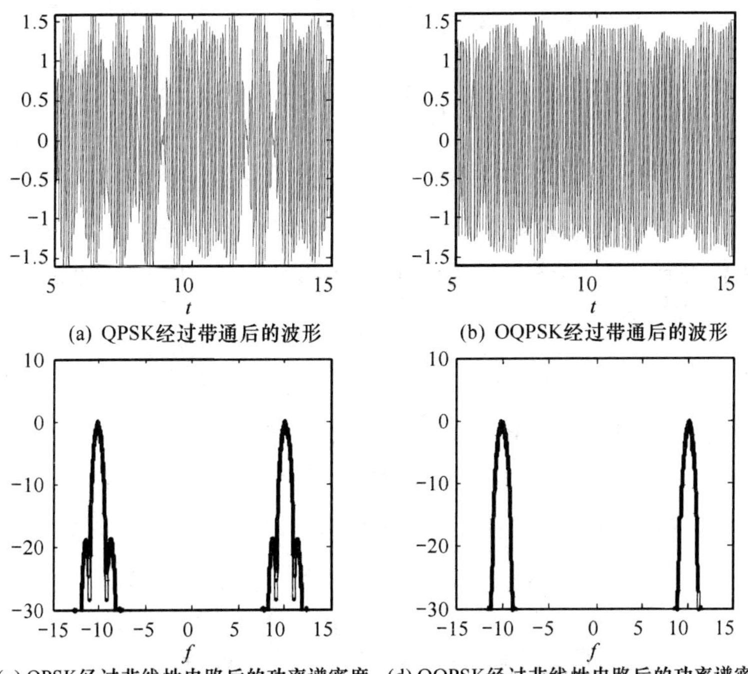

图 6-22　QPSK、OQPSK 信号经过带限滤波器、非线性功放的频谱特性

练 习 题

6-1 设载波频率为 20 Hz,信息速率为 2 Baud,用 Matlab 画出:

(1) QPSK 信号的波形;

(2) QPSK 信号经过带宽为 4 Hz 的带通系统后的包络波形。

6-2 写一个 Matlab 程序实现一个二进制 DPSK 通信系统的 Monte Carlo 仿真。设传输信号相位是 $\theta=0°$和 $\theta=180°$,$\theta=0°$的相位变化对应于传输“0”,而 $\theta=180°$的相位变化对应于传输“1”。在不同的 SNR 参数 ε_b/N_0值下,传输 $N = 10\,000$ 个比特作仿真。为了方便可将 ε_b归一化到 1,然后用 $\sigma^2=N_0/2$,SNR 就是 $\varepsilon_b/N_0=1/(2\sigma^2)$,这里 σ^2是加性噪声分量的方差。所以,SNR 可以通过给加性噪声分量的方差加权予以控制。画出测出的二进制 DPSK 的误码率,并将它与理论差错概率作比较。

6-3 试分析 16QAM 信号在 AWGN 信道下的最佳接收性能,并通过 Matlab 仿真验证分析。

6-4 考虑二进制 FSK 信号为

$$u_1(t)=\sqrt{\frac{2\varepsilon_b}{T_b}}\cos(2\pi f_1 t),\quad 0\leqslant t\leqslant T_b$$

$$u_2(t)=\sqrt{\frac{2\varepsilon_b}{T_b}}\cos(2\pi f_2 t),\quad 0\leqslant t\leqslant T_b$$

$$f_2=f_1+\frac{1}{2T_b}$$

设 $f_1=1\,000/T_b$。通过用 $F_s=5\,000/T_b$采样率在比特区间 $0\leqslant t\leqslant T_b$内对这两个波形采样得到 5 000 个样本。写一个 Matlab 程序,产生 $u_1(t)$和 $u_2(t)$ 的各 5 000 个样本,并计算互相关

$$\frac{1}{N}\sum_{n=0}^{N-1}u_1\left(\frac{n}{F_s}\right)u_2\left(\frac{n}{F_s}\right)$$

据此用数值方法确认 $u_1(t)$和 $u_2(t)$ 的正交性条件。

6-5 将数字基带信号通过一个模拟调频器,可以得到二进制连续相位移频键控信号(CPFSK),CPFSK 信号可以写成如下形式:

$$s(t)=A\cos\left(\omega_c t+\pi h\int_{-\infty}^{t}\sum_n a_n g(\tau-nT_s)\mathrm{d}\tau\right)$$

其中,$h=2f_d T_s$称为调频指数,$a_n\in\{+1,-1\}$,$g(t)=\begin{cases}1/T_s & 0\leqslant t<T_s\\ 0 & \text{其他}\end{cases}$。可以看到,CPFSK 信号根据输入比特+1、-1 来选择输出信号频率偏差$+f_d$、$-f_d$,

并且比特之间信号相位是连续的。MSK 信号是 $h=0.5$ 的 CPFSK 信号。

(1) 通过 Matlab 画出 MSK 信号的波形($f_c=10$ Hz, $T_s=1/8$, $f_d=2$ Hz);

(2) 画出 MSK 信号的功率谱密度;

(3) MSK 调制可以用题图 6-1 表示,画出正交调制后信号的波形。

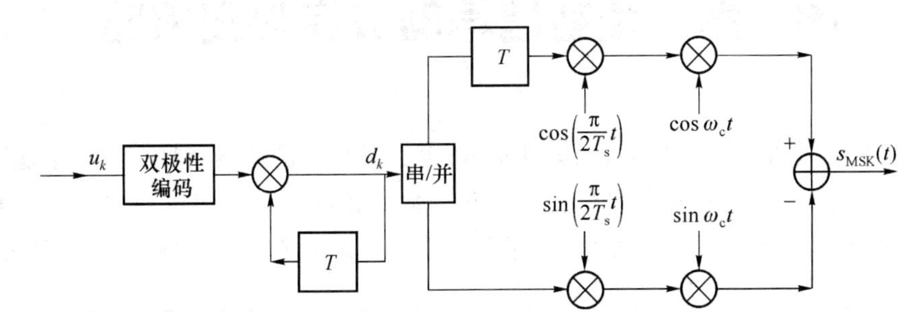

题图 6-1

(4) MSK 信号的解调可以用题图 6-2 所示的正交解调方式,试仿真该系统的性能并分析之。

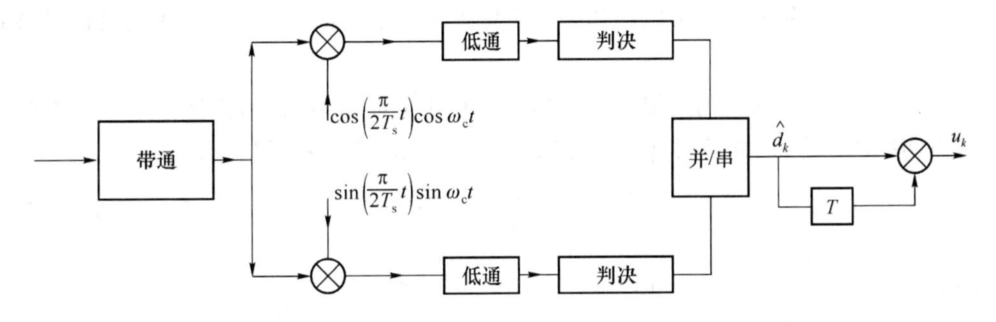

题图 6-2

第7章 模拟信号的数字化及编码

实际中的信源经常是模拟的，如电视信号、麦克风拾取的话音信号等。为了能够利用数字通信的方式，需要将模拟信号进行数字化。数字化的过程一般由抽样、量化、编码组成。其中，抽样要保证不丢失原始信息，量化要满足一定的质量，编码解决信号的表示。

7.1 抽样定理

对于带宽受限的信号，抽样定理表明，采用一定速率的抽样，可以无失真地表示原始信号。带宽受限信号的抽样可以由如下两个定理来保证抽样后的信号能无失真恢复出原始信号。

抽样的过程是将输入的模拟信号与抽样信号相乘而得，通常抽样信号是一个周期为 T_s 的周期脉冲信号，抽样后得到的信号称为抽样序列。理想抽样信号定义如下：

$$\delta_T(t) = \sum_n p(t - nT_s) \tag{7-1}$$

其中，$p(t)=\begin{cases}1 & t=0\\0 & t\neq 0\end{cases}$，$f_s=\dfrac{1}{T_s}$ 称为抽样速率。因此抽样后信号为

$$x_s(t) = x(t)\delta_T(t) = \sum_{k=-\infty}^{\infty} x(kT_s)p(t - kT_s) \tag{7-2}$$

定理一 低通信号的抽样定理

一个频带为[0，f_H]的低通信号 $x(t)$，可以无失真地被抽样速率 $f_s \geqslant 2f_H$ 的抽样序列所恢复，即

$$x(t) = \sum_{k=-\infty}^{\infty} x(kT_s)\frac{\sin 2\pi f_H(t - kT_s)}{2\pi f_H(t - kT_s)} \tag{7-3}$$

低通信号的抽样定理可以从频域来理解，如图7-1所示，抽样后信号的频谱是原信号的频谱平移 nf_s 后叠加而成〔图(f)〕，因此如果不发生频谱重叠，通过低通可以滤出原信号。

如果抽样速率低于 $2f_H$，则抽样后信号频谱发生混叠，无法无失真恢复原始信号，如

图 7-2 所示。

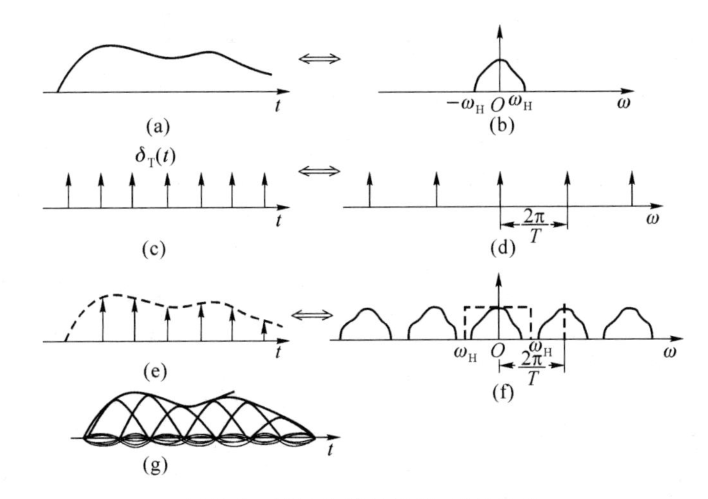

图 7-1　低通抽样的时域、频域示意

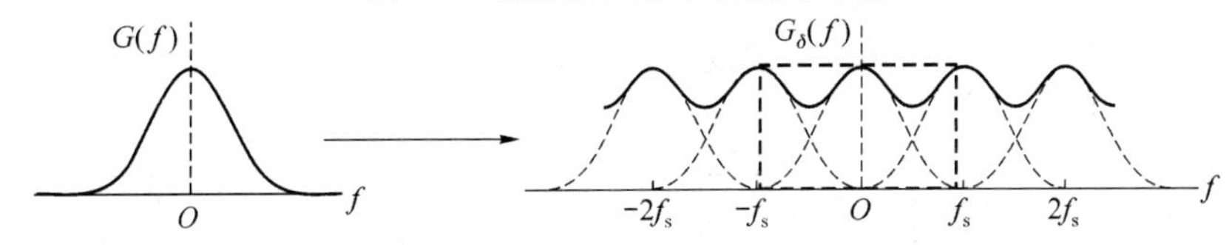

图 7-2　抽样速率低，造成抽样后信号频谱混叠

[例 7-1]　设低通信号 $x(t)=0.1\cos(0.15\pi t)+1.5\sin 2.5\pi t+0.5\cos 4\pi t$。

(1) 画出该低通信号的波形；

(2) 画出抽样速率为 $f_s=4$ Hz 的抽样序列；

(3) 抽样序列恢复出原始信号。

解

```
%低通抽样定理，filename：dtchy.m
clear all; close all;
dt = 0.01;
t = 0:dt:10;
xt = 0.1 * cos(0.15 * pi * t) + 1.5 * sin(2.5 * pi * t) + 0.5 * cos(4 * pi * t);
[f,xf] = T2F(t,xt);
%抽样信号,抽样速率为 4 Hz
fs = 4;
sdt = 1/fs;
t1 = 0:sdt:10;
st = 0.1 * cos(0.15 * pi * t1) + 1.5 * sin(2.5 * pi * t1) + 0.5 * cos(4 * pi * t1);
```

```
[f1,sf] = T2F(t1,st);

%恢复原始信号
t2 = -50:dt:50;
gt = sinc(fs*t2);
stt = sigexpand(st,sdt/dt);
xt_t = conv(stt,gt);

figure(1)
subplot(311);
plot(t,xt); title('原始信号');
subplot(312);
plot(t1,st);title('抽样信号');
subplot(313);
t3 = -50:dt:60+sdt-dt;
plot(t3,xt_t);title('抽样信号恢复');
axis([0 10 -4 4])
```

运行结果如图 7-3 所示。

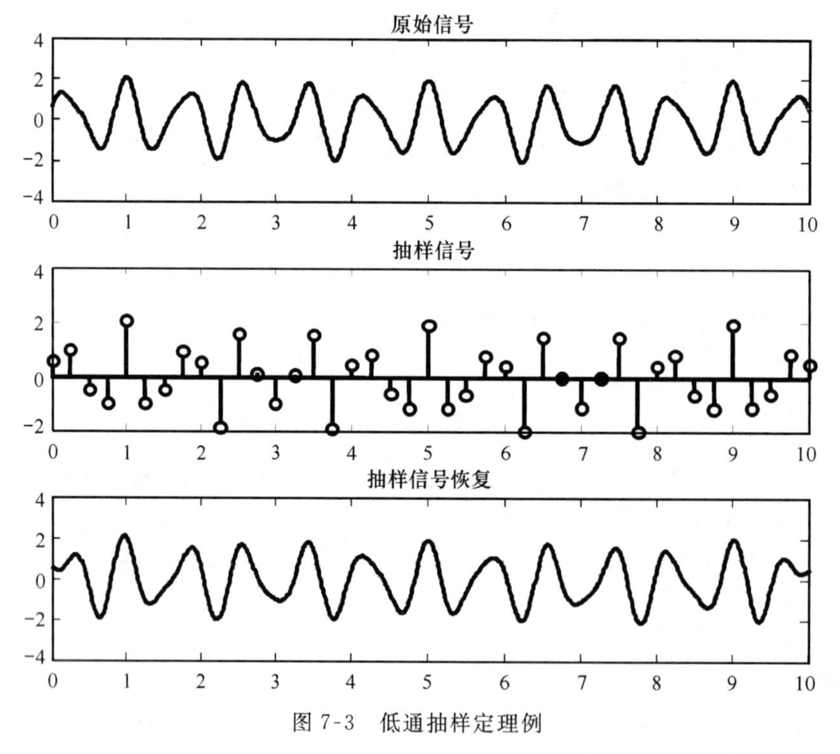

图 7-3　低通抽样定理例

定理二　带通信号的抽样定理

一个频带为$[f_L, f_H]$的带通信号 $x(t)$，其信号带宽为 $B=f_H-f_L$，$f_H=kB+mB$，其中 $k=\left\lfloor \frac{f_H}{B} \right\rfloor$，$m=\frac{f_H}{B}-k$ 分别表示信号最高频率除以带宽 B 的整数、小数部分，$\lfloor x \rfloor$表示不超过 x 的最大整数，可以通过最低抽样速率为 $f_s=2B(1+m/k)$的抽样序列无失真地恢复。

7.2　量　　化

为了能用数字的方式处理信源的输出，必须将抽样信号的取值离散化，将它规定在某一有限的数值上，这一过程称为量化。因此量化是一个信息有损的过程，将量化带来的信息损失，称为量化误差，也叫量化噪声。量化器如图 7-4 所示。设输入信号取值区间为 $x\in[a,b]$，量化器函数 $Q(x)$是一个分段函数，可以写成如下形式：

$$y=Q(x)=Q(x_k<x\leqslant x_{k+1})=y_k \qquad (k=1,2,\cdots,L) \tag{7-4}$$

其中，x_k 称为分层电平，y_k 称为量化电平，$\Delta_k=x_{k+1}-x_k$ 称为量化间隔，L 称为量化电平数。由式(7-4)可得到量化后输入与输出信号差的平均功率，即量化噪声的平均功率为

$$\sigma_q^2=E[(x-Q(x))^2]=\sum_{k=1}^{L}\int_{x_k}^{x_{k+1}}(x-y_k)^2 p(x)\mathrm{d}x \tag{7-5}$$

其中 $p(x)$是输入信号的概率密度。由于量化误差的存在，量化器可以看成如图 7-5 所示模型。

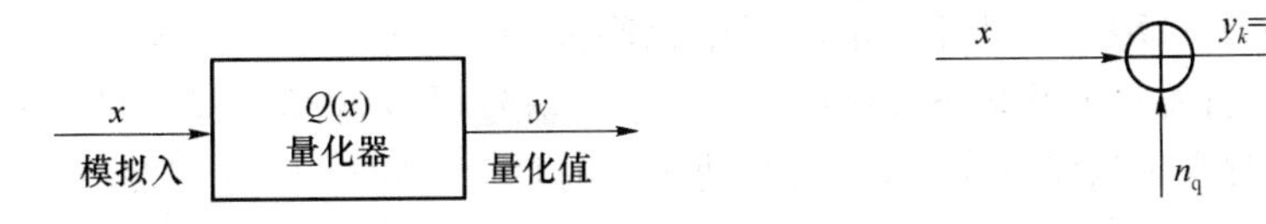

图 7-4　量化器　　　　图 7-5　量化器的等效模型

衡量量化器的性能指标为量化信噪比，量化理论研究的是在给定输入信号概率密度 $p(x)$及量化电平数 L 的条件下，如何使量化噪声的平均功率最小，量化信噪比最大。一般来说，量化可分为标量量化和矢量量化。在标量量化中，对每个信号样值进行量化，而矢量量化是对一组信号样值量化。本节将重点讨论标量量化器中的均匀量化器和非均匀量化器。

7.2.1　均匀量化

均匀量化时，各量化间隔相同，量化电平取在量化间隔的中点，因此量化器输出为

$$y_k=Q(x_k<x\leqslant x_{k+1})=\frac{1}{2}(x_k+x_{k+1}) \tag{7-6}$$

此时量化噪声平均功率为

$$\sigma_q^2 = \sum_{k=1}^{L}\int_{x_k}^{x_{k+1}}\left[x-\frac{1}{2}(x_k+x_{k+1})\right]^2 p(x)\mathrm{d}x$$

当 L 很大时,Δ_x 很小

$$\begin{aligned}\sigma_q^2 &\approx \sum_{k=1}^{L} p(x_k)\int_{-\Delta_x/2}^{\Delta_x/2} x^2\mathrm{d}x \\ &= \sum_{k=1}^{L}\frac{\Delta_x^2}{12}p(x_k)\Delta_x \\ &= \frac{\Delta_x^2}{12}\end{aligned}$$

量化信噪比可以定义为

$$\mathrm{SNR_q} = \frac{E[x^2]}{E[n_q^2]} = \frac{\int_a^b x^2 p(x)\mathrm{d}x}{\sigma_q^2} \tag{7-7}$$

当输入信号均匀分布,且 $x\in[-a,a]$时,则量化间隔为 $\Delta_x=\dfrac{2a}{L}$,量化信噪比为

$$\mathrm{SNR_q}=L^2 \tag{7-8}$$

即量化信噪比只与量化电平数有关。

7.2.2 非均匀量化

均匀量化时,量化噪声平均功率只取决于量化间隔,对于均匀分布的输入信号而言,输出量化信噪比恒定;而对非均匀分布、非平稳的输入信号,如语音信号,采用均匀量化,当输入信号功率小时量化信噪比小,输入信号功率大时量化信噪比大,造成量化后输出信号的信噪比起伏,影响恢复信号质量。实际通信中,将满足量化信噪比要求的输入信号功率范围称为量化器的输入动态范围。相比非均匀量化,为了满足输入语音信号动态范围的要求,均匀量化往往需要更多的量化电平数。

非均匀量化时,量化器随输入信号的大小采用不同的量化间隔,大信号时采用大的量化间隔,小信号时采用小的量化间隔,可以以较少的量化电平数达到输入动态范围的要求。非均匀量化可以通过如图 7-6 所示框图实现。

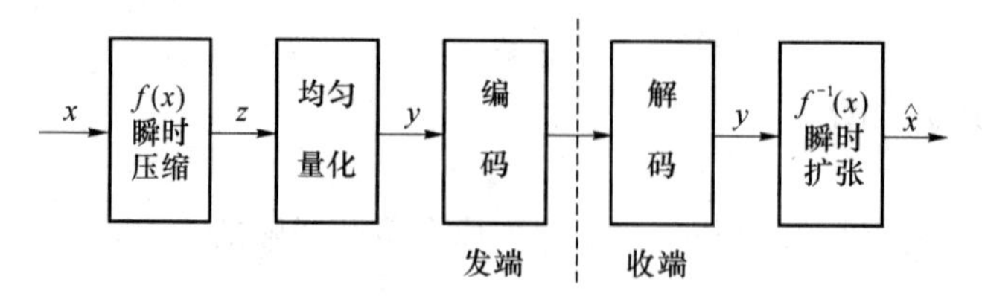

图 7-6　非均匀量化

非均匀量化后，量化噪声平均功率为

$$\sigma_q^2 = \sum_{k=1}^{L}\int_{x_k}^{x_{k+1}} (x - \hat{x}_k)^2 p(x)\mathrm{d}x$$

当 Δ_x 足够小时

$$\begin{aligned}\sigma_q^2 &\approx \sum_{k=1}^{L} \frac{1}{12}\Delta_{x_k}^2 p(x_k)\Delta_x \\ &= \sum_{k=1}^{L} \frac{1}{12} \frac{\Delta_y^2}{[f(x_k)']^2} p(x_k)\Delta_x \\ &= \frac{\Delta_y^2}{12}\int_a^b \frac{1}{[f(x)']^2} p(x)\mathrm{d}x\end{aligned} \tag{7-9}$$

其中 $f[x]'=\frac{\Delta_y}{\Delta_x}$，当 $f(x)'=\frac{B}{x}$，则

$$\mathrm{SNR_q} = \frac{\int_a^b x^2 p(x)\mathrm{d}x}{\sigma_q^2} = \frac{12B^2}{\Delta_y^2}$$

为常数，即量化信噪比与输入信号的功率大小无关，允许的输入动态范围无限大。满足条件 $f(x)'=\frac{1}{x}$ 的函数 $f(x)=C+B\ln x$。

目前，语音信号的数字化采用两种对数压缩特性，其中中国和欧洲采用 A 律压缩特性（$A=87.56$），北美和日本采用 μ 律压缩特性（$\mu=255$）。其压缩特性分别如下：

$$f(x)=\begin{cases}\dfrac{Ax}{1+\ln A} & 0\leqslant x\leqslant \dfrac{1}{A} \\ \dfrac{1+\ln Ax}{1+\ln A} & \dfrac{1}{A}\leqslant x\leqslant 1\end{cases} \tag{7-10}$$

$$f(x)=\frac{\ln(1+\mu x)}{\ln(1+\mu)} \quad 0\leqslant x\leqslant 1 \tag{7-11}$$

实际应用中，采用折线来近似上述的压缩特性，其中 A 律压缩特性可以用 13 折线近似，μ 律压缩特性可以用 15 折线近似。

［例 7-2］　用 13 折线近似 A 律压缩特性曲线的方法如下，对于归一化输入 $x\in[-1,+1]$，归一化输出 $y\in[-1,+1]$，压缩特性关于原点成奇对称，以下仅考虑第一象限情况。y 平均等分成 8 区间，x 的区间划分为

$$\left[0,\frac{1}{128}\right],\left[\frac{1}{128},\frac{1}{64}\right],\left[\frac{1}{64},\frac{1}{32}\right],\left[\frac{1}{32},\frac{1}{16}\right],\left[\frac{1}{16},\frac{1}{8}\right],\left[\frac{1}{8},\frac{1}{4}\right],\left[\frac{1}{4},\frac{1}{2}\right],\left[\frac{1}{2},1\right]$$

分别对应的 y 区间为

$$\left[0,\frac{1}{8}\right],\left[\frac{1}{8},\frac{2}{8}\right],\left[\frac{2}{8},\frac{3}{8}\right],\left[\frac{3}{8},\frac{4}{8}\right],\left[\frac{4}{8},\frac{5}{8}\right],\left[\frac{5}{8},\frac{6}{8}\right],\left[\frac{6}{8},\frac{7}{8}\right],\left[\frac{7}{8},1\right]$$

各区间端点相连，即构成 A 律 13 折线近似压缩特性曲线。

(1) 画出上述 A 律折线近似的压缩特性曲线；

(2) 画出式(7-10)的 $A=87.56$ 对应的压缩特性曲线，并与(1)比较；

(3) 画出 $\mu=255$ 的压缩特性曲线及其折线近似曲线，其中 μ 律的 x 区间划分为

$$\left[0,\frac{1}{255}\right],\left[\frac{1}{255},\frac{3}{255}\right],\left[\frac{3}{255},\frac{7}{255}\right],\left[\frac{7}{255},\frac{15}{255}\right],\left[\frac{15}{255},\frac{31}{255}\right],\left[\frac{31}{255},\frac{63}{255}\right],\left[\frac{63}{255},\frac{127}{255}\right],\left[\frac{127}{255},1\right]$$

分别对应的 y 区间为

$$\left[0,\frac{1}{8}\right],\left[\frac{1}{8},\frac{2}{8}\right],\left[\frac{2}{8},\frac{3}{8}\right],\left[\frac{3}{8},\frac{4}{8}\right],\left[\frac{4}{8},\frac{5}{8}\right],\left[\frac{5}{8},\frac{6}{8}\right],\left[\frac{6}{8},\frac{7}{8}\right],\left[\frac{7}{8},1\right]$$

解

```
%demo for u and A law for quantize,filename: a_u_law.m
%u=255   y=ln(1+ux)/ln(1+u)
%A=87.6   y=Ax/(1+lnA) (0<x<1/A)   y=(1+lnAx)/(1+lnA)
clear all;
close all;
dx=0.01;
x=-1:dx:1;
u=255;
A=87.6;

%u Law
yu=sign(x).*log(1+u*abs(x))/log(1+u);
%A Law
for i=1:length(x)
    if abs(x(i))<1/A
    ya(i)=A*x(i)/(1+log(A));
  else
    ya(i)=sign(x(i))*(1+log(A*abs(x(i))))/(1+log(A));
  end
```

```
end

figure(1)
plot(x,yu,'k.:');
title('u Law')
xlabel('x');
ylabel('y');
grid on
hold on
xx=[-1,-127/255,-63/255,-31/255,-15/255,-7/255,-3/255,
    -1/255,1/255,3/255,7/255,15/255,31/255,63/255,127/255,1];
yy=[-1,-7/8,-6/8,-5/8,-4/8,-3/8,-2/8,-1/8,1/8,2/8,3/8,4/8,
    5/8,6/8,7/8,1];
plot(xx,yy,'r');
stem(xx,yy,'b-.');
legend('μ律压缩特性','折线近似μ律');

figure(2)
plot(x,ya,'k.:');
title('A Law')
xlabel('x');
ylabel('y');
grid on
hold on
xx=[-1,-1/2,-1/4,-1/8,-1/16,-1/32,-1/64,-1/128,1/128,1/64,
    1/32,1/16,1/8,1/4,1/2,1];
yy=[-1,-7/8,-6/8,-5/8,-4/8,-3/8,-2/8,-1/8,1/8,2/8,3/8,4/8,
    5/8,6/8,7/8,1];
plot(xx,yy,'r');
stem(xx,yy,'b-.');
legend('A律压缩特性','折线近似A律');
```

运行结果如图 7-7、图 7-8 所示。

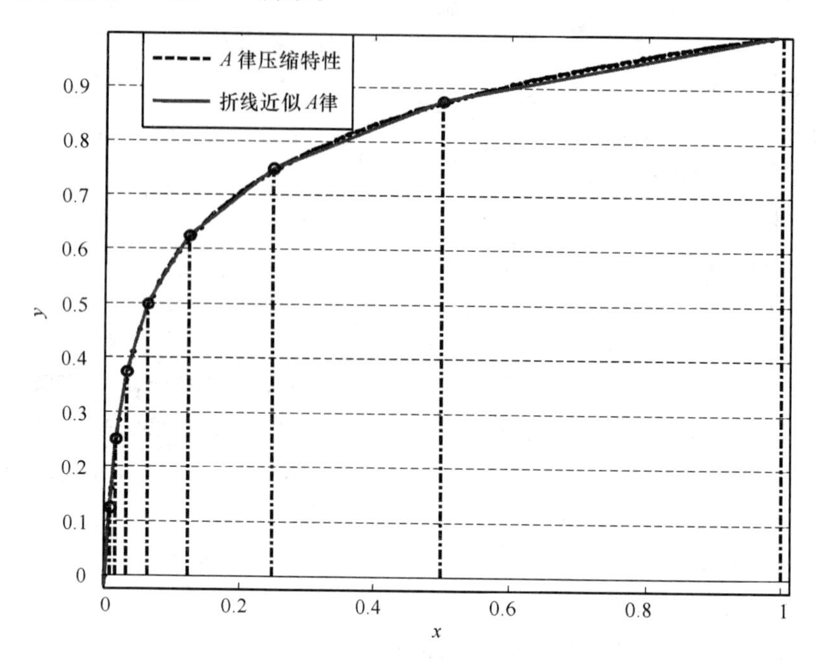

图 7-7　A 律 13 折线近似 $A=87.6$ 压缩特性

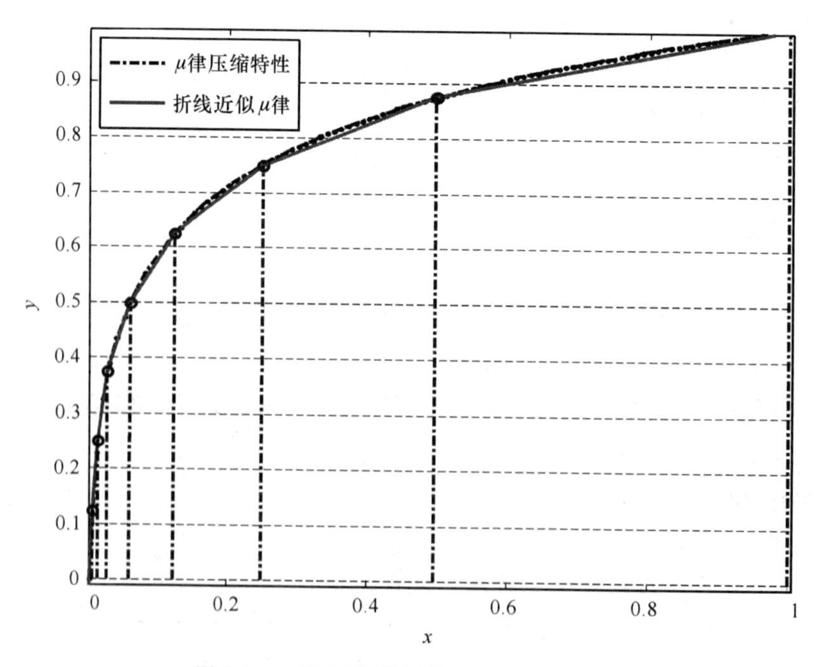

图 7-8　μ 律 15 折线近似 $\mu=255$ 压缩特性

7.3　脉冲编码调制(PCM)

对模拟信号进行抽样、量化,将量化后的信号电平值变换为二进制码组的过程称为编码,其逆过程称为译码。理论上,任何一种从量化电平值到二进制码组的一一映射都可以作为一种编码。目前常用的编码主要有:折叠码、自然码、格雷码。

在语音信号的数字化国际标准 G.711 中,采用了折叠码编码。表 7-1 是 G.711 建议的语音信号的 A 律编码规则。输入的语音信号经过抽样、量化后,每个抽样值编码成 8 个比特的二进制码组。量化时,A 律中的每个区间又被均匀量化成 16 个量化电平,其编码规则为:

$$b_0 \quad b_1 b_2 b_3 \qquad b_4 b_5 b_6 b_7$$

其中:

- b_0 为极性码,$b_0=0$ 时对应输入为负,$b_0=1$ 时对应输入为正;
- $b_1 b_2 b_3$ 为段落码,分别对应例 7-2 中 x 的 8 个区间;
- $b_4 b_5 b_6 b_7$ 为段内码,对应例 7-2 中 x 区间中的 16 个量化电平值。

表 7-1　A 律 PCM 编码　　单位:$\Delta=\frac{1}{4\,096}$

段落编码	区间范围/Δ	量化间隔/Δ	量化区间/Δ	量化输出/Δ	PCM 编码
000	[0, 32)	2	[0, 2)	1	1 000 0000
			[2, 4)	3	1 000 0001
			[4, 6)	5	1 000 0010
			…	…	…
			[30, 32)	31	1 000 1111
001	[32,64)	2	[32, 34)	33	1 001 0000
			[34, 36)	35	1 001 0001
			[36, 38)	37	1 001 0010
			…	…	…
			[62, 64)	63	1 001 1111
010	[64,128)	4	[64, 68)	66	1 010 0000
			[68, 72)	70	1 010 0001
			[72, 76)	74	1 010 0010
			…	…	…
			[124, 128)	126	1 010 1111

续 表

段落编码	区间范围/Δ	量化间隔/Δ	量化区间/Δ	量化输出/Δ	PCM 编码
011	[128,256)	8	[128, 136) [136, 144) [144, 152) … [248, 256)	132 140 148 … 252	1 011 0000 1 011 0001 1 011 0010 … 1 011 1111
100	[256,512)	16	[256, 272) [272, 288) [288, 304) … [496, 512)	264 280 296 … 504	1 100 0000 1 100 0001 1 100 0010 … 1 100 1111
101	[512, 1 024)	32	[512, 544) [544, 576) [576, 608) … [992, 1 024)	528 560 592 … 1 008	1 101 0000 1 101 0001 1 101 0010 … 1 101 1111
110	[1 024, 2 048)	64	[1 024, 1 088) [1 088, 1 152) [1 152, 1 216) … [1 984, 2 048)	1 056 1 120 1 184 … 2 016	1 110 0000 1 110 0001 1 110 0010 … 1 110 1111
111	[2 048,4 096]	128	[2 048, 2 176) [2 176, 2 304) [2 304, 2 432) … [3 968, 4 096)	2 112 2 240 2 368 … 4 032	1 111 0000 1 111 0001 1 111 0010 … 1 111 1111

[例 7-3] 设输入信号为 $x(t)=A_c\sin 2\pi t$,对 $x(t)$信号进行抽样、量化和 A 律 PCM 编码,经过传输后,接收端进行 PCM 译码。

(1) 画出经过 PCM 编码、译码后的波形与未编码波形;

(2) 设信道没有误码,画出不同幅度 A_c 情况下,PCM 译码后的量化信噪比。

解　仿真的系统框图如图 7-9 所示。

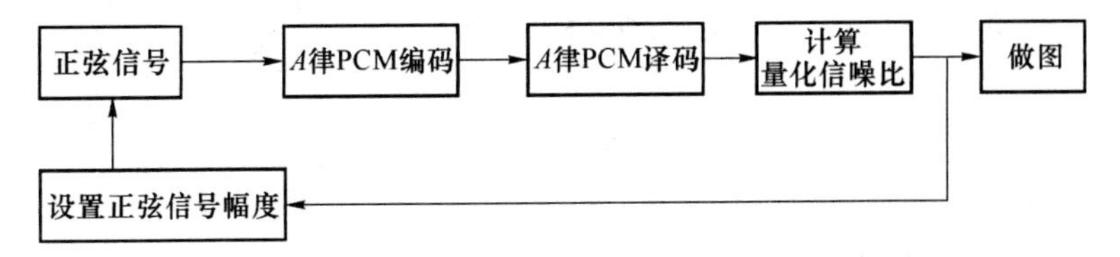

图 7-9　A 律 PCM 量化器的动态范围仿真框图

```
%show the pcm encode and decode
clear all;
close all;
t=0:0.01:10;
vm1 = -70:1:0;      %输入的正弦信号幅度不同
vm = 10.^(vm1/20);
figure(1)
for k=1:length(vm)
  for m=1:2
    x=vm(k)*sin(2*pi*t+2*pi*rand(1));
    v=1;
    xx=x/v; %normalize
    sxx = floor(xx*4096);
    y = pcm_encode(sxx);
    yy = pcm_decode(y,v);

    nq(m)=sum((x-yy).*(x-yy))/length(x);
    sq(m)=mean(yy.^2);
    snr(m)=(sq(m)/nq(m));

    drawnow
    subplot(211)
    plot(t,x);
    title('sample sequence');
    subplot(212)
    plot(t,yy)
    title('pcm decode sequence');
```

```
end
    snrq(k)=10*log10( mean(snr) );
end

figure(2)
plot(vm1,snrq);
axis([-60 0 0 60]);
grid;
```

```
function [out]=pcm_encode(x)
%x encode to pcm code
n=length(x);
%-4096<x<4096
for i=1:n
  if x(i)>0
    out(i,1)=1;
  else
    out(i,1)=0;
  end

  if abs (x(i))>=0 & abs(x(i))<32
        out(i,2)=0;out(i,3)=0;out(i,4)=0;step=2;st=0;
  elseif 32<=abs(x(i)) & abs(x(i))<64
        out(i,2)=0;out(i,3)=0;out(i,4)=1;step=2;st=32;
  elseif 64<=abs(x(i)) & abs(x(i))<128
        out(i,2)=0;out(i,3)=1;out(i,4)=0;step=4;st=64;
  elseif 128<=abs(x(i)) & abs(x(i)) <256
        out(i,2)=0;out(i,3)=1;out(i,4)=1;step=8;st=128;
  elseif 256<=abs(x(i)) & abs(x(i))<512
        out(i,2)=1;out(i,3)=0;out(i,4)=0;step=16;st=256;
  elseif 512<=abs(x(i)) & abs(x(i))<1024
        out(i,2)=1;out(i,3)=0;out(i,4)=1;step=32;st=512;
  elseif 1024<=abs(x(i)) & abs(x(i))<2048
        out(i,2)=1;out(i,3)=1;out(i,4)=0;step=64;st=1024;
```

```
    elseif 2048<=abs(x(i)) & abs(x(i))<4096
            out(i,2)=1;out(i,3)=1;out(i,4)=1;step=128;st=2048;
    else
          out(i,2)=1;out(i,3)=1;out(i,4)=1;step=128;st=2048;
    end

    if(abs(x(i))>=4096)
      out(i,2:8) = [1 1 1 1 1 1 1];
    else
          tmp = floor( (abs(x(i))-st)/step );
          t = dec2bin(tmp,4) - 48; %函数 dec2bin 输出的是 ASCII 字符串,48 对应 0
          out(i,5:8) =t(1:4);
    end
end
out=reshape(out',1,8*n);
```

```
function [out]= pcm_decode(in,v)
%decode the input pcm code
%in : input the pcm code 8 bits sample
%v: quantized level
n=length(in);

in = reshape(in',8,n/8)';
slot(1) = 0;
slot(2) = 32;
slot(3) = 64;
slot(4) = 128;
slot(5) = 256;
slot(6) = 512;
slot(7) = 1024;
slot(8) = 2048;

step(1) = 2;
```

```
step(2) = 2;
step(3) = 4;
step(4) = 8;
step(5) = 16;
step(6) = 32;
step(7) = 64;
step(8) = 128;

for i=1:n/8
  ss = 2*in(i,1)-1;
  tmp= in(i,2)*4+in(i,3)*2+in(i,4)+1;
  st = slot(tmp);
  dt = (in(i,5)*8+in(i,6)*4+in(i,7)*2+in(i,8))*step(tmp) + 0.5
       *step(tmp);
  out(i)=ss*(st+dt)/4096*v;
end
```

运行结果如图 7-10 所示。

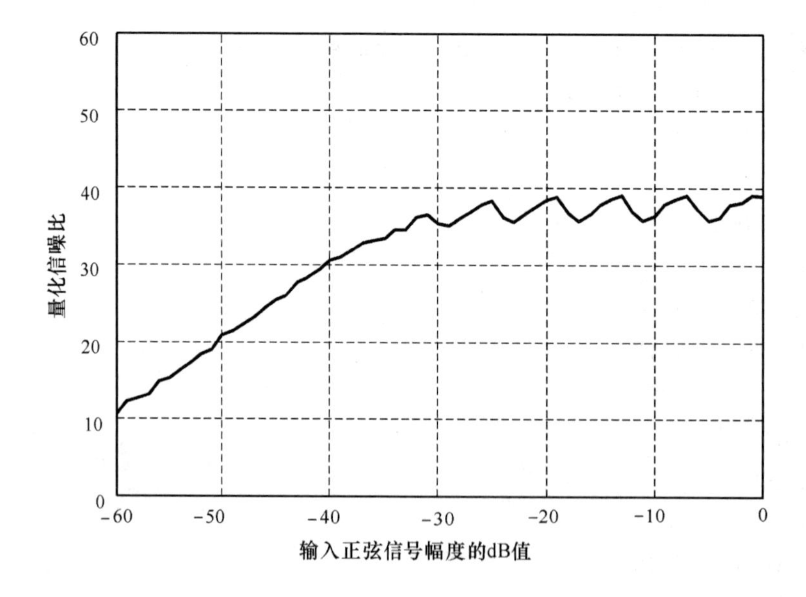

图 7-10 *A* 律 PCM 量化信噪比的动态范围

利用上述程序，将时间 t 的间隔变为 $\Delta t=1/4\,096$，则 A 律 PCM 编码后正弦信号与输入正弦信号的波形对比如图 7-11 所示。

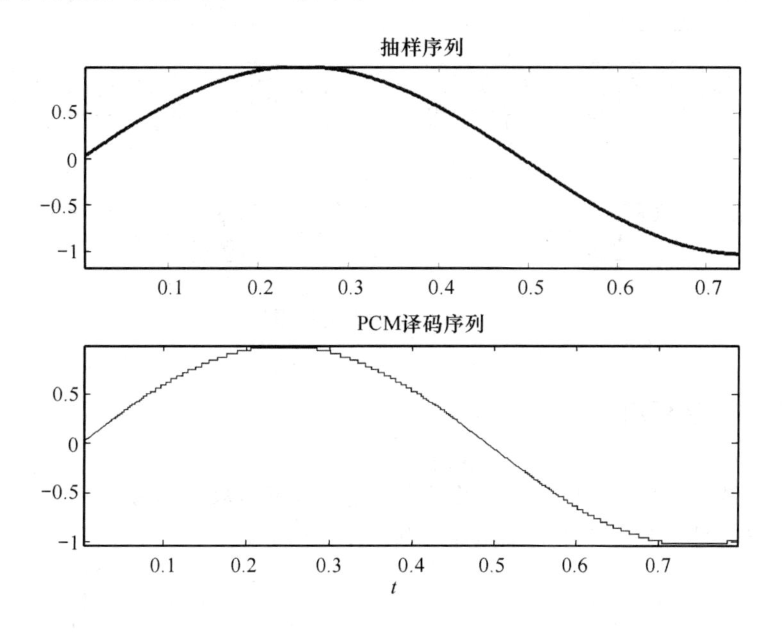

图 7-11　A 律 PCM 编码译码后波形与输入波形的对比示意图(量化输入范围[−1,1])

7.4　多路复用

多路复用是将多路信号复合进行传输的技术，一般是为了解决多路信号共用一个信道的情况，例如：共用一根电缆，共用一段频率，共用一根光纤等。目前常用的多路复用技术包括频分复用、时分复用、码分复用。

7.4.1　频分多路复用

频分复用时各路信号被调制在不重叠的频带上，经过复合后进行传输。由于频带互不重叠，接收端可以通过不同频带的滤波器滤出不同路的信号，如图 7-12 所示。

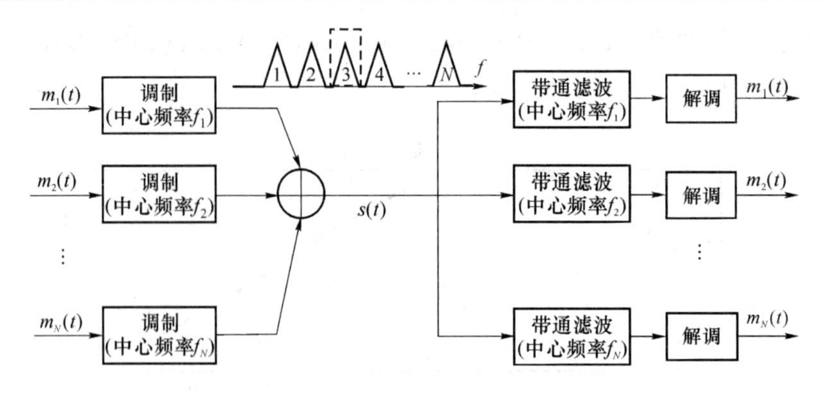

图 7-12　频分多路复用系统

7.4.2　时分复用

模拟信号经过抽样、量化、编码后变成数字信号,多路数字信号可以通过时分复用方式复合成一路信号。时分复用的基本原理如图 7-13 所示。

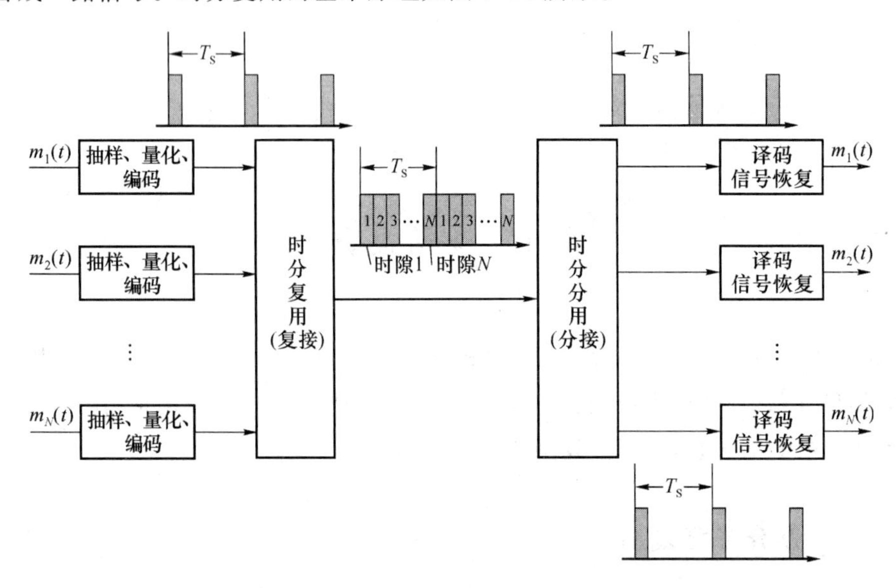

图 7-13　时分多路复用系统示意图

时分复用是一种数字复用技术,将输入的各路数字信号放在不同的时隙进行传输,接收端根据时隙的不同分别解出各路信号,达到复用的目的。从上述原理图看到,时分多路复用要求各路数字信号之间保持时间的同步,并且收发需要实现时隙的同步(帧同步)。

练 习 题

7.1　设低通信号 $s(t)=\sin 2\pi t+0.5\cos 4\pi t$。

(1) 画出该低通信号的波形；

(2) 画出抽样速率为 $f_s=4$ Hz 的抽样序列；

(3) 抽样序列恢复出原始信号；

(4) 当抽样速率为 $f_s=1.5$ Hz 时，画出恢复出的信号波形。

7.2　用一均匀量化器对零均值、单位方差的高斯源进行量化，这个量化器在区间 $[-10,10]$ 内均匀量化。假定量化电平设在各量化区域的中间点，求出并画出量化电平数为 $N=3,4,5,6,7,8,9$ 和 10 时，量化产生的均方失真作为量化电平数 N 的函数图。

7.3　周期信号 $x(t)$，周期为 2，在区间 $[0,2]$ 内定义为

$$x(t)=\begin{cases} t & (0\leqslant t<1) \\ -t+2 & (1\leqslant t\leqslant 2) \end{cases}$$

(1) 以时间间隔为 0.1 的步长对这个信号进行 8 电平的均匀量化，画出量化输出波形；

(2) 求各量化点的量化误差，画出量化误差波形；

(3) 通过计算误差信号的功率，求该系统的 $\mathrm{SNR_q}$（以 dB 计）。

7.4　用非均匀 A 律 PCM 重做习题 7.2。

7.5　通过 help 命令查看 Matlab（Version 7.0 以上）中的 wavrecord、wavplay 函数，了解如何从计算机的麦克风录取语音信息，并对录下的一段语音进行如下分析：

(1) 进行 PCM 编码和译码，并回放该录音信号；

(2) 如果将 PCM 编码后的录音经过 16QAM 系统，试听在不同信噪比下的录音。

第 8 章　信道及信道容量

信道是通信信号的传输通道，针对不同的信道传输情况，通信系统的设计也不相同。传输信道可以按传输媒质分成光纤、无线、电缆等；按信道是否随时间变化可以分成恒参、随参信道。在通信系统的分析中，信道通常被等效成信道模型，信道模型是用来描述信道输入与信道输出关系的数学模型。信号经过信道传输后，可能发生衰减、失真的情况。

由于电子系统中的热运动和外界环境的随机干扰，信号经过信道后，还要遭受干扰，这些随机干扰是叠加在信号之上的。因此信道模型不仅要反映信号经过传输后的衰减、失真情况，还要反映信道噪声的加入情况。

8.1　热噪声

电子系统的热噪声是系统中电子元件的热运动造成的。如图 8-1，根据量子力学的分析，一个阻值为 R 的电阻，其产生的电子热运动在电阻两端形成随机的电压差 $V(t)$，该电压差的一维分布是一个均值为 0、方差为 $\frac{2(\pi kT)^2}{3h}R$ 的高斯分布，且 $V(t)$ 的单边功率谱密度为

$$N(f)=\frac{4Rhf}{e^{hf/kT}-1}\quad (\mathrm{V}^2/\mathrm{Hz}) \tag{8-1}$$

其中，$h=6.6254\times10^{-34}$ J·S 是普朗克常量；$k=1.38054\times10^{-23}$ J/K 是玻尔兹曼常数；T 是物体的绝对温度；f 是电阻的工作频率。

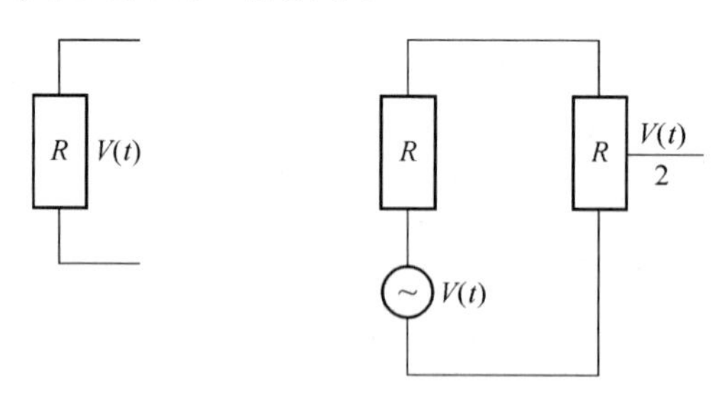

图 8-1　电阻热噪声输出

设用一个理想无噪的阻值为 R 的电阻接在有噪电阻 R 的两端，则此时无噪电阻 R 上的瞬时噪声功率为 $V(t)^2/4R$，其单边功率谱密度为

$$N_0(f)=\frac{hf}{e^{hf/kT}-1} \qquad (V^2/Hz) \tag{8-2}$$

由式(8-1)可以看到，电子运动的热噪声功率谱密度与电子系统工作的频率有关，常温下，在很宽的频带范围内($0\sim10^{12}$ Hz)，可以将电子热噪声视为高斯白噪声，如图 8-2 所示。

```
%图 8-2
    lf = 0: 0.1:15;                  %定义 log(f)的取值范围为(0~15)，间隔为 0,1
    f = 10.^lf;                      %根据 lf 得到 f 的取值
    h = 6.6254e-34; k = 1.38054e-23;          %设置常数
    T=270:10:320;                    %工作温度，开尔文
    for n=1:length(T)
    Nf ( n,: ) = h*f./(exp(h*f/k/T(n))-1);
    end
    plot(lf,Nf)
```

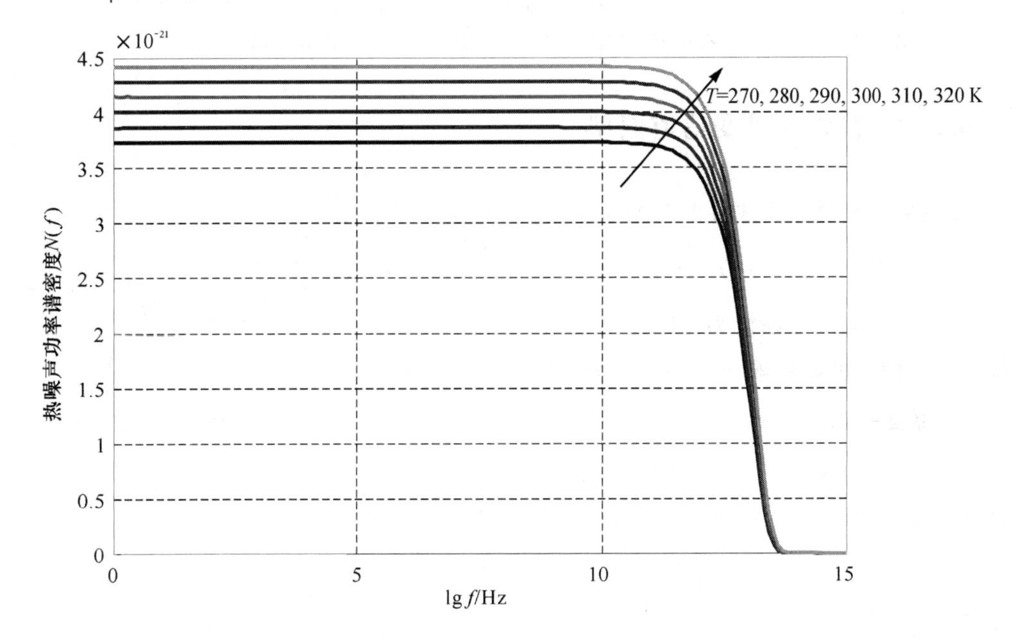

图 8-2　匹配电阻的功率谱密度

8.2 连续信道模型

连续信道模型是针对输入为连续信号，输出也为连续信号的情况，常用的连续信道模型包括加性高斯白噪声(AWGN)信道、多径信道。

8.2.1 AWGN 信道模型

AWGN 信道的简称是加性高斯白噪声，AWGN 信道模型可以用图 8-3 来表示。

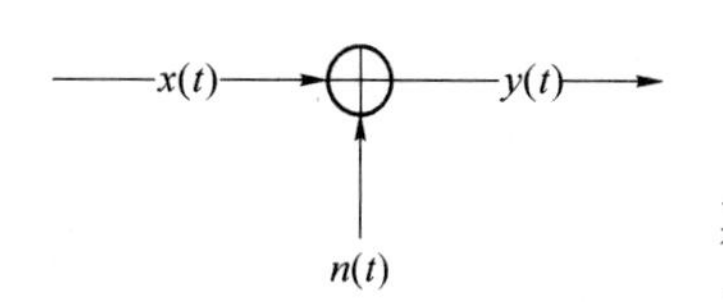

图 8-3 AWGN 等效信道模型

在图 8-3 中

$$y(t)=x(t)+n(t) \tag{8-3}$$

其中 $n(t)$ 是由式(8-2)所示的一个高斯过程，在很宽的频带内，可以将 $n(t)$ 看成是一个白(功率谱密度是常数)的随机噪声。通常用 AWGN 信道模型来等效一些恒参信道，如卫星通信信道、光纤信道、同轴电缆信道。

在常温 290 K 下，$n(t)$ 的单边功率谱密度为 $N_0=-174\ \text{dBm/Hz}$。

8.2.2 线性非时变信道模型

发送信号经过一个线性非时变系统 $h(t)$，如图 8-4 所示。

$$y(t)=\int_{-\infty}^{\infty} h(\tau)x(t-\tau)\mathrm{d}\tau+n(t) \tag{8-4}$$

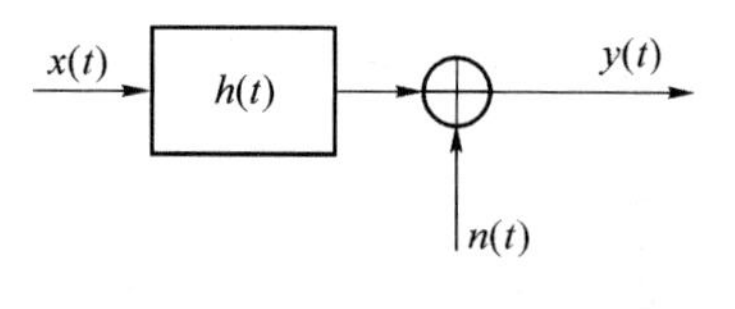

图 8-4 线性非时变信道模型

信道的频率响应函数为 $H(f)=|H(f)|\mathrm{e}^{-\mathrm{j}\phi(f)}$，称 $|H(f)|$ 为信道的幅频响应，$\phi(f)$ 称为信道的相频响应。

1. 幅度失真

当信道的幅频响应不是常数时，则输入信号经过信道后，输入信号中的不同频率分量的衰减不同，信道输出信号与输入信号之间有幅度失真。

2. 相位失真

当信道的相频响应 $\phi(f)$ 不是经过原点的直线，即 $\phi(f)\neq 2\pi f\tau$ 时，输入信号经过信道后，不同频率分量经过信道的时延不同，信道输出信号产生相位失真，称 $\tau(f)=\dfrac{\phi(f)}{f}$ 为信道的时延特性。

当信道的时延特性不是常数，但满足在 $f=f_c$ 附近 $\frac{\mathrm{d}\phi(f)}{2\pi\mathrm{d}f}$ 是常数 τ_0 时，输入的窄带已调信号经过信道后，不同频率分量经过信道的时延不同，输出信号产生相位失真，引起信号波形失真，但信号的包络不失真。$\frac{\mathrm{d}\phi(f)}{2\pi\mathrm{d}f}$ 称为信道的群时延。

［例 8-1］ 信道响应函数为 $H(f)=|H(f)|\mathrm{e}^{-\mathrm{j}\phi(f)}$，输入信号为 $x(t)=\sum_n a_n g(t-nT_s)$，其中 $T_s=1$，$g(t)=\begin{cases}1 & 0\leqslant t<T_s\\ 0 & \text{其他}\end{cases}$，用 Matlab 画出如下情况时的信道输出信号。

（1）$H(f)=\mathrm{e}^{-\mathrm{j}\pi f}$（无失真信道）

（2）$H(f)=\frac{\sin \pi f}{\pi f}\mathrm{e}^{-\mathrm{j}\pi f}$（幅度失真信道）

（3）$H(f)=\begin{cases}\mathrm{e}^{-\mathrm{j}\pi(f-1)} & f\geqslant 0\\ \mathrm{e}^{-\mathrm{j}\pi(f+1)} & f<0\end{cases}$（相位失真信道）

（4）$H(f)=\mathrm{e}^{-\mathrm{j}\pi(f^2+f-1)}$

解

```
%信道失真示意
clear all;
close all;
Ts=1;
N_sample = 8;                   %每个码元的抽样点数
dt = Ts/N_sample;               %抽样时间间隔
N = 1000;                       %码元数
t = 0:dt:(N*N_sample-1)*dt;

gt1 = ones(1,N_sample);         %NRZ 非归零波形
gt2 = ones(1,N_sample/2);       %RZ 归零波形
gt2 = [gt2 zeros(1,N_sample/2)];

mt3 = sinc((t-5)/Ts);  % sin(pi*t/Ts)/(pi*t/Ts)波形，截段取 10 个码元
gt3 = mt3(1:10*N_sample);

d = ( sign( randn(1,N) ) +1 )/2;
data = sigexpand(d,N_sample);  %对序列间隔插入 N_sample-1 个 0
```

```
st1  = conv(data,gt1);
st2  = conv(data,gt2);
d    = 2*d-1;          %变成双极性序列
data = sigexpand(d,N_sample);
st3  = conv(data,gt3);

xt = st1;
%无失真信道
[f,xf] = T2F(t,xt);
hf1 = exp(-j*pi*f);
yf1 = xf.*hf1;
[t1,yt1] = F2T(f,yf1);

%幅频失真信道
hf2 = sinc(f).*exp(-j*pi*f);
yf2 = xf.*hf2;
[t2,yt2] = F2T(f,yf2);
%相频失真、群时延无失真信道
%hf3 = exp(j*pi*f+j*0.1*pi);
f1 = find(f<0);

hf3 = exp( -j*pi*f+j*pi );
hf3(f1) = exp( -j*pi*f(f1)-j*pi );

yf3 = xf.*hf3;
[t3,yt3]=F2T(f,yf3);
%相频、群时延失真信道
hf4 = exp(-j*pi*f.*f-j*pi*f+j*pi);
yf4 = xf.*hf4;
[t4,yt4]=F2T(f,yf4);s

figure(1)
subplot(221)
```

```
plotyy(f,abs(hf1),f,angle(hf1)/pi);ylabel('幅频、相频特性');
title('线性无失真信道');grid on;
subplot(222)
plot(t1,real(yt1) );title('经过信道后的输出信号');
axis([0,20,-1.2 1.2]);grid on;

subplot(223)
plotyy(f,abs(hf2),f,angle(hf2)/pi);ylabel('幅频、相频特性');
title('幅频失真信道');grid on; xlabel('f')

subplot(224)
plot(t2,real(yt2));
axis([0,20,-1.2 1.2]);grid on;xlabel('t');

figure(2)
subplot(221);
plotyy(f,abs(hf3),f,angle(hf3)/pi);ylabel('幅频、相频特性');
title('相频失真、群时延无失真信道');grid on;
subplot(222);
plot(t3,real(yt3));title('经过信道后的输出信号');
axis([0,20,-1.2 1.2]);grid on;

subplot(223)
plotyy(f,abs(hf4),f,angle(hf4)/pi);ylabel('幅频、相频特性');
title('相频失真、群时延失真信道');grid on;xlabel('f');
subplot(224);
plot(t4,real(yt4));
axis([0,20,-1.2 1.2]);grid on;xlabel('t');
```

图 8-5 示意了相同的数字信号经过不同失真信道时的输出信号畸变情况，图中左边是信道的幅频特性和相频特性，其中相频特性的纵轴以 π 为单位。可以看到，数字信号无论经过幅频失真还是相频失真的信道时，对信号接收都有影响。幅频失真影响信号中不同频率分量的接收幅度，造成接收信号幅度的畸变；相频失真影响信号中不同频率分量经过信道时的时延，在数字信号中这种失真会严重影响数字信号的接收，造成接收信号的畸变。

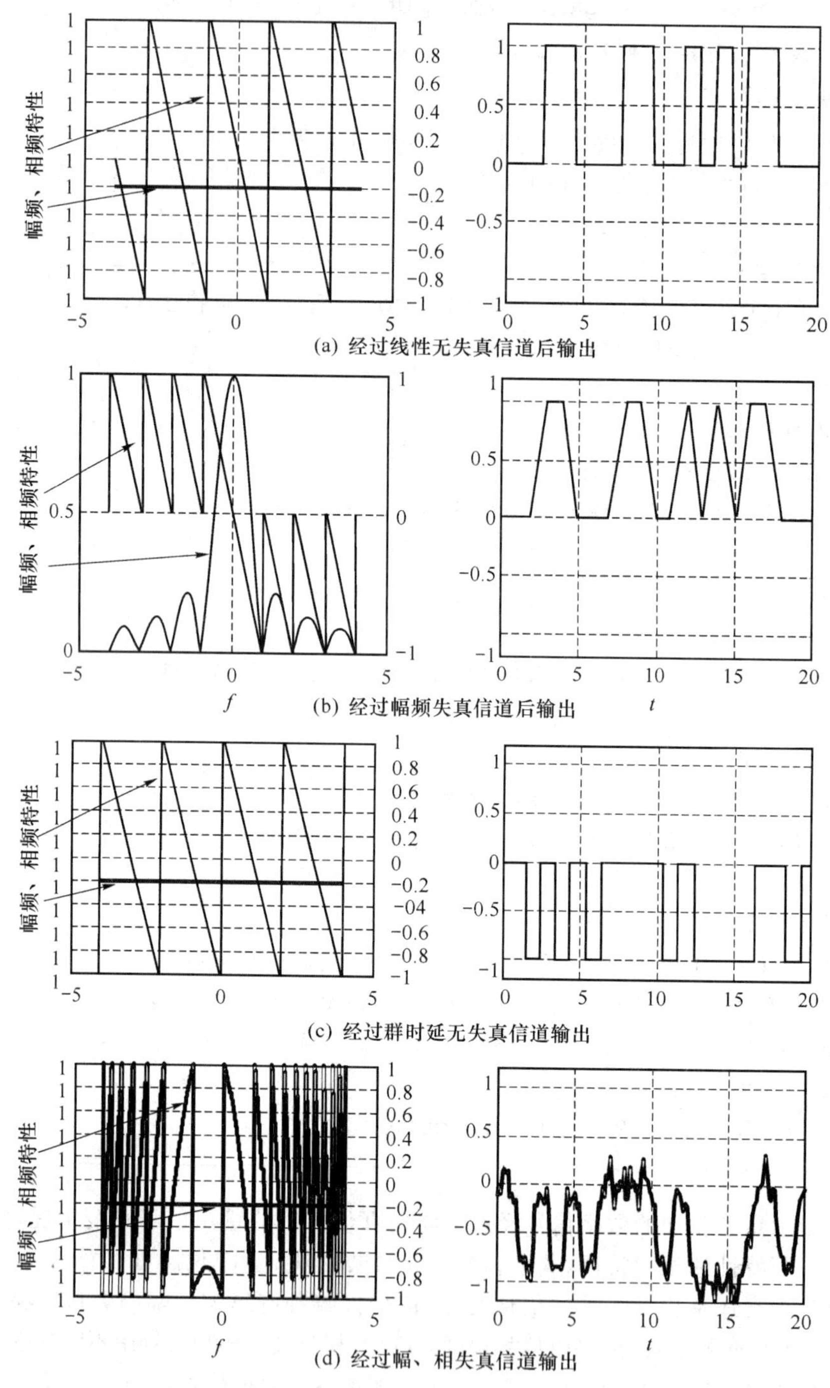

图 8-5　NRZ 信号经过不同失真信道后的输出

8.2.3　多径时变信道

信道时变是指信道参数随时间变化，它对信号传输的影响是使输入信号的频率弥散。若输入信号为单频信号，经过时变信道后的输出不再是单频信号，而是一个窄带的信号，带宽大小视时变因素的快慢而定。引起信道参数时变的因素有周围反射体的移动、接收机的移动、传输媒介的随时间变化等，时变的快慢由多普勒频移等参数来描述。信道时变造成接收信号的强度随时间变化的现象，称为衰落。

多径信道指信号传输的路径不止一条，接收端同时收到来自多条传输路径的信号，这些信号可能同相相加或反向相消。由于各径时延差不同，每径信号的衰减不同，因此数字信号经过多径信道后有码间干扰。通常情况下，如果信号的码元间隔远大于多径间的最大时延差，此时信号经过多径后不会产生严重的码间干扰；相反，如果信号码元间隔与多径间的时延差可比，则信号经过多径传输后会产生严重的码间干扰，此时接收端需要考虑采用均衡和其他消除码间干扰的方法才能正确接收信号。

信号经过多径时变信道，会产生码间干扰和衰落，其中衰落快慢取决于信道随时间变化的快慢，码间干扰的严重程度取决于码元间隔与多径间的时延差的相对关系。通常，当信息速率远大于信道的衰落速度时，信号经历慢衰落；当信息速率与信道衰落速度可比时，信号经历快衰落；当码元间隔远大于多径间的最大时延差时，由多径造成的码间干扰对信号接收影响不严重；当多径间的时延差与信号码元间隔可比时，多径造成的码间干扰就不可忽视。

实际信道经常是多径且时变的，如移动通信信道、短波信道等，信号经过多径时变信道后的输出通常是时变的有码间干扰的信号，解决这类信道接收的一种方法是采用自适应均衡器消除时变的码间干扰。

下面先考察单频信号经过多径时变信道时的输出情况，给出多径时变信道对信号传输的影响的初步理解，然后通过数字信号经过多径信道后码间干扰的例子说明多径对信号传输的影响。

1. 单频信号经过多径时变信道

设发送信号为单频信号 $s(t)=A\cos\omega_0 t$，经过 n 条路径传播后的接收信号为：

$$r(t)=\sum_{i=1}^{n}\mu_i(t)\cos\left[\omega_0 t-\tau_i(t)\right]=\sum_{i=1}^{n}\mu_i(t)\cos\left[\omega_0 t+\varphi_i(t)\right] \tag{8-5}$$

其中，$\mu_i(t)$、$\varphi_i(t)$是第 i 径的幅度、相位，随时间变化而随机变化。从大量的观察结果看，

$\mu_i(t)$、$\varphi_i(t)$ 的变化相对发射载频而言,通常要缓慢得多,即 $\mu_i(t)$ 、$\varphi_i(t)$ 是缓慢变化的随机过程。

$$r(t) = \sum_{i=1}^{n}\mu_i(t)\cos\varphi_i(t)\cos\omega_0 t - \sum_{i=1}^{n}\mu_i(t)\sin\varphi_i(t)\sin\omega_0 t \tag{8-6}$$

令

$$x_c(t) = \sum_{i=1}^{n}\mu_i(t)\cos\varphi_i(t)\ ,\ x_s(t) = \sum_{i=1}^{n}\mu_i(t)\sin\varphi_i(t)$$

$$v(t)=\sqrt{x_c^2(t)+x_s^2(t)},\varphi(t)=\arctan\frac{x_s(t)}{x_c(t)}$$

则

$$r(t)=v(t)\cos\left[\omega_0 t+\varphi(t)\right] \tag{8-7}$$

由中心极限定理,当 n 很大时,$x_c(t)$、$x_s(t)$ 是高斯分布,因此,$r(t)$ 是一个窄带高斯过程。它的幅度服从瑞利分布,相位服从均匀分布,因此,可以将单频信号经过多径信道时等效成图 8-6 所示的等效基带模型。

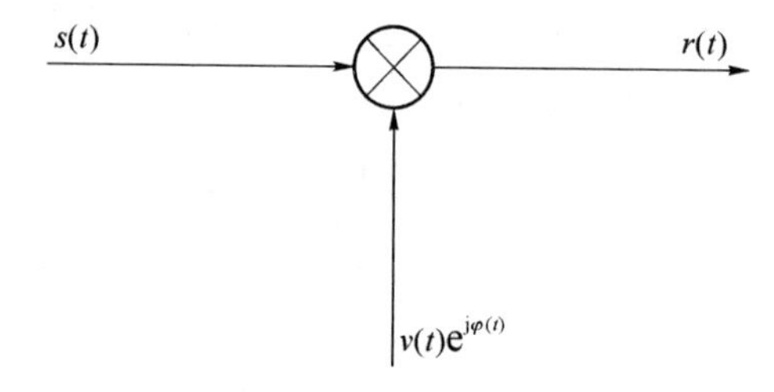

图 8-6 不可分时变多径信道模型

从式(8-7)可以看到,接收信号由一个单频信号变成一个窄带随机过程,大量多径时变信号叠加的效果使接收信号包络随时间随机起伏,即接收信号随机性衰落。当 $v(t)$ 是瑞利分布时常称该传输信道为瑞利衰落信道,这里衰落是指接收信号的大小随时间变化的现象。信道时变的参数通常可用多普勒频移 f_d 来描述,信道参数 $v(t)e^{j\varphi(t)}$ 的时变特性可以由 Jakes、Clarke 等模型来模拟。

[例 8-2] 以下示意了一个幅度为 1、频率为 10 Hz 的单频信号经过 20 条路径传输得到的波形及其频谱,这 20 条路径的衰减相同,但时延的大小是随时间变化的,每径时延的变化规律为正弦型,变化的频率从 0～2 Hz 随机均匀抽取。

解

```
%多径时变  djshb.m
    clear all;
```

```
close all;
f = 10;                        %输入的单频信号频率
dt = 0.01;
t = 0:dt:10;                   %时间
L = 20;                        %径数
taof = 2 * rand(1,L);          %时延变化频率
fai0 = rand(1,L) * 2 * pi;     %路径的初始相位
st = cos(2 * pi * f * t);

for i=1:L
  fai(i,: ) = sin(2 * pi * taof(i) * t);
  s(i, : ) = cos(2 * pi * f * t + fai(i,: ) + fai0(i) );
end
rt = sum(s) /sqrt(L);   %将信号经过20径的结果相加
figure(1)
subplot(211)
plot(t, st); xlabel('t'); ylabel('s(t)'); title('输入单频信号');
axis([0 2 -1.5 1.5]);
subplot(212)
plot(t,rt); xlabel('t'); ylabel('s(t)'); title('经过20径后接收信号');
figure(2)
[ff sf]=T2F(t,st);
[ff rf]=T2F(t,rt);
subplot(211);
plot(ff,abs( sf ) ); xlabel('f'); ylabel('s(f)');
title('输入单频信号频谱');
axis([-20 20 0 5]);
subplot(212);
plot(ff,abs( rf ) ); xlabel('f'); ylabel('r(f)');
axis([-20 20 0 5]);title('多径信道输出信号频谱');
```

运行结果如图 8-7 所示。

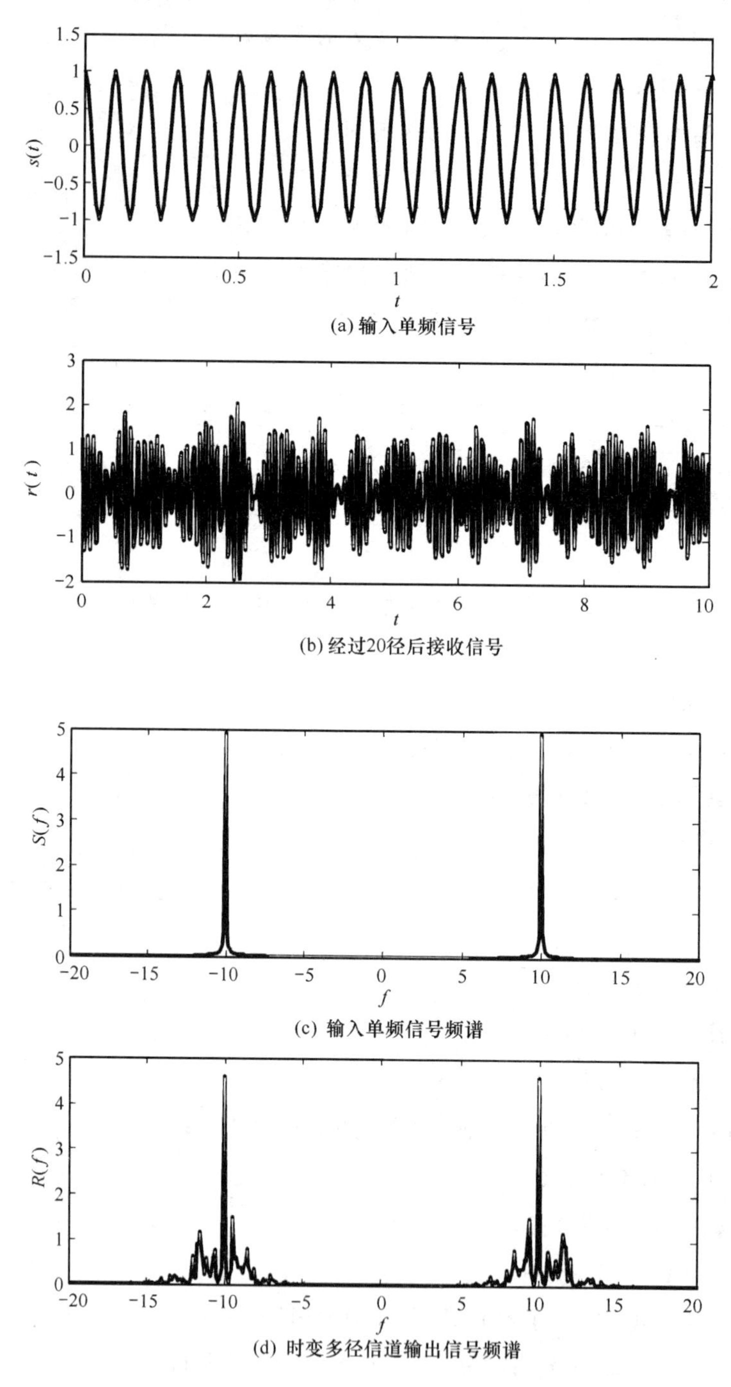

(a) 输入单频信号

(b) 经过20径后接收信号

(c) 输入单频信号频谱

(d) 时变多径信道输出信号频谱

图 8-7 时变多径的信号输出及其频谱

从中可以看到，单频信号经过 20 径时变信道后，输出信号的包络随时间随机起伏，输出信号的频谱从冲激谱变成一个窄带频谱。读者可以通过改变程序中的时延变化频率参数 taof 来改变衰落的速度，观察输出信号的变化。当 taof＝0.1 时，输出信号的波形如图 8-8所示，图中示意了长时观察和短时观察时输出信号的包络，(a)图时间范围为0～10 s，(b)图时间范围为 0～1 000 s。由于此时载频为 10 Hz，衰落的时变频率最大为 0.1 Hz，因此相对于输入信号而言是慢衰落的情况，可以看到慢衰落情况下，接收信号的包络起伏缓慢变化[图 8-8(a)]，但由于径数足够多，因此从长时观察来看[图 8-8(b)]，信号的包络仍呈现随机起伏的特点。当改变多径数为 2，且时延变化频率参数 taof＝100 时，此时相对于快衰落情况，接收包络快速起伏，但由于径数不多，接收信号包络起伏具有明显的周期性，见图 8-9。

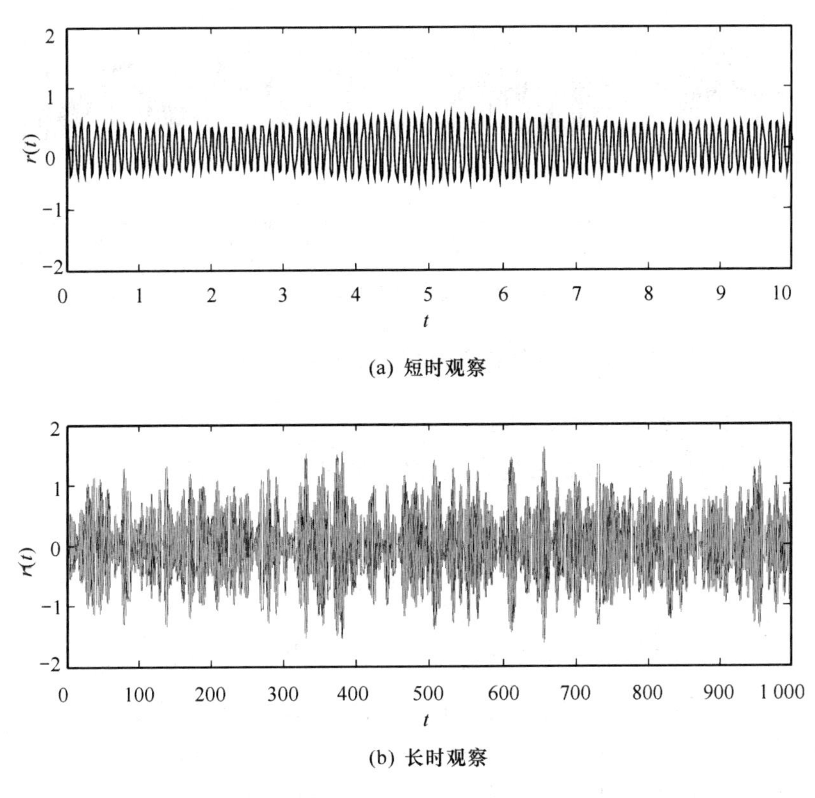

图 8-8　20 径慢衰落信道下的输出信号(taof＝0.1)

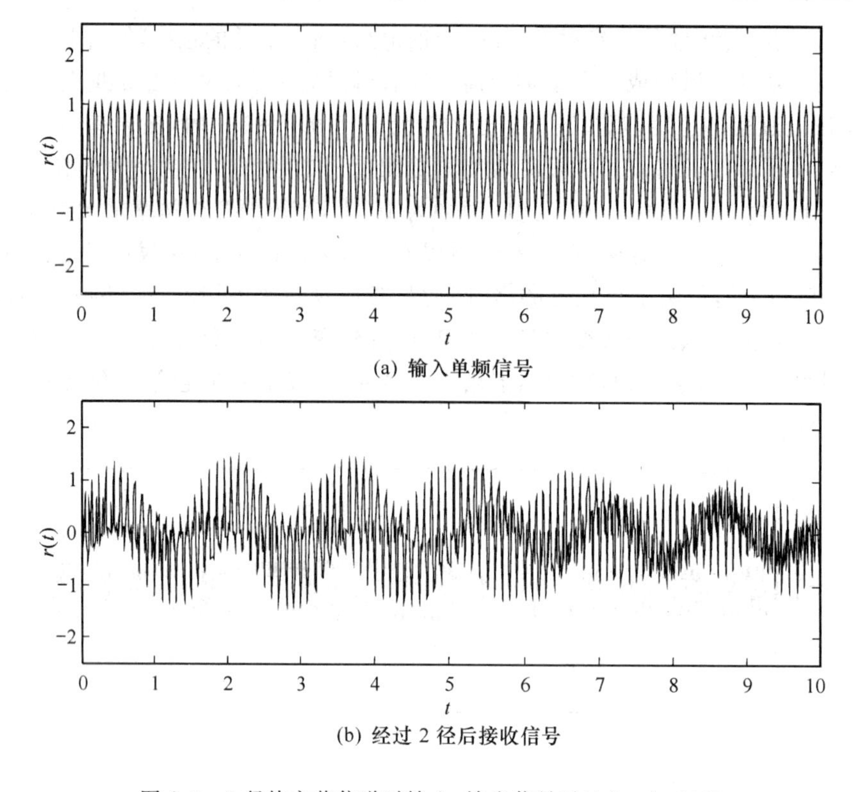

(a) 输入单频信号

(b) 经过 2 径后接收信号

图 8-9　2 径快衰落信道时输入、输出信号对比(taof=100)

2. 数字信号经过多径非时变信道

当输入信号并非一个单频信号时,经过多径信道后,输出信号为

$$s(t)=\sum_{i=1}^{L}\mu_i b(t-\tau_i)$$

从频域观点看

$$S(f)=B(f)\left(\sum_{i=1}^{L}\mu_i \mathrm{e}^{-\mathrm{j}2\pi f\tau_i}\right)=B(f)H(f)$$

信道输入信号的不同频率分量遭受不同的衰减,即信道的频率选择性。

[**例 8-3**]　设三径信道 $\mu_1=0.5,\mu_2=0.707,\mu_3=0.5,\tau_1=0,\tau_2=1\ \mathrm{s},\tau_3=2\ \mathrm{s}$。

(1) 用 Matlab 画出信道的幅频响应特性和相频响应特性;

(2) 设信道输入信号为 $b(t)=\sum_n a_n g(t-nT_s)$,其中 $g(t)=\begin{cases}1 & 0\leqslant t<T_s\\ 0 & \text{其他}\end{cases}$,$T_s=1$,画出输出信号波形;

(3) 同(2)相同形式的输入信号,但 $T_s=8$,画出输出信号波形。

解

```
%数字信号经过多径信道 djxd.m
clear all;
close all;
Ts=1;
N_sample = 8;              %每个码元的抽样点数
dt = Ts/N_sample;          %抽样时间间隔
N = 1000;                  %码元数
t = 0:dt:(N*N_sample-1)*dt;
dLen = length(t);

gt1 = ones(1,N_sample);   %NRZ 非归零波形
d = ( sign( randn(1,N) ) +1 )/2;
data = sigexpand(d,N_sample); %对序列间隔插入 N_sample-1 个 0
st1 = conv(data,gt1);
[f sf1] = T2F(t,st1(1:dLen));

%3 径信道
m=[0.5 0.707 0.5];
tao =[ 0 1 2];
hf = m(1)*exp(-j*2*pi*f*tao(1))+m(2)*exp(-j*2*pi*f*
    tao(2))+m(3)* exp(-j*2*pi*f*tao(3));
%信号经过 3 径信道
yt1 = m(1)*st1(1:dLen)+m(2)*[zeros(1,N_sample), st1(1:dLen-
      N_sample)]+m(3)*[zeros(1,2*N_sample), st1(1:dLen-2
      *N_sample)];
[f yf1] = T2F(t,yt1);
figure(1)
subplot(221)
plot(t,st1(1:dLen),'LineWidth',2);
axis([20 40 0 1.2]);title('输入信号');
subplot(223)
plot(t,yt1,'LineWidth',2);
```

```
axis([20 40 0 2]);title('经过信道输出信号');xlabel('t');
subplot(222);
plot(f,abs(sf1),'LineWidth',2);
axis([-2 2 0 60]);title('输入信号幅度谱');
subplot(224);
plot(f,abs(yf1),'LineWidth',2);
axis([-2 2 0 60]);title('输出信号幅度谱');xlabel('f');
figure(2)
subplot(211)
plot(f,abs(hf),'LineWidth',2);
axis([-2 2 0 2]);title('信道幅频特性');xlabel('f');
subplot(212)
plot(f,angle(hf)/pi);title('信道相频特性');xlabel('f');
axis([-2 2 -1 1]);
```

如图 8-10、图 8-11、图 8-12 所示,由于多径,信道幅频特性不为常数,对某些频率产

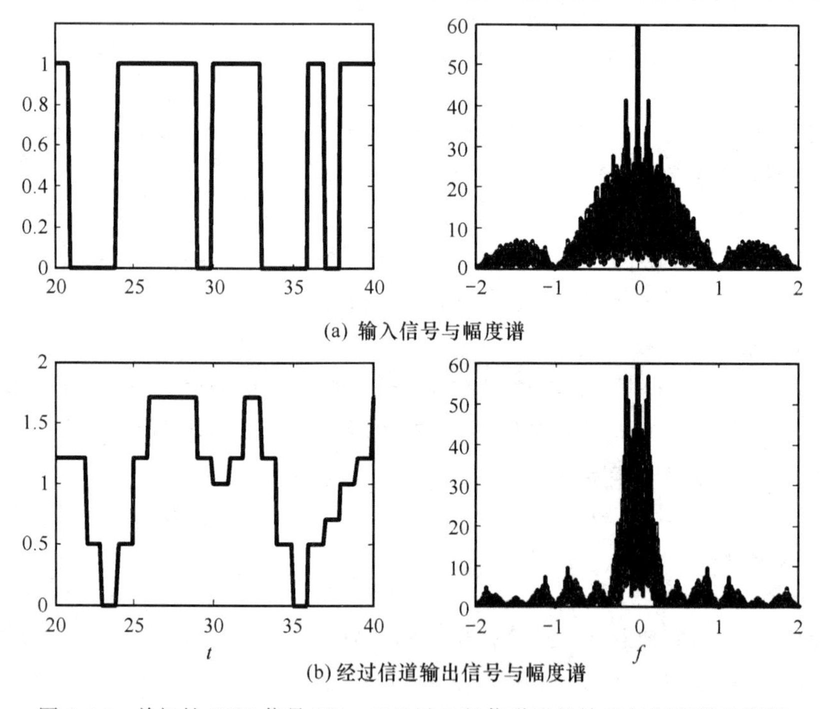

图 8-10 单极性 NRZ 信号($T_s=1$)经过三径信道后的输出与幅度谱示意图

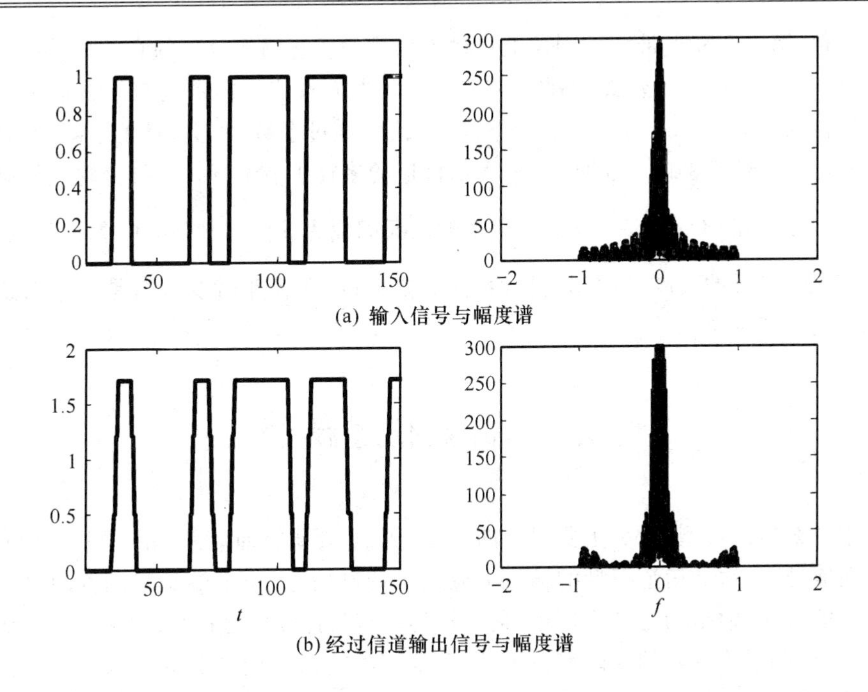

(a) 输入信号与幅度谱

(b) 经过信道输出信号与幅度谱

图 8-11　单极性 NRZ 信号($T_s=8$)经过三径信道后的输出与幅度谱示意图

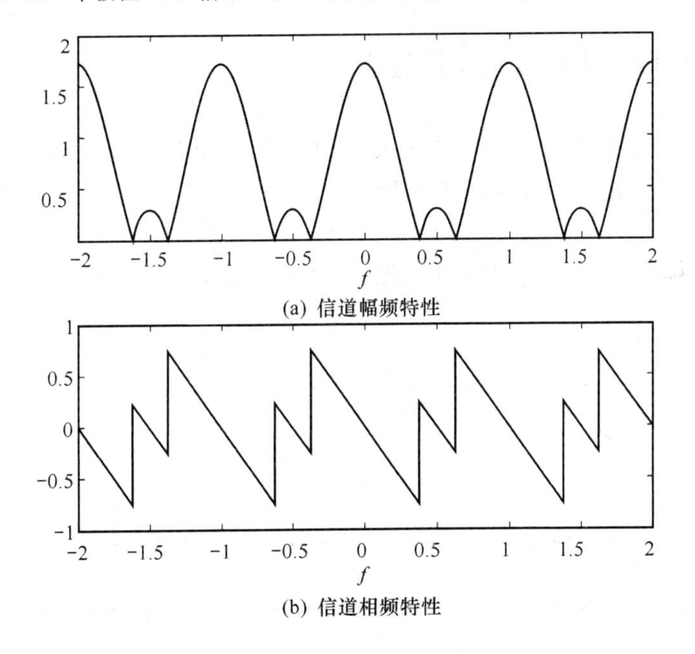

(a) 信道幅频特性

(b) 信道相频特性

图 8-12　三径信道的频率选择性

生较大的衰减，对某些频率的衰减小，即信道具有频率选择性。当输入信号的带宽远小于信道带宽时(第一个零点带宽),则信道对输入信号的所有频率分量的衰减几乎相同,这种情况下,信号经历平坦性衰减,如图 8-11 所示。当输入信号的带宽与信道带宽可比时,此时信号各频率分量经过信道的衰减不同,即信号经过了频率选择性的衰减,如图 8-10 所示。通常可用信道的时延扩展 τ_m 来表示信道的多径扩展情况,多径时延扩展的倒数称为信道的相干带宽 $B=\dfrac{1}{2\pi\tau_m}$,设输入信号的码元间隔为 T_s,当 $BT_s \gg 1$ 时,信号的衰减是平坦的;反之,信号的衰减是频率选择性的(需要强调:多径非时变信道是恒参信道,在输出端不存在衰落现象)。

8.3 离散信道模型

采用什么信道模型,取决于要研究的问题,例如,要研究通信系统的调制、解调器经过信道的性能,则合适的信道模型的输入端应该是调制信号,输出端是解调器的输入信号,此时信道的输入、输出均是连续信号,称这样的信道为连续信道;而要研究信道编码、译码的性能,则可以采用等效的编码信道模型,即信道的输入为调制器的输入端,信道输出为解调器的输出,此时信道输入、输出端都是离散的数字信号,称为离散信道。

8.3.1 离散输入离散输出信道模型

离散输入离散输出的信道用信道转移概率矩阵描述。设输入符号取值范围为 $\{0,1,2,\cdots,M-1\}$,输出符号取值范围为 $\{0,1,2,\cdots,N-1\}$,记信道转移概率

$$p_{ij}=P(Y=j\,|\,X=i)$$

是输入符号为 i、输出符号为 j 的概率。图 8-13 分别示意了几种常用的离散输入离散输出的信道模型。

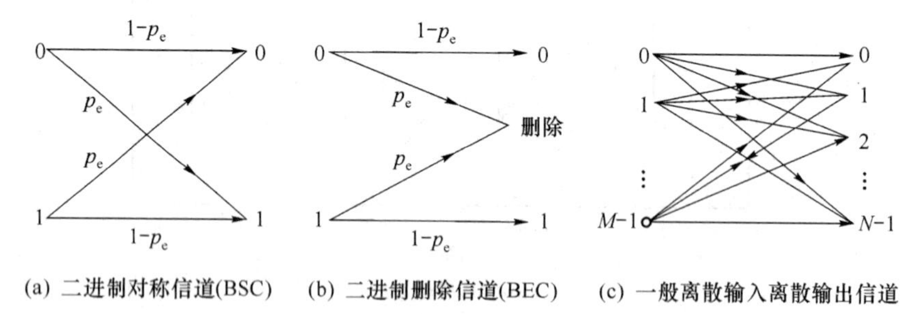

图 8-13 几种常用的信道模型

8.3.2　离散输入连续输出信道模型

离散输入连续输出的信道通常用条件转移概率密度描述，常用的模型有加性噪声下的离散输入连续输出模型，其模型通常可以等效成如下的数学表示：

$$y=x+n$$

其中，$x\in\{s_1,s_2,\cdots,s_M\}$，$n$ 是一个取值连续的加性噪声。该信道通常用信道的转移概率密度 $f(y|s_i)$ 来描述信道输入与输出之间的统计关系。

8.4　信道容量

信道容量指信道的最大通信能力。信道输入、输出之间的最大互熵决定了信道无误码传输的最大能力。为了说明信道容量的概念，先说明互熵、联合熵、条件熵的概念。

8.4.1　互熵、联合熵、条件熵

不同信源之间的信息度量用互熵、联合熵、条件熵来描述。

1. 联合熵 $H(XY)$

$$H(XY)=-\sum_i\sum_j p(x_i,y_j)\log p(x_i,y_j) \tag{8-8}$$

表示两个符号之间的平均联合信息量。

2. 条件熵 $H(Y|X)$

$$H(Y\mid X)=-\sum_i\sum_j p(x_i,y_j)\log p(y_j\mid x_i) \tag{8-9}$$

且可以证明 $H(X)\geqslant H(X|Y)$。

3. 互信息 $I(X;Y)$

$$I(X;Y)=-\sum_i\sum_j p(x_i,y_j)\log\frac{p(y_j\mid x_i)}{p(y_j)} \tag{8-10}$$

4. 符号熵、联合熵、条件熵、互信息之间的关系

$$H(XY)=H(X)+H(Y|X) \tag{8-11}$$

$$\begin{aligned}I(X;Y)&=H(X)-H(X|Y)\\&=H(Y)-H(Y|X)\\&=H(X)+H(Y)-H(XY)\end{aligned} \tag{8-12}$$

5. 连续信源的熵、条件熵、互信息

$$H(X) = -\int_x p(x)\log p(x)\mathrm{d}x \tag{8-13}$$

$$H(Y \mid X) = -\iint_{x\,y} p(x,y)\log p(y \mid x)\mathrm{d}x\mathrm{d}y \tag{8-14}$$

$$I(X;Y) = -\iint_{x\,y} p(x,y)\log \frac{p(y \mid x)}{p(x)}\mathrm{d}x \tag{8-15}$$

8.4.2 信道容量

1. 信道容量

信道容量的定义

$$C=\max_{P(X)} I(X,Y)=\max_{P(X)}[H(X)-H(X|Y)] \tag{8-16}$$

2. 仙农公式

带宽受限、功率受限的理想 AWGN 信道其信道容量为

$$C=B\log_2(1+\mathrm{SNR})\ \mathrm{bit/s} \tag{8-17}$$

这里 $\mathrm{SNR}=S/N$，其中 S 为信道输入的信号功率，N 为 AWGN 信道噪声功率。如图8-14所示是归一化信道容量。

$$\frac{C}{B}=\log_2\left(1+\frac{S}{N_0 B}\right)\ (\mathrm{bit\cdot s^{-1}})/\mathrm{Hz}$$

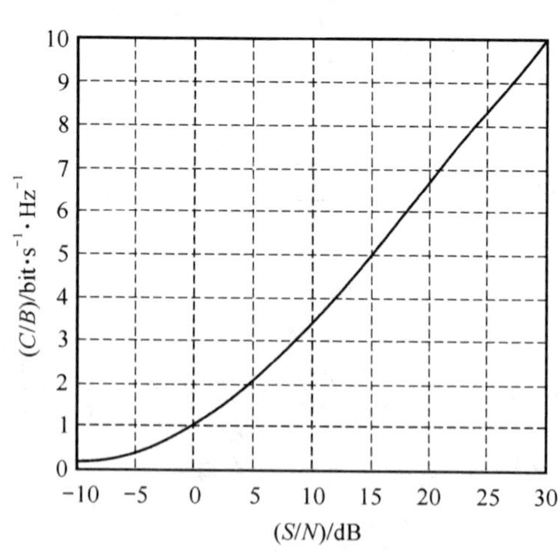

图 8-14　归一化信道容量与信噪比之间的关系

```
%Matlab 作图程序
  SNR_dB = -10:30;   %信噪比范围
  SNR = 10.^(SNR_dB/10);
  C = log2(1 + SNR);
  plot( SNR_dB, C);
```

(1) 信道容量与信道带宽、噪声功率和信号功率有关。

(2) 由于噪声功率与信道带宽有关系，$N=N_0B$，则 $C=B\log_2\left(1+\frac{S}{N_0B}\right)$，其中 N_0 是噪声的单边带功率密度。

(3) 增加 S 或减少 N_0 都可以使信道容量增加。

(4) 如果 $B\to\infty$，则

$$
\begin{aligned}
C&=\lim_{B\to\infty}B\log_2\left(1+\frac{S}{N_0B}\right)\\
&=\lim_{B\to\infty}\frac{S}{N_0}\cdot\frac{N_0B}{S}\log_2\left(1+\frac{S}{N_0B}\right)\\
&=\frac{S}{N_0}\lim_{B\to\infty}\left(1+\frac{S}{N_0B}\right)^{\frac{N_0B}{S}}=\frac{S}{N_0}\log_2\mathrm{e}
\end{aligned}
$$

上式表明，如果$\frac{S}{N_0}$不变，即使无限增加 B，信道容量也是有限的。这是因为 B 无限大时，噪声功率也无限大。

(5) 信道容量一定时，带宽与信噪比可以互换。

虽然仙农公式给出了理论的通信容量界限，但是没给出具体的实现方法，如何达到或逼近这一理论极限，正是通信系统研究和设计者的任务。

练习题

8-1 写一个 Matlab 脚本，画出交叉概率为 p 的二进制对称信道(BSC)的容量作为 $p(0\leqslant p\leqslant 1)$的函数的图。$p$ 为何值时容量最小？最小值是多少？

8-2 一个二进制非对称信道用条件概率 $p(0|1)=0.2$ 和 $p(1|0)=0.4$ 表征，画出该信道输入和输出之间的互信息 $I(X;Y)$，作出 $p=P(X=1)$的函数图。p 为何值时互信息最大？最大值是多少？

8-3 信道响应函数为 $H(f)=|H(f)|\mathrm{e}^{\mathrm{j}\phi(f)}$，输入信号为 $x(t)=\sum_n a_n g(t-nT_s)$，其中 $T_s=1$，$g(t)=\begin{cases}1 & 0\leqslant t<T_s\\ 0 & 其他\end{cases}$，用 Matlab 画出如下信道的输出信号。

(1) $H(f)=2e^{j2\pi f}$(无失真信道)。

(2) $H(f)=\dfrac{\sin 4\pi f T_s}{4\pi f T_s}e^{j\pi f}$(幅度失真信道)。

(3) 二径信道 $\mu_1=0.707$,$\mu_2=0.707$,$\tau_1=0$,$\tau_2=1\text{ s}$。

8-4 在实际移动通信环境中的信道情况是复杂的,包括电波传播时的路径损耗、遮挡引起的阴影衰落和多径、时变引起的瑞利衰落,假设只考虑多径时变引起的影响,实际情况下的多径可能是连续的时延,因此为了简化模型,通常以信号的码元间隔的整数倍作为信道多径时延的模型,此时每个等效的"径"称为可分径(相对于信息速率而言),每个可分径实际上也是由多径传输(不可分径)构成的,因此每个可分径也是信号经时变、多径而形成的,产生每个可分径的模型通常可以用 Jakes 模型产生。

请阅读如下参考文献。

[1] Jakes W C. Microwave Mobile Communications. New York: Wiley, 1974: 1st chapter.

[2] Li Yun-xin, Huang Xiao-jing. The Simulation of independent Rayleigh faders. IEEE Trans. on Commun., 2002, COM-50(9): 1503~1514.

通过 Matlab 编写文献[2]所说的关于产生独立 Rayleigh 衰落的多径信道模型。

第9章　信道编码

信道编码的原理是在传输信息的同时加入信息冗余(与信源编码正好相反),通过信息冗余来达到信道差错控制的目的。当接收机利用该冗余信息进行译码时,不再需要反馈信道,这种方式称为前向纠错译码;当接收机利用该冗余信息对传输信息进行差错检验并将检验结果反馈,发送端根据反馈结果决定是否重发信息时,这种方式称为自动请求重发(ARQ)。

信道编码一般可以分成两大类,即分组码和卷积码。分组码编码时将输入信息分成不同的组,对各组信息分别进行独立编码,加入冗余信息,组与组之间是独立的,其译码也是分组独立译码。卷积码编码时将输入信息与一固定结构的编码器进行卷积,卷积的输出作为传输信息。由于卷积的关系,卷积码的输出信息是前后关联的,因此译码时,卷积码一般采用序列译码的方式。

9.1　基本原理

编码是将输入映射为输出的过程,例如,将 m 个二进制输入符号映射成 n 个二进制输出符号,m 个二进制符号对应 2^m 种可能的输入图样,n 个二进制符号对应 2^n 种可能的输出图样,编码结果的图样数至少应该大于等于输入的图样数,才能保证接收端可能无错误地译码,如果编码是一一映射,则至少要求 $n \geqslant m$ 。

[**例 9-1**]　n 重复码是一种将输入比特重复 n 遍的编码。假设信道的错误率为 p_e,接收端收到 n 个比特后进行译码,如果 n 个接收比特的“1”的个数多于“0”的个数,则译码为“1”,反之为“0”。假设编码输入是等概的。

(1) 计算 $n=5$ 时信道错误率与译码错误率的关系;

(2) 用 Matlab 仿真得到上述的曲线。

解

(1) 令 n_1,n_0 分别表示接收到的 n 个比特中“1”和“0”的个数,则误码率可以写成

$$P_b = P(n_1 < n_0 \mid \text{“1”})P(1) + P(n_1 > n_0 \mid \text{“0”})P(0)$$

当 $n=5$ 时,编码时“1”被映射成“11111”;“0”映射成“00000”,信道错误率为 p_e,则

$$P(n_1<n_0|\text{“1”})=C_5^0p_e^5+C_5^1(1-p_e)p_e^4+C_5^2(1-p_e)^2p_e^3$$

$$P(n_1>n_0|\text{“0”})=C_5^0p_e^5+C_5^1(1-p_e)p_e^4+C_5^2(1-p_e)^2p_e^3$$

因此
$$P_b=p_e^5+5p_e^4(1-p_e)+10p_e^3(1-p_e)^2$$

(2) 利用 Matlab 仿真上述的问题,需要仿真信道误码,这里的信道是离散信道模型中的 BSC 信道。先产生[0,1]均匀分布的随机变量 x,则 $P(x<p_e)=p_e$,即当随机变量 x 小于 p_e 时,令信道发生错误 $e=1$,由于随机变量 x 小于 p_e 的概率为 p_e,因此就模拟了信道误码的情况。

```
%n 重复码性能, chongfuma.m
n=5;
m = 0:-0.5:-3;
pe = 10.^m;

%信道
d = (sign(randn(1,100000)) + 1)/2;          %编码输入
s = [d;d;d;d;d];                            %重复 5 次
s = reshape(s,1,5 * length(d));             %将 s 变成一个序列

%信道误码的仿真
for k=1:length(pe)
    err = rand(1,length(d) * 5);
    err = err<pe(k);                        %信道误码的随机图样
    r = rem(s+err,2);
    r = reshape(r,5,length(d));
    dd = sum(r) > 2;                        %大数判决
    error(k) = sum( abs(dd-d) ) / length(d);
end
loglog(pe,error);
```

图 9-1 表明,采用 5 重复码后,译码输出的误码率明显比信道误码率低,改善了传输的情况。从 (1)的公式结果也可以看到,经过译码后的误码率相对于信道误码率有明显的改善。显然,如果码组中发生一个或两个错误,译码不会译错,但大于两个错误时,就会发生译错情况。可以看到,信道编码并不能保证无错误地传输,通常译码纠错能力与所增

加的冗余度有关。

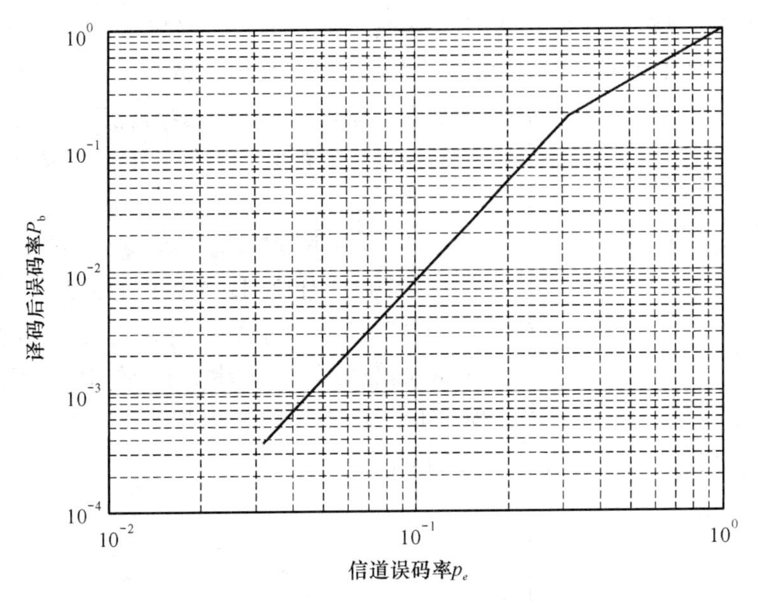

图 9-1　5 重复码的性能曲线

设 I 为输入码字空间，C 为输出码字空间，(n,k)编码规则 $f:I\rightarrow C$ 为一一映射。若 $c_i,c_j\in C$，c_{ik} 表示码字 c_i 第 k 个比特的值。

定义 1　码字间的汉明距定义为两个码字间不相同的比特数，即

$$d_{ij}=\sum_{k=1}^{n}(c_{ik}\oplus c_{jk})$$

其中，$\oplus$ 表示比特异或。例如，码字(1100111)与码字(1011001)之间的汉明距为 5。

定义 2　码字的码重 w 定义为码字中比特 1 的个数。

例如，码字(1100111)的码重为 5。

定义 3　最小码距 $d_{\min}$定义为：输出码空间中任意两个码字间最小的汉明距，即

$$d_{\min}=\min_{c_i,c_j\in C}\{d_{ij}\}\quad i\neq j$$

最小码距表明了输出码空间中距离最近的两个码字之间的距离。最小码距与码的纠错、检错性能之间具有如下关系。

(1)若最小码距 $d_{\min}\geqslant e+1$，则一定能检测出不大于 e 个的错

设码 C 的维数为 n，最小码距的两个码字为 C_1，C_2，其码距 $d_{\min}$表明 C_1，C_2 之间至少具有 $d_{\min}$个不同的位置。如果 C_1 发生 e 个错误，只要 $e\leqslant d_{\min}-1$，则 C_1 不可能属于码 C 中的任何码字，因此可以判断发生了错误；反之，C_1 可能错成 C 中的其他码字，无法保证能

判断出发生了错误,如图 9-2 所示。

(2) 如果最小码距 $d_{\min}\geqslant 2t+1$,则一定能纠正 t 个以内的错误

设所有码字均具有纠正 t 个错误的能力,码字 C_1 发生差错为 t,为了不使差错后的码字落入其他码字的纠错能力范围,因此要求码字 C 与其他码字的距离至少为 $2t+1$,即 $d_{\min}\geqslant 2t+1$,如图 9-3 所示。

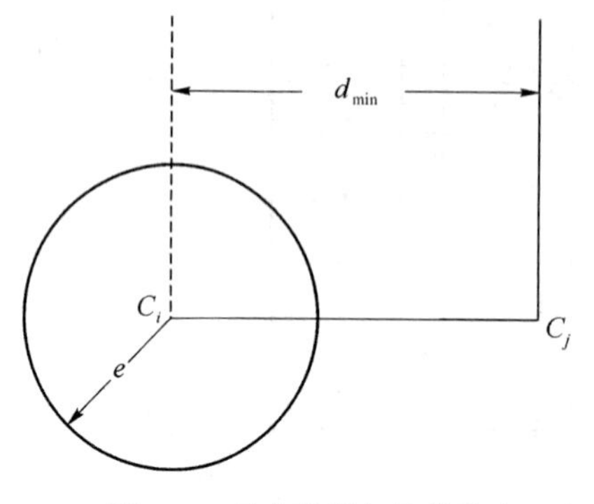

图 9-2 最小码距与检错能力

(3)若最小码距 $d_{\min}\geqslant t+e+1(e>t)$,则能同时纠正 t 个以内且检测 e 个以内的错误。

码字 C_1 要求能同时纠 t 个错误,同时还能检测 e 个错误,当码字 C_1 发生 e 个差错时,它不能落在另外码字的纠错能力 t 内,因此要求 $d_{\min}\geqslant e+t+1$,如图 9-4 所示。

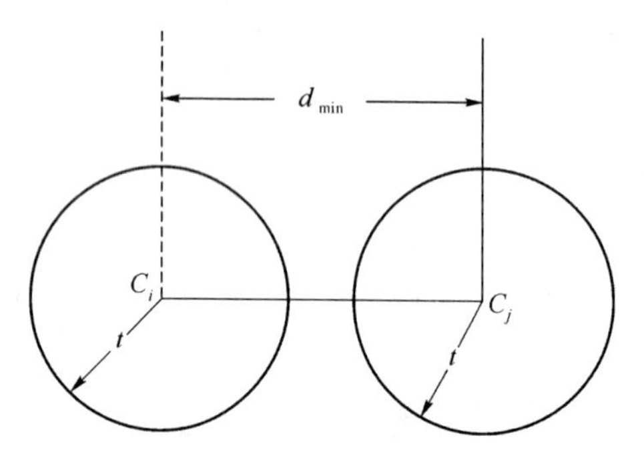

图 9-3 最小码距与纠错能力

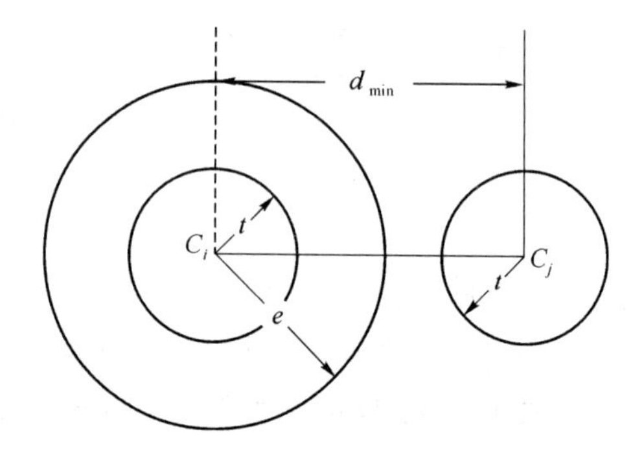

图 9-4 最小码距与同时纠检错能力

9.2 线性分组码

9.2.1 线性分组码的概念及性质

将输入的数字序列分成组,每组独立进行编码,称为分组码,记为(n,k)码,表示每分组输入符号数为 k,编码输出符号数为 n。线性分组码是满足线性特性的分组码,即若码字 A_1,A_2是(n,k)线性码中的码字,则 A_1+A_2也是线性码(n,k)中的码字,称之为(n,k)线性分组码。线性分组码 C 通常可以写成如下形式,若$A\in C$,$A=(a_{n-1},a_{n-2},\cdots,a_0)$,$a_i\in\{0,1\}$,满足条件

$$\sum_{j=1}^{n} h_{ij} a_{n-j} = 0 \quad (i = 1,2,\cdots,n-k) \tag{9-1}$$

且 $\boldsymbol{H}$ 矩阵的各行线性不相关，则该(n,k)线性分组码的所有码字是满足方程组(9-1)的所有码字。这里 $h_{ij} \in \{0,1\}$，求和是异或和，称

$$\boldsymbol{H}=\begin{pmatrix} h_{11} & h_{12} & \cdots & h_{1n} \\ h_{21} & h_{22} & \cdots & h_{2n} \\ \vdots & \vdots & & \vdots \\ h_{n-k,1} & h_{n-k,2} & \cdots & h_{n-k,n} \end{pmatrix}$$

为校验矩阵(监督矩阵)。从上可以知道，(n,k)码构成线性 n 维空间的 k 维子空间。线性分组码的线性条件可以写成矩阵形式，即

$$\boldsymbol{H}\boldsymbol{A}^{\mathrm{T}}=\boldsymbol{0} \tag{9-2}$$

线性分组码具有如下两个性质：

(1) 线性(包含全零码字，封闭性)；

(2) 最小码距等于除全零码外的码字的最小码重。

［**例 9-2**］　(7,4)汉明码的校验矩阵为

$$\boldsymbol{H}=\begin{pmatrix} 1 & 1 & 1 & 0 & 1 & 0 & 0 \\ 0 & 1 & 1 & 1 & 0 & 1 & 0 \\ 1 & 1 & 0 & 1 & 0 & 0 & 1 \end{pmatrix}$$

(1) 求出(7,4)汉明码的所有码字；

(2) 用 Matlab 求(7,4)汉明码的所有码字。

解

(1) (7,4)汉明码的输出码字满足 $\boldsymbol{H}\boldsymbol{A}^{\mathrm{T}}=\boldsymbol{0}$，即

$$\begin{cases} a_6+a_5+a_4+a_2=0 \\ a_5+a_4+a_3+a_1=0 \\ a_6+a_5+a_3+a_0=0 \end{cases} \rightarrow \begin{cases} a_2=a_6+a_5+a_4 \\ a_1=a_5+a_4+a_3 \\ a_0=a_6+a_5+a_3 \end{cases}$$

若输入信息为 $\boldsymbol{U}=(a_6,a_5,a_4,a_3)$，编码输出为

$$\boldsymbol{C}=\boldsymbol{U}\cdot\boldsymbol{G}=(a_6 \quad a_5 \quad a_4 \quad a_3)\begin{pmatrix} 1 & 0 & 0 & 0 & 1 & 0 & 1 \\ 0 & 1 & 0 & 0 & 1 & 1 & 1 \\ 0 & 0 & 1 & 0 & 1 & 1 & 0 \\ 0 & 0 & 0 & 1 & 0 & 1 & 1 \end{pmatrix}$$

称 $\boldsymbol{G}$ 为(7,4)码的生成矩阵，所有的码字见表 9-1：

表 9-1 (7,4)汉明码的所有码字

编码输入	编码输出	编码输入	编码输出
0000	0000000	1000	1000101
0001	0001011	1001	1001110
0010	0010110	1010	1010011
0011	0011101	1011	1011000
0100	0100111	1100	1100010
0101	0101100	1101	1101001
0110	0110001	1110	1110100
0111	0111010	1111	1111111

(2)

```
%(7,4)分组码
    clear all;
     close all;
    H = [1 1 1 0 1 0 0;
           0 1 1 1 0 1 0;
           1 1 0 1 0 0 1];

    G = gen2par(H); %调用 Matlab 函数求 H 的生成矩阵
    Msg = [0 0 0 0;0 0 0 1;0 0 1 0;0 0 1 1;0 1 0 0;0 1 0 1;0 1 1 0;0 1 1 1;
              1 0 0 0;1 0 0 1;1 0 1 0;1 0 1 1;1 1 0 0;1 1 0 1;1 1 1 0;1 1 1 1];
    C = rem( Msg * G,2 ); %求异或和
```

运行结果:

```
C =
    0     0     0     0     0     0     0
    0     0     0     1     0     1     1
    0     0     1     0     1     1     0
    0     0     1     1     1     0     1
    0     1     0     0     1     1     1
    0     1     0     1     1     0     0
    0     1     1     0     0     0     1
    0     1     1     1     0     1     0
```

1	0	0	0	1	0	1
1	0	0	1	1	1	0
1	0	1	0	0	1	1
1	0	1	1	0	0	0
1	1	0	0	0	1	0
1	1	0	1	0	0	1
1	1	1	0	1	0	0
1	1	1	1	1	1	1

从上例可以看到，若校验矩阵具有形式 $\boldsymbol{H}=(\boldsymbol{P}\quad \boldsymbol{I})$，则生成矩阵为 $\boldsymbol{G}=(\boldsymbol{I}\quad \boldsymbol{P}^{\mathrm{T}})$。所有的线性分组码均可以通过生成矩阵 $\boldsymbol{G}$ 来表示编码器结构。

9.2.2　线性分组码的译码

当信道传输出现差错后，则接收到的码字 $\boldsymbol{R}=\boldsymbol{A}+\boldsymbol{E}$，接收端通过校验矩阵进行校验运算，即 $\boldsymbol{HR}^{\mathrm{T}}=\boldsymbol{S}$，$\boldsymbol{S}$ 称为校验子，因为 $\boldsymbol{HA}^{\mathrm{T}}=\boldsymbol{0}$，因此 $\boldsymbol{S}=\boldsymbol{HE}^{\mathrm{T}}$ 只与差错向量 $\boldsymbol{E}$ 有关，可以通过校验子 $\boldsymbol{S}$ 的值来检验传输是否出现差错或对差错进行纠正。

［**例 9-3**］　(7,4)汉明码的校验矩阵为

$$\boldsymbol{H}=\begin{pmatrix}1&1&1&0&1&0&0\\0&1&1&1&0&1&0\\1&1&0&1&0&0&1\end{pmatrix}$$

问不同的校验子对应的 $\boldsymbol{E}$ 是什么？

解　对 $\boldsymbol{E}$ 进行穷举法，可以找到 $\boldsymbol{S}$ 与 $\boldsymbol{E}$ 的对应关系。

当 $\boldsymbol{E}=(1\ 0\ 0\ 0\ 0\ 0\ 0)$ 时，对应的 $\boldsymbol{S}=(1\ 0\ 1)$

$\boldsymbol{E}=(0\ 1\ 0\ 0\ 0\ 0\ 0)$ 时，对应的 $\boldsymbol{S}=(1\ 1\ 1)\cdots$

由于 $\boldsymbol{E}$ 有 $2^7=128$ 种可能的错误图样，但 $\boldsymbol{S}$ 只有 8 种图样，因此 $\boldsymbol{S}$ 的每一种图样对应的 $\boldsymbol{E}$ 有 16 种，即如果要纠错的话，根据 $\boldsymbol{S}$ 可以有 16 种可能的纠错方案。很明显，应该从这 16 种纠错方案中选择最可能发生的情况进行纠错，这 16 种 $\boldsymbol{E}$ 图样中码重最小的图样是最有可能发生的错误情况（同样情况下，误码个数越多，概率越小）。

```
%(7,4)分组码
clear all;
close all;
H = [1 1 1 0 1 0 0;
     0 1 1 1 0 1 0;
     1 1 0 1 0 0 1];
```

```
G = gen2par(H);    %调用 Matlab 函数求与 H 对应的生成矩阵 G
Msg = [0 0 0 0;0 0 0 1;0 0 1 0;0 0 1 1;0 1 0 0;0 1 0 1;0 1 1 0;0 1 1 1;
    1 0 0 0;1 0 0 1;1 0 1 0;1 0 1 1;1 1 0 0;1 1 0 1;1 1 1 0;1 1 1 1];
C = rem(Msg * G,2);

E = dec2bin([0:2^7 - 1],7) - 48;  %调用 Matlab 函数将整数转换成比特表示
S = rem(H * E',2);                %不同的 E 对应的校验子 S

%对校验子归类,每个 S 对应不同的 16 个 E
s = S(1,:) * 4 + S(2,:) * 2 + S(3,:);
for k=1:8
    e(k,:) = find(s= =k - 1);
end
e0 = dec2bin( e(1,:) - 1,7 ) - 48; %对应 S=000 的 E,编码码字
e1 = dec2bin( e(2,:) - 1,7 ) - 48; %对应 S=001 的 E
e2 = dec2bin( e(3,:) - 1,7 ) - 48; %对应 S=010 的 E
e3 = dec2bin( e(4,:) - 1,7 ) - 48; %对应 S=011 的 E
e4 = dec2bin( e(5,:) - 1,7 ) - 48; %对应 S=100 的 E
e5 = dec2bin( e(6,:) - 1,7 ) - 48; %对应 S=101 的 E
e6 = dec2bin( e(7,:) - 1,7 ) - 48; %对应 S=110 的 E
e7 = dec2bin( e(8,:) - 1,7 ) - 48; %对应 S=111 的 E
```

运行结果：

```
e1 =
    0    0    0    0    0    0    1
    0    0    0    1    0    1    0
    0    0    1    0    1    1    1
    0    0    1    1    1    0    0
    0    1    0    0    1    1    0
    0    1    0    1    1    0    1
    0    1    1    0    0    0    0
    0    1    1    1    0    1    1
    1    0    0    0    1    0    0
    1    0    0    1    1    1    1
```

1	0	1	0	0	1	0
1	0	1	1	0	0	1
1	1	0	0	0	1	1
1	1	0	1	0	0	0
1	1	1	0	1	0	1
1	1	1	1	1	1	0

表明对应校验子 $\boldsymbol{S}_1=001$ 的 $\boldsymbol{E}$ 有上述 16 种可能的 $\boldsymbol{E}$ 都满足 $\boldsymbol{S}=\boldsymbol{H}\boldsymbol{E}^{\mathrm{T}}$ 的关系。

9.2.3　汉明码及其设计

汉明码是一类能纠正一个传输错误的线性分组码，若校验子的列数为 $n-k$，则校验子可以对应错误向量 $\boldsymbol{E}$ 的 2^{n-k} 种情况，错误向量 $\boldsymbol{E}$ 中为 1 的位置表示传输出现差错。当校验子的不同值分别对应一个位置出错情况时，所得到的线性分组码为汉明码。因此汉明码(n,k)满足关系 $n=2^{n-k}-1$，能纠正 1 个传输错误，其最小码距为 3。(n,k)汉明码的监督矩阵的 n 列正好是 $n-k$ 个比特的组合(全零除外)。

例如，(15,11)汉明码的监督矩阵为

$$\boldsymbol{H}=\begin{pmatrix}1&1&1&1&1&1&1&0&0&0&0&1&0&0&0\\1&1&1&1&0&0&0&1&1&1&0&0&1&0&0\\1&1&0&0&1&1&0&1&1&0&1&0&0&1&0\\1&0&1&0&1&0&1&1&0&1&1&0&0&0&1\end{pmatrix}$$

其中各列正好是 4 比特除全零外的全部组合，因此校验子 $\boldsymbol{S}=1111$(第一列)时，对应纠错位置为 a_{14}，校验子 $\boldsymbol{S}=1110$(第二列)时，对应纠错位置为 $a_{13}\cdots$。

9.3　循环码

循环码是一类特殊的线性分组码，它的特点是具有循环性，即任何许用码字的循环移位仍然是一个许用码字。循环码具有特殊的代数性质，这些性质有助于按照要求的纠错能力系统地构造这类码，并且简化译码算法。循环码还有易于实现的特点，很容易用带反馈的移位寄存器实现。因此，循环码在计算机系统和通信中得到广泛的应用。

1. 循环码的结构

为了用代数理论的方法研究循环码的特性，经常将循环码表示成码多项式的形式。

定义　码字 $C=(c_{n-1},c_{n-2},\cdots,c_0)$ 的码多项式如下：

$$c(x)=c_{n-1}x^{n-1}+c_{n-2}x^{n-2}+\cdots+c_1x+c_0 \tag{9-3}$$

其中,x、$c_i \in \{0,1\}$,求和为模 2 和。码字 $C=(c_{n-1},c_{n-2},\cdots,c_0)$ 的循环左移 i 位后的码字为

$$C^i=(c_{n-i-1},c_{n-i-2},\cdots,c_0,c_{n-1},\cdots,c_{n-i})$$

则

$$c^i(x)=c_{n-i-1}x^{n-1}+\cdots+c_0x^i+\cdots+c_{n-i} \tag{9-4}$$

可以证明

$$c^1(x)=xc(x) \quad \bmod (x^n+1)$$

证明

$$\begin{aligned} xc(x)&=c_{n-1}x^n+c_{n-2}x^{n-1}+\cdots+c_0x \\ &=c_{n-2}x^{n-1}+\cdots+c_0x+c_{n-1}+c_{n-1}(x^n+1) \end{aligned}$$

由于求和为模 2 和,因此 $c_{n-1}+c_{n-1}=0$ 。

可以推论得到

$$c^i(x)=x^ic(x) \quad \bmod (x^n+1)$$

根据代数理论,还可以证明如下结论。

定理一 (n,k)循环码具有唯一的生成多项式 $g(x)$,且 $g(x)$ 为该循环码中最低幂次的码字多项式,循环码中的其他码字可以表示成 $c(x)=I(x)g(x)$ 。

定理二 (n,k)循环码的生成多项式 $g(x)$ 是多项式 x^n+1 的因子,且幂次为 $n-k$。

根据上述结论,只要知道循环码的生成多项式 $g(x)$,就可以完全确定循环码的所有许用码组,因为循环码的所有的许用码组均是 $g(x)$ 的倍式。

2. 循环码的生成矩阵与监督矩阵

由于循环码的码字多项式是生成多项式 $g(x)$ 的倍式,且根据线性码的生成矩阵的特性,(n,k)码的生成矩阵可以由(n,k)码中 k 个不相关的码组构成。根据以上两点,可以挑选出 k 个线性不相关的循环码组的码多项式,如下所示。

(1) 非系统码的生成矩阵

$$\boldsymbol{G}(x)=\begin{pmatrix} x^{k-1}g(x) \\ x^{k-2}g(x) \\ \vdots \\ g(x) \end{pmatrix} \tag{9-5}$$

输入信息码元为$(m_{k-1}m_{k-2}\cdots m_0)$ 时,相应的输出循环码组多项式为

$$\begin{aligned} T(x)&=(m_{k-1}m_{k-2}\cdots m_0)G(x) \\ &=(m_{k-1}x^{k-1}+m_{k-2}x^{k-2}+\cdots+m_0)g(x) \\ &=M(x)g(x) \end{aligned}$$

[**例 9-4**] 已知(7,4)循环码的生成多项式为 $g(x)=x^3+x^2+1$,求生成矩阵。

解

$$G(x)=\begin{pmatrix} x^3(x^3+x^2+1) \\ x^2(x^3+x^2+1) \\ x(x^3+x^2+1) \\ x^3+x^2+1 \end{pmatrix}$$

所以

$$G=\begin{pmatrix} 1 & 1 & 0 & 1 & 0 & 0 & 0 \\ 0 & 1 & 1 & 0 & 1 & 0 & 0 \\ 0 & 0 & 1 & 1 & 0 & 1 & 0 \\ 0 & 0 & 0 & 1 & 1 & 0 & 1 \end{pmatrix}$$

如输入信息为(1001)时，编码输出为(1100101)。

(2) 系统码的生成矩阵

系统码定义为：(n,k)系统码的码组中前 k 个比特是信息比特，后 $n-k$ 个比特是监督位。若已知生成多项式为 $g(x)$，则在系统码中，许用码组应该具备如下形式：

$$\begin{aligned} T(x) &= m_{k-1}x^{n-1}+m_{k-2}x^{n-2}+\cdots+m_0x^{n-k}+r(x) \\ &= (m_{k-1}x^{k-1}+m_{k-2}x^{k-2}+\cdots+m_0)x^{n-k}+r(x) \\ &\equiv a(x)g(x) \end{aligned} \tag{9-6}$$

其中，$r(x)$ 的次数小于等于 $n-k-1$。实际上式表示了如何生成系统码，即将信息码多项式升 $n-k$ 次，然后以 $g(x)$ 为模，求出余式 $r(x)$ 即为相应的监督位。

[例 9-5] 求 $x^{15}+1$ 的所有因子，构造(15，4)的循环码的所有可能的生成多项式，挑选一个作为(15，4)的生成多项式，得到所有的许用码字。

解 分解

$$x^{15}+1=(x+1)(x^2+x+1)(x^4+x+1)(x^4+x^3+1)(x^4+x^3+x^2+x+1)$$

根据定理二，构造(15，4)的循环码的生成多项式可以有如下选择：

$$g_1(x)=(x+1)(x^2+x+1)(x^4+x+1)(x^4+x^3+1)$$

$$g_2(x)=(x+1)(x^2+x+1)(x^4+x+1)(x^4+x^3+x^2+x+1)$$

$$g_3(x)=(x+1)(x^2+x+1)(x^4+x^3+1)(x^4+x^3+x^2+x+1)$$

下面用 Matlab 求出所有的许用码字。

```
%循环码
clear all;
close all;
n = 15;
k = 4;
p = cyclpoly(n,k,'all'); %调用 Matlab 函数得到所有的生成多项式，p是升
                        %幂的格式
```

```
%编码
[H,G] = cyclgen( n,p(1,:) ); %产生 g1(x)对应的监督矩阵和生成矩阵
Msg = [0 0 0 0;0 0 0 1;0 0 1 0;0 0 1 1;0 1 0 0;0 1 0 1;0 1 1 0;0 1 1 1;
       1 0 0 0;1 0 0 1;1 0 1 0;1 0 1 1;1 1 0 0;1 1 0 1;1 1 1 0;1 1 1 1];
C = rem(Msg * G,2);
```

运行结果:

P=

```
 1  1  0  0  0  1  1  0  0  0  1  1
 1  0  0  1  1  0  1  0  1  1  1  1
 1  1  1  1  0  1  0  1  1  0  0  1
```

表明(15,4)可以有 3 种生成多项式,即(升幂形式)

$g_1(x)=1+x+x^5+x^6+x^{10}+x^{11}$

$g_2(x)=1+x^3+x^4+x^6+x^8+x^9+x^{10}+x^{11}$

$g_3(x)=1+x+x^2+x^3+x^5+x^7+x^8+x^{11}$

选择 $g_1(x)$得到的(15,4)循环码的所有需用码字如下(最后 4 位是信息位):

C=

```
 0  0  0  0  0  0  0  0  0  0  0  0  0  0  0
 1  0  0  0  1  1  0  0  0  1  1  0  0  0  1
 1  0  0  1  0  1  0  0  1  0  1  0  0  1  0
 0  0  0  1  1  0  0  0  1  1  0  0  0  1  1
 1  0  1  0  0  1  0  1  0  0  1  0  1  0  0
 0  0  1  0  1  0  0  1  0  1  0  0  1  0  1
 0  0  1  1  0  0  0  1  1  0  0  0  1  1  0
 1  0  1  1  1  1  0  1  1  1  1  0  1  1  1
 1  1  0  0  0  1  1  0  0  0  1  1  0  0  0
 0  1  0  0  1  0  1  0  0  1  0  1  0  0  1
 0  1  0  1  0  0  1  0  1  0  0  1  0  1  0
 1  1  0  1  1  1  1  0  1  1  1  1  0  1  1
 0  1  1  0  0  0  1  1  0  0  0  1  1  0  0
 1  1  1  0  1  1  1  1  0  1  1  1  1  0  1
 1  1  1  1  0  1  1  1  1  0  1  1  1  1  0
 0  1  1  1  1  0  1  1  1  1  0  1  1  1  1
```

3. 循环码的译码

设接收的码多项式为 $r(x)=c(x)+e(x)$，其中 $c(x)$ 是发送码字，$e(x)$ 是信道差错图样的多项式表示。如果 $e(x)=0$，接收码多项式无误，可以用 $s(x)=[r(x)]_{g(x)}$ 表示 $r(x)/g(x)$ 的余式来判断是否发生传输错误。根据定理一，所有的循环码多项式都能整除以生成多项式 $g(x)$，则 $s(x)=[r(x)]_{g(x)}=[e(x)]_{g(x)}$ 表明余式只与信道差错多项式有关。如果能通过 $s(x)$ 确定出 $e(x)$，也就找到了纠错译码的方法。下面以只纠一个错误的循环码为例说明循环码的纠错译码方法，发生一个误码时的误码多项式为

$$e_1(x)=x^{n-1}, s_1(x)=[x^{n-1}]_{g(x)}$$

$$e_2(x)=x^{n-2}, s_2(x)=[x^{n-1}]_{g(x)}$$

$$\cdots$$

通过计算可以得到不同的 $e(x)$ 对应的校验多项式 $s_i(x)$，然后根据 $s(x)=[r(x)]_{g(x)}$ 的值与 $s_i(x)$ 比较得到相应的 $e_i(x)$，则译码结果为 $d(x)=r(x)+e_i(x)$。由于只发生一个误码时的 $e_i(x)$ 具有循环性，因此上述纠错的过程可以通过循环移位的方式实现，因为

$$[x^{i-1}r(x)]_{g(x)}=[x^{i-1}e_i(x)]_{g(x)}=[e_1(x)]_{g(x)}$$

因此只需要将 $[r(x)]_{g(x)}, [xr(x)]_{g(x)}, \cdots, [x^{i-1}r(x)]_{g(x)}, \cdots, [x^{n-1}r(x)]_{g(x)}$ 与 $s_1(x)$ 进行比较，就可以知道在哪个位置上发生错误，上述的比较可以通过如下所示的循环移位除法器实现。

[例 9-6]　设(7,4)循环码的生成多项式为 $g(x)=x^3+x^2+1$。

(1) 画出该循环码的编码器电路；

(2) 画出该循环码的译码器电路；

(3) 用 Matlab 仿真该循环码在 BSC 信道下的性能。

解

(1) 根据公式(9-6)，系统循环码编码需要将信息多项式升幂后除以生成多项式 $g(x)$，得到的余式作为系统码的监督位。图 9-5 所示的除法器电路可以实现两个多项式的除法，除法器初始状态为 0，输入 a_{n-1} 与寄存器相加后乘以 b_{m-1}^{-1} 得到 $a_{n-1}b_{m-1}^{-1}$，再经过各支路加权后，各寄存器前的值分别为 $-a_{n-1}b_{m-1}^{-1}b_0, -a_{n-1}b_{m-1}^{-1}b_1, \cdots, -a_{n-1}b_{m-1}^{-1}b_{m-2}$，当下一个时钟到来时，寄存器的值为 $-a_{n-1}b_{m-1}^{-1}b_0, -a_{n-1}b_{m-1}^{-1}b_1, \cdots, -a_{n-1}b_{m-1}^{-1}b_{m-2}$(长除法第一步)；$a_{n-2}$ 输入时，寄存器的值加上 a_{n-2} 乘以 b_{m-1}^{-1} 得到 $(a_{n-2}-a_{n-1}b_{m-1}^{-1}b_{m-2})b_{m-1}^{-1}$，经过各支路加权后，各寄存器的值正好等于长除法第二步中的各项系数……如此反复运算 $n-m+1$ 次，寄存器中的值就是余式的各项系数(自左向右升幂形式)。

对于 $a_i, b_i \in \{0,1\}$ 的二进制除法而言，$-b_i^{-1}=b_j$，因此，(7,4)码的编码器电路可以

用如图 9-6 所示电路形式表示。

$$a_{n-1}b_{m-1}^{-1}\,x^{n-m}+(a_{n-2}-a_{n-1}b_{m-1}^{-1}b_{m-2})b_{m-1}^{-1}\,x^{n-1-m}$$

$$b_{m-1}x^{m-1}+b_{m-2}x^{m-2}+\cdots+b_0\,\big)\,a_{n-1}x^{n-1}+a_{n-2}x^{n-2}+\cdots+a_0$$

$$a_{n-1}x^{n-1}+a_{n-1}b_{m-1}^{-1}b_{m-2}x^{n-2}+\cdots+a_{n-1}b_{m-1}^{-1}\,b_0$$

$$(a_{n-2}-a_{n-1}b_{m-1}^{-1}\,b_{m-2})x^{n-2}+\cdots+(a_0-a_{n-1}b_{m-1}^{-1}\,b_0)$$

$$(a_{n-2}-a_{n-1}b_{m-1}^{-1}\,b_{m-2})x^{n-2}+\cdots+(a_{n-2}-a_{n-1}b_{m-1}^{-1}\,b_{m-2})b_{m-1}^{-1}b_0$$

$$\vdots$$

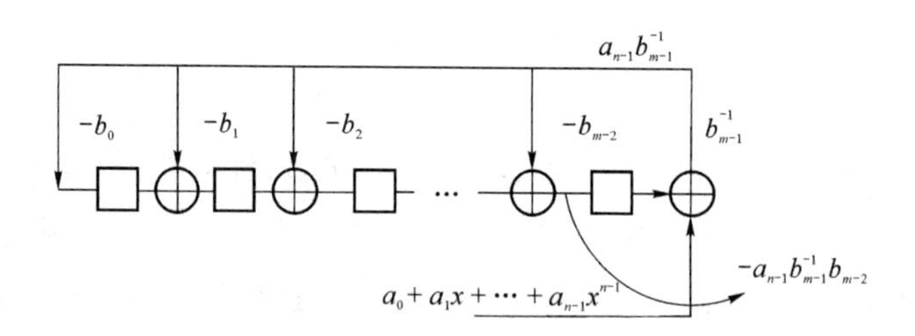

图 9-5　多项式除法的电路实现

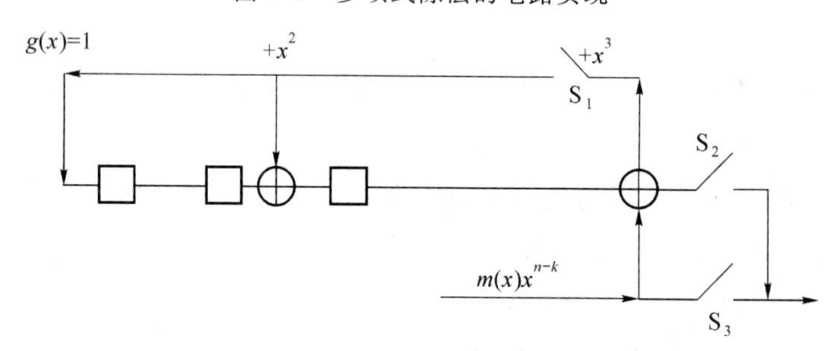

图 9-6　(7,4)循环码的编码器电路

当初始的 4 位信息位输入时,开关 S_3、S_1 闭合,S_2 断开,输出 4 位信息位;经过 4 次除法后寄存器中的值为 $m(x)x^{n-k}$除以 $g(x)$的余式,此时 S_1、S_3 断开,S_2 闭合,输出余式的系数作为循环码的监督位。

(2) 根据循环码的译码原理,可以先找到 $e(x)=x^6$ 除以 $g(x)=x^3+x^2+1$ 的余式为 $s_1(x)=x^2+x$,因此如果错误发生在最高位,$[r(x)]_{g(x)}=x^2+x$,可以构造如图 9-7 所示电路来纠正这个位置的错误。

初始状态 $s_0s_1s_2=000$,S_1 闭合,S_2、S_3 断开,当 r_0 刚进入缓冲器时,除法器中的寄存器结果为 $r(x)$除以 $g(x)$的余式,此时 S_1 断开,S_2、S_3 闭合,如果 $e(x)=x^6$,则此时 $s_0s_1s_2=011$,与门输出结果为 1,纠正缓冲器的输出 r_6;若 $e(x)\neq x^6$,则与门输出为 0,不修改缓冲器输出结果,并将 0 反馈给除法器,如果 $e(x)=x^5$,则反馈 0 后除法器中的余式相当于 $xr(x)$除以 $g(x)$后得到的余式,而 $xr(x)=xc(x)+xe(x)$,此时 $xe(x)=x^6$,因此其错误图样不变，可以使用相同的校验子检测逻辑；如此计算 7 次，将缓冲器中的比特逐个输出，得到译码后的结果。图 9-7 的译码电路需要 14 个码元间隔才能完成一次译码，当接收码字中只有一个错误发生时，可以被纠正。

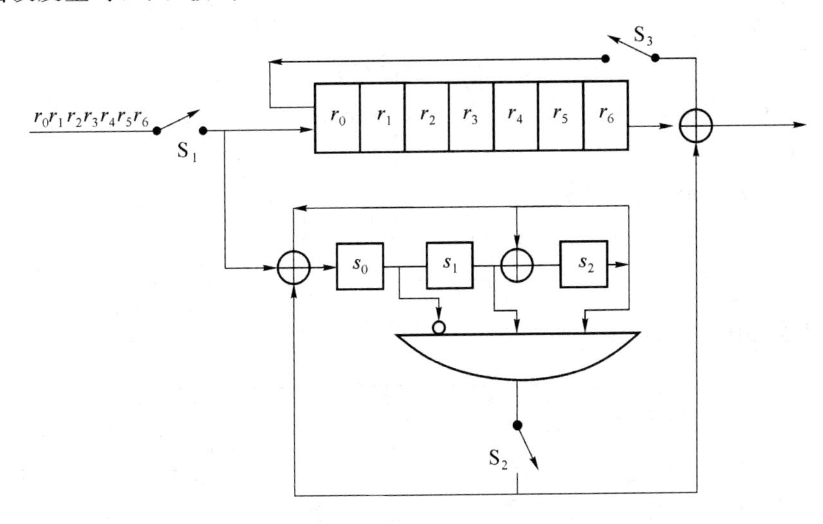

图 9-7　(7,4)循环码的译码器电路

(3) Matlab 提供了函数 encode，decode 来完成线性分组码、循环码的编码、译码，因此可以直接调用其提供的函数来仿真线性分组码在各种情况下的性能。

```
%(7,4)循环码的性能
clear all;
close all;
m = 0:-0.5:-3;
pe = 10.^m;

gx=[1 0 1 1]; %g(x)=1+x^2+x^3

%输入信息
MSG = ( sign(randn(100000,4)) +1 )/2;
%循环码编码
d = encode(MSG,7,4,'cyclic',gx);
%d1=reshape(d',1,7*100000);

for k=1:length(pe)
```

```
    %产生随机差错的信道
    e = rand(100000,7)< pe(k);
    d2 = rem(d+e,2);
    %译码
    d3 = decode(d2,7,4,'cyclic',gx);
    error(k) = sum( sum(abs(d3-MSGs)) );
end
loglog(pe,error/400000);
xlabel('信道误码率');ylabel('译码后误码率');
```

运行结果如图 9-8 所示。

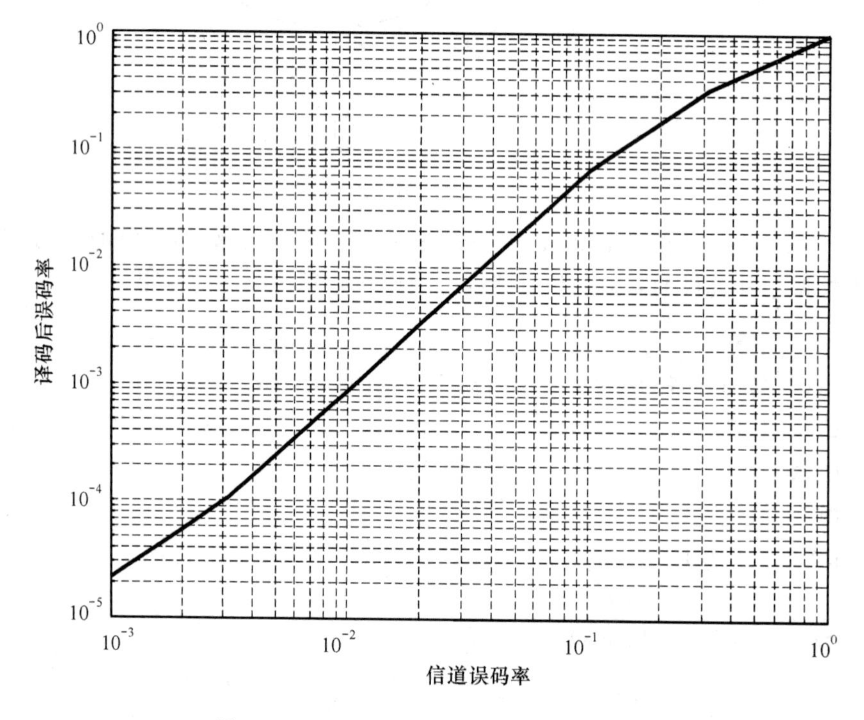

图 9-8 (7,4)循环码在 BSC 信道下的性能

9.4 卷积码

与分组码不同,卷积码是一种前后有记忆编码方法,它也将 k 个信息比特编成 n 个比

特，但卷积码编码后的 n 个比特不仅与当前 k 个信息比特有关，还与前面的 $(N-1)k$ 个信息有关，编码过程中互相关联的比特个数为 Nk。卷积码的纠错能力随 N 的增加而增大，N 称为卷积码的约束深度（记忆深度），通常可记为 (n,k,N)，表示码率为 $R=k/n$、约束长度为 N 的卷积码。

9.4.1　卷积码的编码

以生成多项式为(7,5)的(2,1,3)卷积码为例说明卷积码的编码方法，如图 9-9 所示，令 $g_1=(g_{10}g_{11}g_{12})=(111)=(7)_8$，$g_2=(g_{20}g_{21}g_{22})=(101)=(5)_8$，则(7,5)表示有两个输出，第一个输出由 $g_1=(7)_8$ 与输入序列决定，第二个输出由 $g_2=(5)_8$ 与输入序列决定，其中 $(x)_8$ 表示 x 为八进制表示，称 g_1，g_2 为卷积码的生成多项式。卷积码可以有多个生成多项式，图中所示为编码率 1/2 的卷积码。

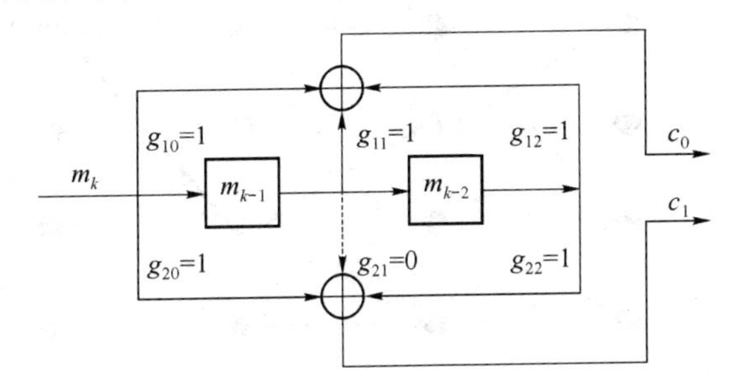

图 9-9　生成多项式为(7,5)的(2,1,3)卷积码的结构

由图 9-9 可知，

$$c_0(k)=\sum_{i=0}^{2}m_{k-i}g_{1i}\quad c_1(k)=\sum_{i=0}^{2}m_{k-i}g_{2i}$$

因此，输出序列是输入序列与生成多项式序列的卷积结果。

卷积码的编码可以看成是一个有限状态机，因此图 9-9 中的卷积码可以用如图 9-10 所示的状态转移图表示，图中 yy/x 表示输入为 x 时的输出。卷积码的编码可以视为输入序列在状态图中进行状态转移时的路径输出。为了看得更清楚些，将状态转移图展开成如图 9-11 所示的网格图，可以看到输入序列在网格图上形成编码路径，路径的输出即为卷积码的编码输出。例如，初始状态为 a 时，输入为 101，则状态转移为 $a\rightarrow b\rightarrow c\rightarrow a$，路径的输出 111011 即为编码输出。实际应用中，在输入信息比特后添加若干比特使编码的路径状态回到起始状态（一般为全 0 状态），这些添加的比特称为尾比特。

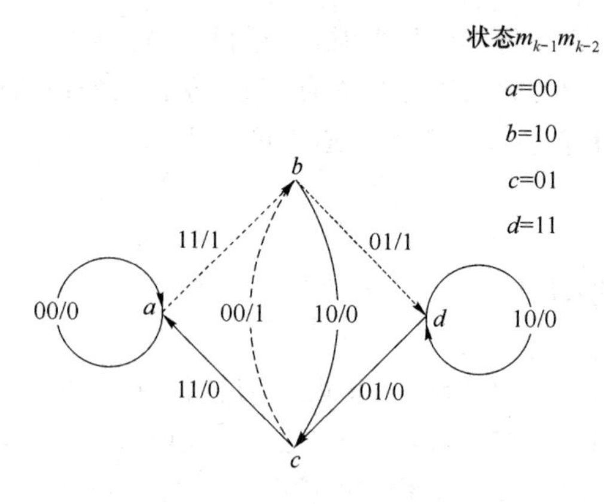

图 9-10 (7,5)卷积码的状态转移图

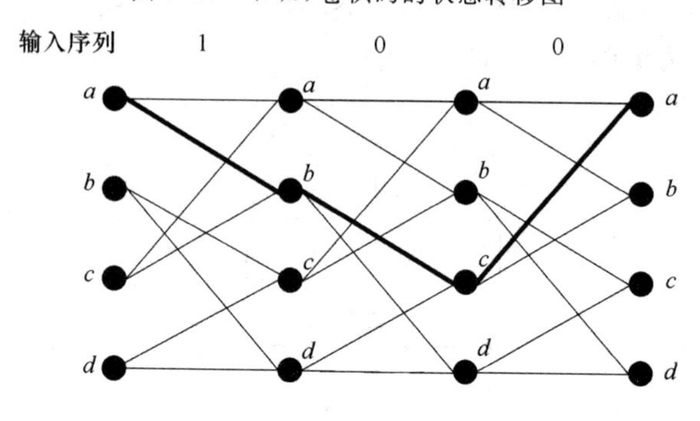

图 9-11 (7,5)卷积码的网格图

*9.4.2 卷积码的传输函数

卷积码也是线性码,输出码的最小码重决定了卷积码的最小码距。计算卷积码的码距特性可以通过考察卷积码的传输函数来得到,并且通过传输函数还可以估计卷积码的性能。下面以(7,5)卷积码的状态图为例说明如何计算卷积码的传输函数。

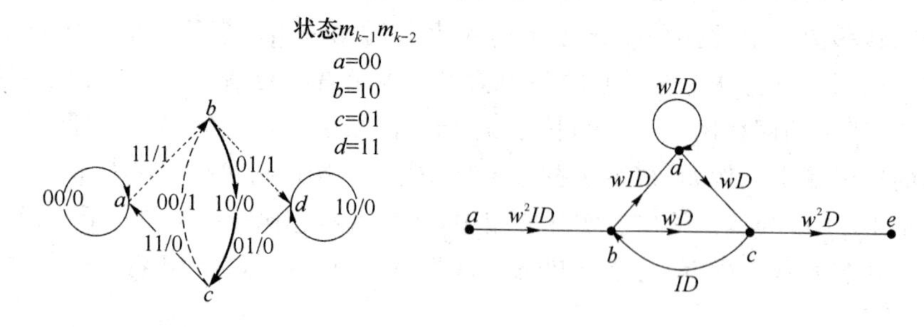

图 9-12 (7,5)卷积码的传输函数

因为在状态 a 输入为 0 时，对输出编码的码重没有影响，因此可以将状态 a 打开，如图 9-12 所示，节点 a 打开后变成节点 a 和 e。图中用 w 的幂次表示该支路输出的码重，I 的幂次表示输入信息码重，D 的幂次表示经过的支路数。

令 $X(a)$表示 a 状态下的状态值，则

$X_b = w^2 IDX_a + IDX_c$

$X_c = wDX_b + wDX_d$

$X_d = wIDX_b + wIDX_d$

$X_e = w^2 DX_c$

由上解得

$$\begin{aligned} X_e &= \frac{w^5 ID^3}{1 - wID - wID^2} X_a \\ &= w^5 ID^3 [1 + wID(1+D) + w^2 I^2 D^2 (1+D)^2 + \cdots] X_a \end{aligned}$$

系统传输函数为

$$T(w,I,D) = X_e / X_a = w^5 ID^3 [1 + wID(1+D) + w^2 I^2 D^2 (1+D)^2 + \cdots]$$

由传输函数可以看到，w 的最小次幂为 5，即输出码的最小码距为 5，一般称卷积码的最小码距为自由距 d_{free}。从系统传输函数可以看出最小码距项只有 1 项，即码距相差为 5 的最短路径只有 1 条，且该路径与原路径之间的输入信息码码距为 1，必经过 3 次状态转移；w^6 的项有 2 项，即意味着与原路径码距相差为 6 的路径有两条，且该路径与原路径间的输入信息码距为 2，其中一条经过 4 次状态转移，一条经过 5 次状态转移。

9.4.3　卷积码的译码

1. 最大似然序列译码

假设信道是无记忆的(即前后符号的概率分布是统计独立的)，发送的序列为 $X_m = (x_{m1}, x_{m2}, \cdots, x_{mN})$，接收序列为 $Y = (y_1, y_2, \cdots, y_N)$，则已知接收序列 $Y = (y_1, y_2, \cdots, y_N)$ 的情况下，如何最佳判决输入的序列？

设调制方式为 2PSK，信道噪声为加性高斯白噪声，其双边噪声功率谱密度为 $N_0/2$，发送序列为等概的＋1、－1 序列，经过最佳接收后接收序列

$$y_i = x_{mi} + z_i \quad i = 1, 2, \cdots, N$$

其中 z_i 是均值为 0、方差为$\frac{N_0}{2}$的高斯变量，则发送序列的似然函数为

$$\begin{aligned} f(y_1, y_2, \cdots, y_N \mid x_{m1}, x_{m2}, \cdots, x_{mN}) &= \frac{1}{(N_0 \pi)^{N/2}} \prod_{i=1}^{N} \mathrm{e}^{-\frac{(y_i - x_{mi})^2}{N_0}} \\ &= \frac{1}{(N_0 \pi)^{N/2}} \mathrm{e}^{-\frac{1}{N_0} \sum_{i=1}^{N} (y_i - x_{mi})^2} \end{aligned} \quad (9\text{-}7)$$

根据最大似然准则,选择具有最大似然概率的输入序列作为判决结果是最佳判决,由式(9-7)可见,比较似然函数的大小就是比较 $\sum_{i=1}^{N}(y_i - x_i)^2$ 的大小。

令 $D_m = \sum_{i=1}^{N}(y_i - x_{mi})^2$,选择使 D_m 最小的序列 $\boldsymbol{X}_m = (x_{m1}, x_{m2}, \cdots, x_{mN})$ 作为判决输出,能使系统的性能最佳(误码率最小),称 D_m 为序列 X_m 与 Y 的距离度量。

(1) 硬判决

当 2PSK 的解调端输出的符号经过判决输出 0、1,然后再经过译码的形式,称这样的译码为硬判决译码,即编码信道的输出是 0、1 的硬判决信息。可以看到,硬判决的最大似然译码实际上是寻找与接收序列汉明距最小的输入序列。当 y_i、x_{mi} 取值为 0、1 时,$D_m = \sum_{i=1}^{N}(y_i - x_{mi})^2$ 与序列 $(y_1, y_2, \cdots, y_N)$ 和序列 $(x_{m1}, x_{m2}, \cdots, x_{mN})$ 的汉明距成正比。

(2) 软判决

当 2PSK 的解调端输出的符号没有经过判决,而是直接输出模拟量或经过大于 2 电平的量化器,然后经过译码的形式,称这样的译码为软判决译码,即编码信道的输出是没有经过判决的匹配滤波器的输出。可以看到,软判决的最大似然译码实际上是寻找与接收序列欧氏距离最小的输入序列。一般而言,由于硬判决在译码前被判决了一次,信息有所损失,软判决比硬判决的性能要好 1～2 dB。

(3) 维特比(Viterbi)译码算法

假设输入$(d_1, d_2, \cdots, d_M)$,经过编码后,编码后的输出 $X' = (x'_1, x'_2, \cdots, x'_N)$ 经过信道后在输出端得到序列 $Y = (y_1, y_2, \cdots, y_N)$,由于噪声的影响 $X' \neq Y$。由于输入 $(d_1, d_2, \cdots, d_M)$ 共有 2^M 种组合,因此 X' 序列有 2^M 种,译码的任务就是从这 2^M 种序列中挑出与序列 Y 距离最小的序列,该序列在卷积码的格形图上形成一条路径,对应该路径的输入信息比特就是最终要译码输出的信息。因此可以通过计算 2^M 个距离来确定译码输出,但当 M 很大时,这种方法的计算量要求很大。维特比算法通过在网格图上的比较和筛选,提前抛弃一些不可能路径,使计算的复杂度大大降低。

对于(7,5)卷积码,从格形图上看,每个状态都有两条路径进入,当两条路径在某个时刻会聚于同一状态时,由这两条路径继续延伸的路径只与该状态有关,与该状态前的路径无关,则这两条路径与接收序列的距离大小只取决于该状态前的路径距离大小,因此如果选择进入该状态时路径距离较小的路径作为保留路径,舍弃其他路径,不会影响寻找最小距离路径。这样,从每个网格状态出发的路径经过选择后只有 1 条,当上述译码操作执行到一定长度后,可以通过比较各网格状态上的路径距离度量,选择最小距离度量的路径作为输出路径。

设卷积码的状态数为 v,在时刻 k 各状态的计算如下:

$$S_k^j = \min\left(S_{k-1}^{f(j,0)} + \delta_{k-1}^{f(j,0)}, S_{k-1}^{f(j,1)} + \delta_{k-1}^{f(j,1)}\right) \quad (j = 1, 2, \cdots, 2^v; k = 1, 2, \cdots, N)$$

其中,S_k^j 表示 k 时刻,状态 j 的保留路径与接收序列的距离度量;$f(j,0)$ 表示输入为 0,

且到达状态 j 的前一状态；$f(j,1)$ 表示输入为 1，且到达状态 j 的前一状态；$\delta_{k-1}^{f(j,0)}$ 表示状态 $f(j,0)$ 到达状态 j 的支路输出与接收信号的距离；$\delta_{k-1}^{f(j,1)}$ 表示状态 $f(j,1)$ 到达状态 j 的支路输出与接收信号的距离度量。

用 P_k^j 表示在 k 时刻，状态 j 上的保留路径，在每个时刻 P_k^j 被刷新一次。当译码执行到一定长度时，就可以比较 $S_k^j(j=1,2,\cdots,2^v)$，并且选择具有最小 S_k^j 的状态 m，输出相应路径 P_k^m 所对应的输入。

［**例 9-7**］　下面以 $g_1=7$，$g_2=5$ 的卷积码为例说明维特比译码算法。

假设输入为 110111100，编码输出为 11 01 01 00 01 10 10 01 11，假设经过信道后接收序列为 1 0 01 01 10 01 10 10 01 11，其中发生两个误码（标下划线的）。

设卷积码的编码的初始状态为 a。

当 $k=1$ 时，输入第 1 比特，有 2 条可能路径：

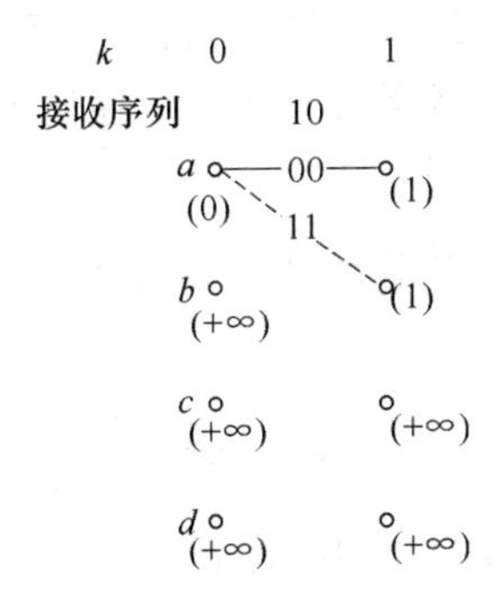

$S_0^a=0$，　$S_0^b=\infty$，　$S_0^c=\infty$，　$S_0^d=\infty$

$S_1^a=1$，　$S_1^b=1$，　$S_1^c=\infty$，　$S_0^d=\infty$

$P_1^a=0$，　$P_1^b=1$，　$P_1^c=\infty$，　$P_1^d=\infty$

当 $k=2$ 时，有 4 条可能路径：

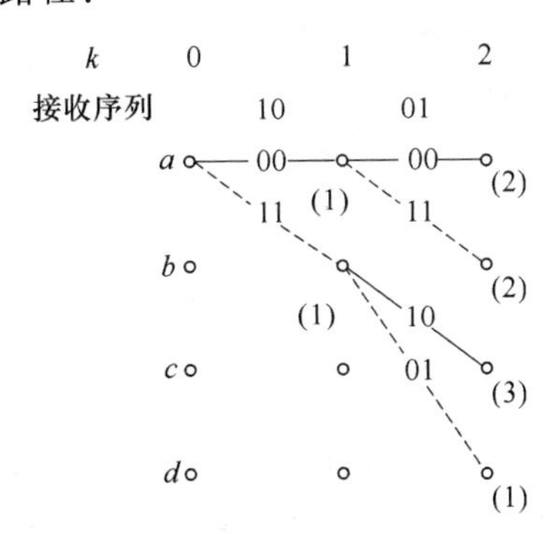

$S_2^a=2,S_2^b=2,S_2^c=3,S_2^d=1$

$P_2^a=00,P_2^b=01,P_2^c=10,P_2^d=11$

当 $k=3$ 时,有 8 条可能路径,经过选择后,剩下 4 条剩余路径,如下:

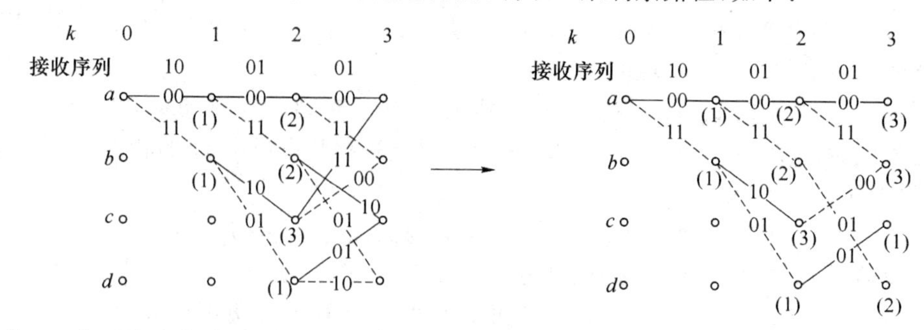

$S_3^a=\min(S_2^a+1,S_2^c+1)=3$, $S_3^b=\min(S_2^a+1,S_2^c+1)=3$, $S_3^c=1,S_3^d=2$

$P_3^a=000,P_3^b=001,P_3^c=110,P_3^d=011$

当 $k=4$ 时,有 8 条可能路径,经过选择后,剩下 4 条剩余路径……

当译码到一定长度时,比较各状态的 S_n^j 值,选择最小的路径输出 P_n^m。

2. 卷积码的性能

如果译码出现差错时,卷积译码器输出错误序列,当采用 2PSK 时,卷积码的性能上界可以由下式计算[5]:

$$P_e < \sum_{w=d_{\text{free}}}^{\infty} A(w)Q\left(\sqrt{\frac{2E_b wR}{N_0}}\right)$$

这里,$A(w)$ 是输出码距为 w 的序列个数,即卷积码传输函数中 w 幂次相同项的个数。

[例 9-8] 仿真(7,5)卷积码在 AWGN 信道下,BPSK 调制时的性能。

解 Matlab 提供了卷积码的编码和 Viterbi 译码的函数,可以利用它来进行编译码,或者根据上述的原理编写自己的编码和译码程序。Matlab 中与卷积码相关的函数为:poly2trellis, convenc, vitdec。以下程序采用了软判决译码方式。

```
%卷积码的性能,(7,5), R=1/2
clear all;
close all;
R=1/2;
EbN0dB = 0:6;
%BPSK 调制
EsN0dB = EbN0dB + 10*log10(R);
N0 = 10.^(-EsN0dB/10);    %求 AWGN 信道的单边功率谱密度
sigma = sqrt(N0/2);

%卷积码的结构
```

```
trellis = poly2trellis(3,[7,5]);
error = zeros(1,length(N0));
for k=1:length(N0)
    n = 0;
    while n<100              %每个信噪比下,仿真帧长=1 000
        %信源产生
        d1 = (sign(randn(1,1000))+1)/2;
        d = [d1 zeros(1,2)]; %添加尾比特使编码后状态归 0
        %卷码编码
        s = convencoder(d,trellis);
        %BPSK 经过 AWGN 信道
        r = (2*s-1) + sigma(k)*randn(1,length(s));
        %译码
        dd = viterbi(r,trellis);
        %误码计数
        error(k) = error(k) + sum( abs( dd(1:length(d1)) - d1) )
        n = n+1; %计数仿了多少帧
    end
    ber(k) = error(k)/(n*1000);
end
semilogy(EbN0dB,ber);
```

```
function [out] = convencoder(din,trellis)
    %卷积码编码器
    %输入:din {0,1}序列码流
    %      trellis Matlab 格式网格结构(可以用 poly2trellis 获得)
    %初态为 0
    curState = 0;
    for k=1:length(din)
        d(k) = trellis.outputs( curState+1,din(k)+1 );
        curState = trellis.nextStates( curState+1, din(k)+1 );
    end

    N = floor( log2(trellis.numOutputSymbols) );
```

```
    out = dec2bin(d,N) - 48;
    out = reshape(out',1,N * length(din));
```

```
function [out] = viterbi(r,trellis)
    %软判决译码方式,2PSK,有尾比特归 0
    N = log2(trellis.numOutputSymbols);
    L = length(r)/N;
    numStates = trellis.numStates;
    numInputs = trellis.numInputSymbols;
    cur_metric= zeros(1,numStates) + Inf;
    cur_metric(1) = 0;
    next_metric = - ones(1,numStates);
    path = zeros(numStates,L);
    sur_path = zeros(numStates,L);
    for k=1:L                              %译码时刻
        for st = 1:numStates               %状态
            for i=0:numInputs - 1          %输入
                dout = dec2bin( trellis.outputs(st,i+1),N ) - 48;
                dout = 2 * dout - 1;
                %计算距离度量 s
                dist = sum( (r((k-1) * N+1:k * N) - dout ).^2 );
                nextState = trellis.nextStates(st,i+1) +1;
                x = cur_metric(st) + dist;

                if next_metric(nextState)<0 %判断下一状态是否新写入?
                    next_metric(nextState) = x;
                    sur_path(nextState,1:k) = [path(st,1:k-1) i];
                else
                    if x < next_metric(nextState) %比较,输入支路的度量
                      next_metric(nextState) = x;
                      sur_path(nextState,1:k) = [path(st,1:k-1) i];
                    end
                end
            end
```

```
        end
        cur_metric = next_metric;
        next_metric = -ones(1,numStates);
        path = sur_path;
    end
    out = path(1,:);
```

图 9-13 示意了(7,5)卷积码在 AWGN 信道下的仿真性能。

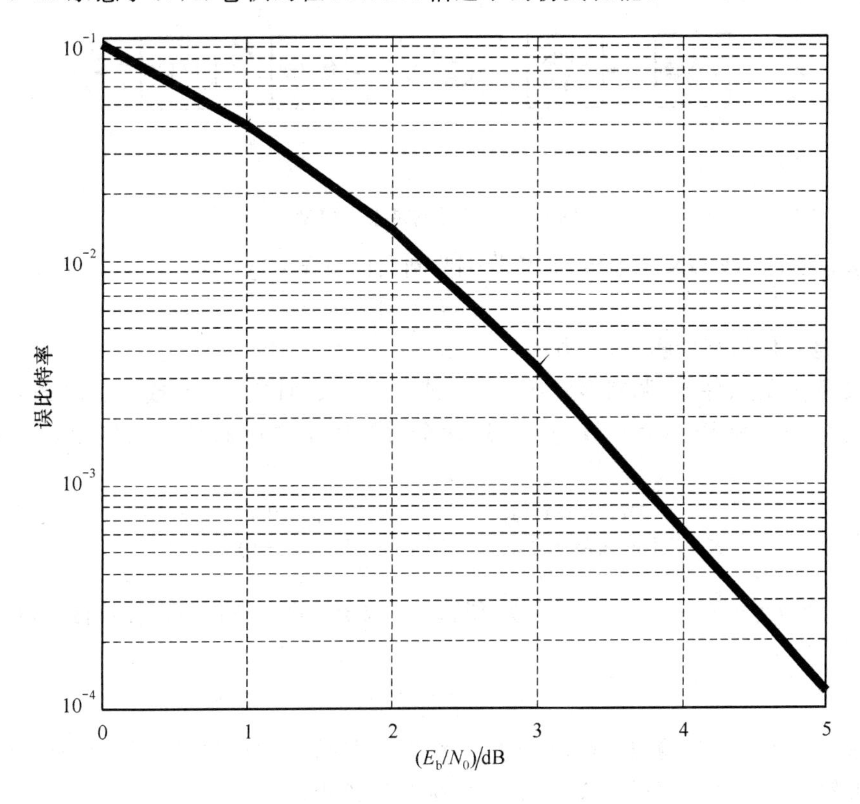

图 9-13　AWGN 信道下(7,5)卷积码的性能

*9.5　Turbo 码

C. Berrou 等人于 1993 年提出的 Turbo 码是一种能接近香农极限的好码。本节介绍 Turbo 码的仿真实现。

9.5.1 系统模型

考虑图 9-14 所示的等效基带系统模型。L 个比特 $\boldsymbol{b}=(b_1,\cdots,b_L)$经过 Turbo 码编码器后成为码字 $\boldsymbol{c}=(c_1, c_2, \cdots, c_N)$。等效基带系统模型中,可以认为 BPSK 调制将二进制向量 $\boldsymbol{c}$ 映射为实数向量 $\boldsymbol{x}=(x_1,x_2,\cdots,x_N)$,其中

$$x_i=(-1)^{c_i},\ i=1,2,\cdots,N \tag{9-8}$$

即二进制 0 映射为实数+1,二进制 1 映射为实数-1。

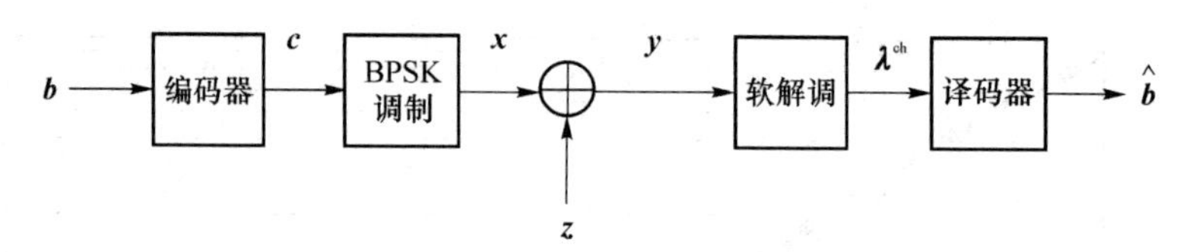

图 9-14 等效基带系统模型

向量 $\boldsymbol{x}$ 通过 AWGN 信道传输,接收端收到实向量 $\boldsymbol{y}=(y_1,y_2,\cdots,y_N)$,其中

$$y_i=x_i+z_i,\ i=1,2,\cdots,N, \tag{9-9}$$

式中的 z_i 是零均值高斯噪声,其方差为 σ^2。

在收到 y_i 的条件下,调制器发送 $x_i=1$ 或 $x_i=-1$(对应 $c_i=0$ 或 $c_i=1$)的后验概率是 $\Pr\{x_i=1|y_i\}$和 $\Pr\{x_i=-1|y_i\}$。这两个后验概率之比的对数值称为 c_i 的信道软信息:

$$\lambda_i^{\mathrm{ch}}=\ln\frac{\Pr\{x_i=1|y_i\}}{\Pr\{x_i=-1|y_i\}}=\ln\frac{\Pr(y_i|x_i=1)p(x_i=1)}{\Pr(y_i|x_i=-1)p(x_i=1)} \tag{9-10}$$

这里 $\Pr(y_i|x_i)=\dfrac{1}{\sqrt{2\pi\sigma^2}}\mathrm{e}^{-\frac{(y_i-x_i)^2}{2\sigma^2}}$,一般情况下 x_i 取±1 的概率相同,此时可以推出

$$\lambda_i^{\mathrm{ch}}=\frac{2}{\sigma^2}y_i \tag{9-11}$$

如果一个解调器的输出是星座点或者比特的判决值,这样的解调称为硬解调。如果解调器的输出是式(9-10)所定义的软信息,称为软解调。

先验等概的情况下,符合 MAP 准则的 BPSK 硬解调等价于 ML 判决,也等价于按接收信号的极性来判决:

$$\hat{x}_i=\mathrm{sgn}(y_i)=\mathrm{sgn}(\lambda_i^{\mathrm{ch}}) \tag{9-12}$$

上式也可以等价地写成

$$\hat{c}_i=\frac{1}{2}[1-\mathrm{sign}(\lambda_i^{\mathrm{ch}})] \tag{9-13}$$

上式表明根据软信息可以给出硬判决。软解调的输出包含的信息比硬解调更多:已知 λ_i^{ch} 可以得知 $\hat{x}_i$,但已知 $\hat{x}_i$ 不能得知 λ_i^{ch}。因此在现代的通信系统中,接收端一般采用软解

调，译码器以软信息 $\boldsymbol{\lambda}^{\mathrm{ch}}=(\lambda_i^{\mathrm{ch}},\cdots,\lambda_N^{\mathrm{ch}})$ 为输入进行译码。

9.5.2　编码

Turbo 码有多种形式，图 9-15 示出了一种称为“并行级联”的 Turbo 码编码器。

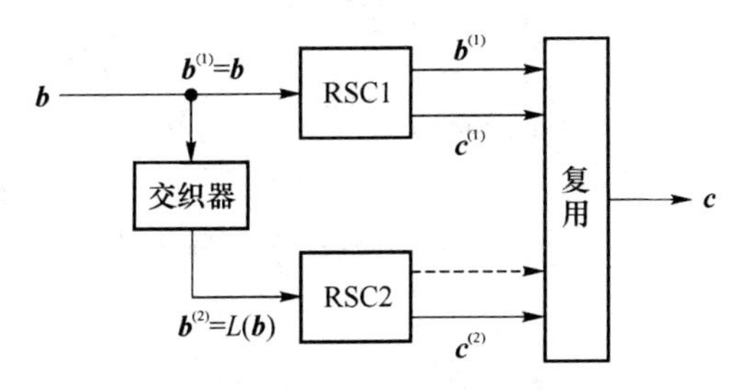

图 9-15　并行级联 Turbo 码的编码器

1. RSC 编码器

图 9-15 中的 RSC 指递归系统卷积(Recursive Systematic Convolutional)。图 9-16 示出了一个编码率为 1/2 的 RSC 编码。它是在普通卷积码的基础上增加了反馈，“递归”指的就是这个反馈。编码器输入 L 个比特 $\boldsymbol{b}^{(m)}=(b_1^{(m)},\cdots,b_L^{(m)})$，其中 $m=1,2$ 对应图 9-15中的 RSC1 和 RSC2。编码器输出有两路共 $2L$ 个比特，一路是原来的输入比特 $\boldsymbol{b}^{(m)}$，另外一路是编码器产生的校验比特 $\boldsymbol{c}^{(m)}=(c_1^{(m)},\cdots,c_L^{(m)})$。由于信息位直接出现在编码输出端，因此该码是系统码。

和普通的卷积码一样，也可以通过状态转移图来描述 RSC。对于图 9-16 中的 RSC，定义 k 时刻的状态为 $\boldsymbol{s}_k=(a_k,a_{k-1},a_{k-2})$，则状态转移图为图 9-17。图中一共有 8 个状态，16 条状态转移支路。图中的实线、虚线支路分别表示编码器输入是 $b_k^{(m)}=0$、1。支路旁边标注的两位二进制数字表示该支路对应的编码输出 $b_k^{(m)}c_k^{(m)}$。

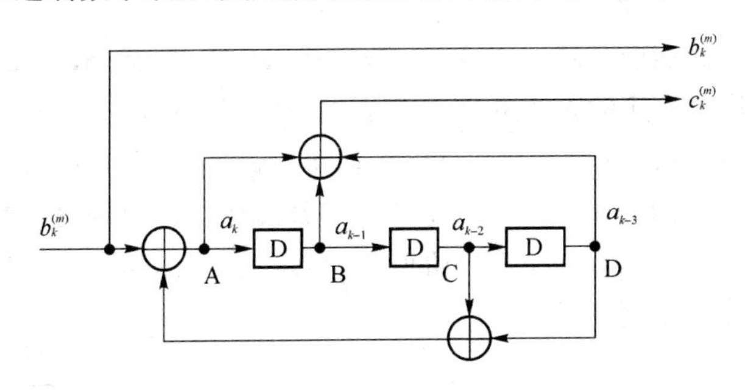

图 9-16　RSC 编码器

根据图 9-16，每次输入一个比特 $b_k^{(m)}$ 之后，状态将从 $\boldsymbol{s}_{k-1}=(a_{k-1},a_{k-2},a_{k-3})$ 变成 $\boldsymbol{s}_k=(a_k,a_{k-1},a_{k-2})$。对照图 9-17 来看，就是先将 A、B、C 处的值右移到 B、C、D 处，然后

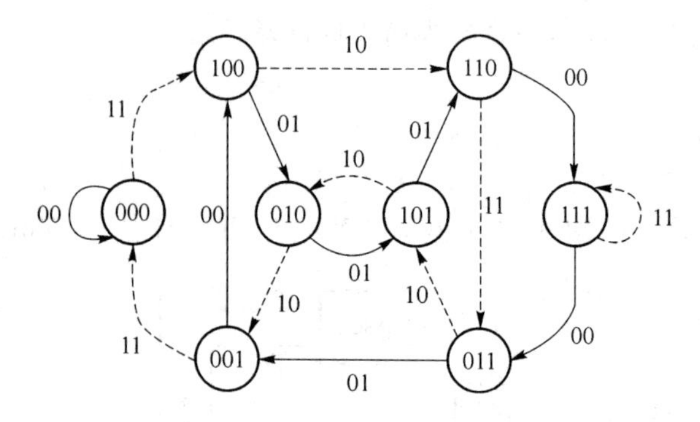

图 9-17　RSC 编码器的状态转移图

将 A 处的值更新为

$$a_k = b_k^{(m)} + a_{k-2} + a_{k-3} \tag{9-14}$$

与此同时,编码器输出的校验比特是

$$c_k^{(m)} = a_k + a_{k-1} + a_{k-3} \tag{9-15}$$

编码器的初始状态 $\boldsymbol{s}_0$ 一般是全零状态,即 $\boldsymbol{s}_0=(0,0,0)$。输入 L 个比特后,最终状态 $\boldsymbol{s}_L=(a_L, a_{L-1}, a_{L-2})$ 可以是图 9-17 中的任何一个状态。在 RSC 的设计中,关于最终状态一般有两个选项:开放或闭合。所谓"开放"就是不加干涉,最终状态由输入比特的内容自然形成。而"闭合"是有意让最终状态回零,即 $\boldsymbol{s}_L=(0,0,0)$,这样能少许改善译码性能。如欲选择闭合,编码器输入的最后 3 个比特必须取特定的值。根据图 9-16 可知,因为

$$a_k = b_k^{(m)} + a_{k-3} + a_{k-4} = 0,\ k = L-2,\ L-1,\ L \tag{9-16}$$

所以

$$b_k^{(m)} = a_{k-3} + a_{k-4},\ k = L-2,\ L-1,\ L$$

这 3 个比特 $b_{L-2}^{(m)}, b_{L-1}^{(m)}, b_L^{(m)}$ 称为尾比特。注意对 RSC 来说,式中的 a_{k-3}, a_{k-4} 与过去的输入有关,因此改变 $b_1^{(1)}, \cdots, b_{L-3}^{(1)}$ 中的任何一个比特都有可能改变尾比特。扣除尾比特之后,图 9-16 中 RSC 编码的实际编码率是 $(L-3)/(2L)=1/2-3/(2L)$。一般 L 比较大,因此仍然称其编码率为 1/2。

下面给出了 RSC 编码的 Matlab 程序。函数[c,b] = rsc(b,endstate)的输入中,b 是长为 L 的数组,代表前述的 $\boldsymbol{b}^{(m)}$;endstate 表示编码器最终状态是否归零。函数输出是两个长为 L 的数组 c 和 b,其中 c 代表 $\boldsymbol{c}^{(m)}$。如果 endstate=1,输出的 b 等于输入的 b。如果 endstate=0,输入的 b 中的最后 3 个比特将被编码器产生的尾比特覆盖。程序中的数组 a 代表 $(a_k, a_{k-1}, a_{k-2}, a_{k-3})$,其初始值是全零。如果 endstate=0,则程序的最后 3 步需要按式(9-16)来确定尾比特。

```
function [c,b] = rsc(b,endstate)

L = length(b);
```

```
c = zeros(1,L);
a = zeros(1,4); % 数组 a 的四个元素代表 ak,ak-1,ak-2,ak-3

if endstate~=0 %最终状态开放
    for k = 1:L
        a = [0,a(1:3)]; % 寄存器移位
        a(1) = rem(b(k) + a(3) + a(4),2); %式(9-14)
        c(k) = rem(a(1) + a(2) + a(4),2); %式(9-15)
    end
else %最终状态闭合
    for k = 1:L-3 % 前 L-3 步与前面一样
        a = [0,a(1:3)];
        a(1) = rem(b(k) + a(3) + a(4),2);
        c(k) = rem(a(1) + a(2) + a(4),2);
    end
    for k = L-2:L % 后 L-3 步确定尾比特
        a = [0,a(1:3)];
        b(k) = rem(a(3) + a(4),2);%式(9-16)
        c(k) = rem(a(2) + a(4),2); %式(9-15),但代表 ak 的 a(1)此时是 0
    end
end
```

2. 交织

图 9-15 中的交织器将输入比特 $\boldsymbol{b}=(b_1,b_2,\cdots,b_L)$的次序重新排列为 $\boldsymbol{b}^{(2)}=\mathscr{L}(\boldsymbol{b})=(b_{i_1},b_{i_2},\cdots,b_{i_L})$。例如,若 $L=5$,交织器的设计欲使顺序 1、2、3、4、5 变成 3、1、2、5、4,则

$$
\begin{aligned}
\boldsymbol{b}&=(b_1,b_2,b_3,b_4,b_5)\\
\boldsymbol{b}^{(2)}&=\mathscr{L}(\boldsymbol{b})=(b_3,b_1,b_2,b_5,b_4)\\
\mathscr{L}^{-1}(\boldsymbol{b}^{(2)})&=\boldsymbol{b}=(b_1,b_2,b_3,b_4,b_5)
\end{aligned}
\tag{9-17}
$$

其中 $\mathscr{L}^{-1}(\cdot)$表示反交织。

Turbo 码一般使用伪随机交织器。在 Matlab 仿真中,最简单的方法是用 randperm 来产生交织器。以下代码示意产生长度为 192 的随机交织器,intlv 是交织器的交织次序,a、b、c 是三个长为 L 的数组,其中 b 是 a 的交织,c 是 b 的反交织。

```
L = 192;
```

```
a=[1:L];
intlv=randperm(L); % 随机交织器
b=a(intlv);% 交织
c=zeros(1,L);
c(intlv)=b; %反交织
```

3. Turbo 码编码

在图 9-15 中,两个 RSC 编码一共有 4 路输出:两路系统位 $\boldsymbol{b}^{(1)}$,$\boldsymbol{b}^{(2)}$ 和两路校验位 $\boldsymbol{c}^{(1)}$,$\boldsymbol{c}^{(2)}$。第二个 RSC 编码器的系统位 $\boldsymbol{b}^{(2)}=\mathscr{L}(\boldsymbol{b}^{(1)})$是以不同的次序重复 $\boldsymbol{b}^{(1)}=\boldsymbol{b}$。根据编码理论,重复没有编码增益,故此 Turbo 的设计一般不用 $\boldsymbol{b}^{(2)}$。剩下的三路 $\boldsymbol{b}$,$\boldsymbol{c}^{(1)}$,$\boldsymbol{c}^{(2)}$ 复用为一路后形成一个长为 $3L$ 的码字 $\boldsymbol{c}=[\boldsymbol{b},\boldsymbol{c}^{(1)},\boldsymbol{c}^{(2)}]$。注意复用时的比特的次序可以任意,比如也可以排列成$[b_1,c_1^{(1)},c_1^{(2)},b_2,c_2^{(1)},c_2^{(2)},\cdots,b_L,c_L^{(1)},c_L^{(2)}]$或者其他任何次序。对于 AWGN 信道来说,这 $3L$ 个比特的发送次序不影响性能。

下面的程序实现 1/3 码率的 Turbo 编码。程序中的数组 b 是输入的信息比特,其长度是 $L=192$。

```
L=192;
b=rand(1,L)>0.5; %随机产生 L 个 1、0 等概的信息比特
[c1 b]=rsc(b,0);% 编码器结束状态闭合
intlv=randperm(L); % 随机交织器
b2=b(intlv);% 交织
c2=rsc(b2,1);%编码器结束状态开放
c=[b,c1,c2];%复用为一路
```

以上程序代码中,第一个 RSC 编码结束时状态回零,返回的 b 将原来 b 的最后 3 位替换为尾比特,数组 c1 是第一个 RSC 编码产生的校验比特,代表 $\boldsymbol{c}^{(1)}$。intlv 是一个伪随机的交织器,交织长度为 L。b 交织后成为 b2,代表 $\boldsymbol{b}^{(2)}=\mathscr{L}(\boldsymbol{b}^{(1)})$。注意 b 的最后 3 个比特要等到第一个 RSC 编码结束后才确定,因此交织操作也要等到 RSC 编码结束后执行。b2 送入第二个 RSC 进行编码,输出的数组 c2 是校验比特,代表 $\boldsymbol{c}^{(2)}$。注意第二个 rsc 函数调用时,输入 endstate 为 1,表示不要求编码器的状态回零。如果也像第一个编码那样让状态回零,将会修改 $\boldsymbol{b}^{(2)}$ 的最后 3 个比特,而这 3 个比特在 $\boldsymbol{b}^{(1)}$ 原本是有值的,经过修改后很难保证恰好 $\boldsymbol{b}^{(2)}=\mathscr{L}(\boldsymbol{b}^{(1)})$。如果再回过头去改掉 $\boldsymbol{b}^{(1)}$ 中原来的值,固然可以满足 $\boldsymbol{b}^{(2)}=\mathscr{L}(\boldsymbol{b}^{(1)})$,但不能保证第一个 RSC 的最终状态还是零,因为对 RSC 码来说,改变任何

一个比特都可能改变最终状态。因为这个原因,许多Turbo码的设计是让第一个RSC闭合,第二个RSC开放。

上述代码最终输出的Turbo码字中前192位是信息比特(含尾比特),后384比特是校验位,总体是一个(576,192)分组码。图9-16是一个线性系统,而图9-15中的交织、复用只涉及比特次序的排列,不改变线性特征。所谓线性特征是指叠加性:若信息分组$\boldsymbol{b}$的编码结果是码字$\boldsymbol{c}$,信息分组$\boldsymbol{b}'$的编码结果是码字$\boldsymbol{c}'$,则信息分组$\boldsymbol{b}+\boldsymbol{b}'$的编码结果是$\boldsymbol{c}+\boldsymbol{c}'$。由此可见,Turbo码属于线性分组码。

9.5.3　译码

1. MAP译码

信息比特$\boldsymbol{b}$编码为码字$\boldsymbol{c}$,经过BPSK调制后成为$\boldsymbol{x}$,通过信道叠加噪声后成为$\boldsymbol{y}$,再经过软解调后成为$\boldsymbol{\lambda}^{\mathrm{ch}}$。译码器的输入是$\boldsymbol{\lambda}^{\mathrm{ch}}$。译码器的目的是判断每个$b_i$是0还是1。为了使判断错误率最小,译码器的算法设计应符合MAP准则。

在接收到向量$\boldsymbol{\lambda}^{\mathrm{ch}}$的条件下,比特$b_k$的后验概率为$\Pr\{b_k=0|\boldsymbol{\lambda}^{\mathrm{ch}}\}$和$\Pr\{b_k=1|\boldsymbol{\lambda}^{\mathrm{ch}}\}$。MAP译码器根据后验概率的大小来进行判决,若$\Pr\{b_k=0|\boldsymbol{y}\}$比$\Pr\{b_k=1|\boldsymbol{y}\}$大,就判为$\hat{b}_k=0$,否则判为$\hat{b}_k=1$。

类似式(9-10),定义比特b_k的软信息为

$$\lambda_k=\ln\frac{\Pr\{b_k=0|\boldsymbol{\lambda}^{\mathrm{ch}}\}}{\Pr\{b_k=1|\boldsymbol{\lambda}^{\mathrm{ch}}\}} \tag{9-18}$$

则后验概率$\Pr\{b_k=0|\boldsymbol{\lambda}^{\mathrm{ch}}\}$大于或小于$\Pr\{b_k=1|\boldsymbol{\lambda}^{\mathrm{ch}}\}$等同于软信息$\lambda_k$是正还是负。因此MAP译码器的设计思路是:针对每个比特b_k计算出由式(9-18)定义的软信息λ_k,然后给出判决结果(硬判决)为

$$\hat{b}_k=\frac{1}{2}[1-\mathrm{sgn}(\lambda_k)] \tag{9-19}$$

式(9-18)中的软信息λ_k是向量$\boldsymbol{\lambda}^{\mathrm{ch}}$的函数:$\lambda_k(\boldsymbol{\lambda}^{\mathrm{ch}})$。实现MAP译码的关键是寻找出此函数的具体计算式,使我们能够通过编程(或通过硬件)来算出所有比特$b_1,\cdots,b_L$的软信息$\lambda_1(\boldsymbol{\lambda}^{\mathrm{ch}}),\cdots,\lambda_L(\boldsymbol{\lambda}^{\mathrm{ch}})$数值。

2. RSC的MAP译码

先来考虑RSC码的MAP译码问题。图9-15中的两个RSC完全相同,不妨考虑RSC1,其码字是$(\boldsymbol{b},\boldsymbol{c}^{(1)})$,经过BPSK调制和AWGN信道后成为$(\boldsymbol{y}^{(0)},\boldsymbol{y}^{(1)})$,其中$\boldsymbol{y}^{(0)}$,$\boldsymbol{y}^{(1)}$分别是与$\boldsymbol{b}$,$\boldsymbol{c}^{(1)}$对应的接收信号。经过软解调之后每个比特(包含系统位比特和校验比特)的信道软信息由式(9-11)给出,所有比特的信道软信息写成向量为$\boldsymbol{\lambda}^{\mathrm{ch}}=\left(\frac{2}{\sigma^2}\boldsymbol{y}^{(0)},\frac{2}{\sigma^2}\boldsymbol{y}^{(1)}\right)=(\boldsymbol{\lambda}^{\mathrm{s}},\boldsymbol{\lambda}^{\mathrm{p}})$,其中$\boldsymbol{\lambda}^{\mathrm{s}}$,$\boldsymbol{\lambda}^{\mathrm{p}}$分别是系统位和校验位的信道软信息。

针对 Turbo 译码的需要,还假设 RSC 译码器在译码之前已经能预先知道各个信息比特 b_k 的先验概率 $\Pr\{b_k=0\}$ 和 $\Pr(b_k=1)$。定义先验软信息为

$$\lambda_k^{a}=\ln\frac{\Pr\{b_k=0\}}{\Pr\{b_k=1\}} \tag{9-20}$$

考虑这一点之后,译码器的输入还包括 $\boldsymbol{\lambda}^{a}=(\lambda_1^{a},\cdots,\lambda_L^{a})$。译码输出写成函数形式是 $\lambda_k(\boldsymbol{\lambda}^{s},\boldsymbol{\lambda}^{p},\boldsymbol{\lambda}^{a})$。

在上述条件下,可以针对 RSC 码的 MAP 译码写出 $\lambda_k(\boldsymbol{\lambda}^{s},\boldsymbol{\lambda}^{p},\boldsymbol{\lambda}^{a})$ 的具体算式。由于推导比较烦琐,此处只给出结果。一种标准算法叫 log-MAP。本节给出其简化算法 Max-Log-MAP,它给出的是 λ_k 的近似值。

在 Max-Log-MAP 算法中,λ_k 的算式为

$$\lambda_k=\max_{I(i,j,0)=1}\{A_k(i,j,0)\}-\max_{I(i,j,1)=1}\{A_k(i,j,1)\} \tag{9-21}$$

其中 $k=1,2,\cdots,L$ 代表第 k 个比特,也对应状态转移图中的第 k 步或 RSC 编码器的第 k 时刻。i,j 是状态的编号,其取值按十进制是 0,1,…,7,按二进制是 000,001,…,111,见图 9-17。$I(i,j,m)$ 是一个示性函数,其中 $m\in\{0,1\}$。若图 9-17 的状态转移图中存在一个从状态 i 到状态 j 的虚线转移支路,则 $I(i,j,1)=1$,若存在一个从状态 i 到状态 j 的实线转移支路,则 $I(i,j,0)=1$,其他情况下 $I(i,j,m)=0$。

在时刻 k,针对图 9-17 的每条支路可以计算出一个 $A_k(i,j,m)$ 值,其中 i 是该支路的出发状态,j 是到达状态,m 是对应的编码器输入 b_k。图 9-17 中一共有 16 条支路,其中 8 条是实线(对应 $m=0$),8 条是虚线(对应 $m=1$)。式(9-21)中 $\max\limits_{I(i,j,0)=1}\{A_k(i,j,0)\}$ 的意思是:对于 8 条实线支路的 8 个 A_k,取其中最大者。$\max\limits_{I(i,j,1)=1}\{A_k(i,j,1)\}$ 也类似,是在虚线支路中取最大。

$A_k(i,j,m)$ 的算式为

$$A_k(i,j,m)=\ln\alpha_{k-1}(i)+\ln\beta_k(j)+\ln\gamma_k(i,j,m) \tag{9-22}$$

其中 $\ln\alpha_{k-1},\ln\beta_k,\ln\gamma_k$ 是变量 $\alpha_{k-1},\beta_k,\gamma_k$ 的自然对数。对于给定的时刻 k,状态转移图的每条支路都可算出一个 $\ln\gamma_k$ 值,共有 16 个值,其算式为

$$\ln\gamma_k(i,j,m)=\frac{1}{2}\{(-1)^{m}\lambda_k^{s}+(-1)^{p(i,j)}\lambda_k^{p}+(-1)^{m}\lambda_k^{a}\} \tag{9-23}$$

其中 $p(i,j)$ 是状态 i 到状态 j 的支路上的校验比特,即图 9-17 中每个支路旁所标的两个比特中的第二个。

对应状态的 8 个不同取值,式(9-22)中的 $\ln\alpha_{k-1}(i)$ 一共有 8 个值,可用如下的递推公式来计算:

$$\ln\alpha_k(j)=\max\{\ln\alpha_{k-1}(i_0)+\ln\gamma_k(i_0,j,0),\ln\alpha_{k-1}(i_1)+\ln\gamma_k(i_1,j,1)\} \tag{9-24}$$

其中 i_0,i_1 代表能够到达状态 j 的前一状态,i_0 对应输入 $b_k=0$,i_1 对应输入 $b_k=1$。式(9-24)是根据前一时刻的 $\ln\alpha_{k-1}$ 来计算当前时刻的 $\ln\alpha_k$,递推计算的初始条件是

$$\ln\alpha_0(i)=\begin{cases}0, & i=0\\ -\infty, & i=1,2,\cdots,7\end{cases} \tag{9-25}$$

对于式(9-22)中的 $\ln\beta_k(i)$,其计算与 $\ln\alpha_k$ 相似,递推公式为

$$\ln\beta_{k-1}(i)=\max\{\ln\beta_k(j_0)+\ln\gamma_k(i,j_0,0),\ln\beta_k(j_1)+\ln\gamma_k(i,j_1,1)\} \tag{9-26}$$

其中 j_0,j_1 表示从状态 i 出发能到达的后一状态,一个对应输入 0,一个对应输入 1。式(9-26)是根据后一时刻的 $\ln\beta_k$ 来计算前一时刻的 $\ln\beta_{k-1}$,递推的初始条件与 RSC 的最终状态有关。若 RSC 编码的结束状态开放,则初始条件是

$$\ln\beta_L(0)=\ln\beta_L(1)=\cdots=\ln\beta_L(7)=0 \tag{9-27}$$

若 RSC 编码的结束状态是 0,则初始条件为

$$\ln\beta_L(j)=\begin{cases}0, & j=0\\ -\infty, & j=1,2,\cdots,7\end{cases} \tag{9-28}$$

下面给出了 Max-Log-MAP 译码程序。该 Matlab 函数的输出 lam 是一个长为 L 的数组,代表拟求的 $\boldsymbol{\lambda}=(\lambda_1,\cdots,\lambda_L)$。输入参量中有三个数组 lam_s, lam_p,lam_a,分别代表 $\boldsymbol{\lambda}^{s}$,$\boldsymbol{\lambda}^{p}$,$\boldsymbol{\lambda}^{a}$,endstate 与前述 rsc.m 中一样,指示 RSC 编码的结束状态是全零还是开放。

前述的计算过程需要频繁查询状态图,为此程序中采用了两个 8×8 的表 I0 和 I1 来体现状态转移图。注意 matlab 矩阵的索引序号是从 1 数起的,而之前的算法描述中状态是从 0 数起的,故令 $\hat{i}=i+1$,$\hat{j}=j+1$,则当 $i,j\in\{0,1,\cdots,7\}$时,$\hat{i}$,$\hat{j}\in\{1,2,\cdots,8\}$。$I0$ 代表示性函数 $I(i,j,0)$,其第 $\hat{i}$ 行对应 $I(i,j,0)$的变量 i,第 $\hat{j}$ 列对应 j。若状态 i,j 不连接,即若 $I(i,j,0)=0$,则 $I0$ 的第 $\hat{i}$ 行第 $\hat{j}$ 列的元素为−1;若状态 i,j 连接,即若 $I(i,j,0)=1$,则 $I0$ 的第 $\hat{i}$ 行第 $\hat{j}$ 列的元素的取值是该支路对应的校验比特 $p(i,j)$。I1 类似,代表示性函数 $I(i,j,1)$。就图 9-17 而言,I0 和 I1 具体如下:

```
I0 = [ 0   -1   -1   -1   -1   -1   -1   -1
      -1   -1   -1   -1    0   -1   -1   -1
      -1   -1   -1   -1   -1    1   -1   -1
      -1    1   -1   -1   -1   -1   -1   -1
      -1   -1    1   -1   -1   -1   -1   -1
      -1   -1   -1   -1   -1   -1    1   -1
      -1   -1   -1   -1   -1   -1   -1    0
      -1   -1   -1    0   -1   -1   -1   -1];
I1 = [-1   -1   -1   -1    1   -1   -1   -1
       1   -1   -1   -1   -1   -1   -1   -1
      -1    0   -1   -1   -1   -1   -1   -1
      -1   -1   -1   -1   -1    0   -1   -1
```

```
-1    -1    -1    -1    -1    -1     0    -1
-1    -1     0    -1    -1    -1    -1    -1
-1    -1    -1     1    -1    -1    -1    -1
-1    -1    -1    -1    -1    -1    -1     1];
```

举例来说,I0 的第 3 行第 6 列是 1,表示 $I(2,5,0)=1$,$p(2,5)=1$,它表示的意思:从状态 010(2)出发,输入信息比特为 0 时的到达状态是 101(5),输出校验比特是 1。对于状态 5 来说,输入为 0 时的前一状态是 $i_0=2$。对于状态 2 来说,输入为 0 时的后一状态是 $j_0=5$。再比如 I1 的第 2 行第 2 列是 0,表示 $I(1,1,1,)=1$,$p(1,1)=0$,即从状态 $i_1=001(1)$出发,输入为 1 时到达状态是 $j_1=001(1)$,输出校验比特是 0。

在函数 lam = maxlogmap(lam_s,lam_p,lam_a,endstate)中,用 −1000 来表示 $-\infty$。函数代码中,LogA 是一个长为 8 的数组,代表 $\ln\alpha_{k-1}(i)$,$i=0,1,\cdots,7$。

另外,可以注意到式(9-21)是两项相减。若对于所有 $i=0,1,\cdots,7$,将 $\ln\alpha_{k-1}(i)$替换为 $\ln\alpha_{k-1}(i)-\max\limits_{i}\{\ln\alpha_{k-1}(i)\}$,则所减去的$\max\limits_{i}\{\ln\alpha_{k-1}(i)\}$虽然有可能与 k 相关,但与 i,j,m 无关,故不影响式(9-21)的结果。在函数代码中,为了防止溢出,递推计算 $\ln\alpha_{k-1}(i)$时按最大值进行了归一化。$\ln\beta_k(i)$也进行了类似的归一化处理。

```
function lam = maxlogmap(lam_s,lam_p,lam_a,endstate)
global I0 I1

L = length(lam_s);
LogAlpha = -1000 * ones(8,L);
LogBeta = -1000 * ones(8,L);
lam = zeros(1,L);

% 叠代计算 LogAlpha
for k = 1:L-1
    if k = =1
        LogA = -1000 * ones(8,1);
        LogA(1,1) = 0; %初始化,式(9-25)
    else
        LogA = LogAlpha(:,k-1);
    end
    for j = 1:8
```

```
        i0 = find(I0(:,j)>-1);
        p = I0(i0,j);
        tmp0 = LogA(i0) + 0.5 * (lam_s(k) + lam_a(k) + lam_p(k) * (-1)^p);
        i1 = find(I1(:,j)>-1);
        p = I1(i1,j);
        tmp1 = LogA(i1) + 0.5 * (-lam_s(k) - lam_a(k) + lam_p(k) * (-1)^p);
        temp(j) = max(tmp0,tmp1); % 式(9-24)
    end
    LogAlpha(:,k) = temp - max(temp); % 归一化
end
% 叠代计算 LogBeta
for k = L:-1:2
    if k == L
        if endstate == 0
            LogBeta(:,L) = -1000 * ones(8,1);
            LogBeta(1,L) = 0;% 式(9-28)
        else
            LogBeta(:,L) = zeros(8,1);% 式(9-27)
        end
    end
    for i = 1:8
      j0 = find(I0(i,:)>-1);
      p = I0(i,j0);
      tmp0 = LogBeta(j0,k) + 0.5 * (lam_s(k) + lam_a(k) + lam_p(k) * (-1)^p);
      j1 = find(I1(i,:)>-1);
      p = I1(i,j1);
      tmp1 = LogBeta(j1,k) + 0.5 * (-lam_s(k) - lam_a(k) + lam_p(k) * (-1)^p);
      temp(i) = max(tmp0,tmp1); % 式(9-26)
    end
    LogBeta(:,k-1) = temp - max(temp); % 归一化
end
% 计算软信息
for k = 1:L
    if k == 1
        LogA = -1000 * ones(8,1);
```

```
            LogA(1,1) = 0;
        else
            LogA = LogAlpha(:,k-1);
        end
        for i = 1:8
            j0 = find(l0(i,:)>-1);
            p = l0(i,j0);
            tmp0(i) = LogA(i) + LogBeta(j0,k) + 0.5 * (lam_s(k) + lam_a(k)...
               + lam_p(k) * (-1)^p);

            j1 = find(l1(i,:)>-1);
            p = l1(i,j1);
            tmp1(i) = LogA(i) + LogBeta(j1,k) + 0.5 * (-lam_s(k) - lam_a(k)...
               + lam_p(k) * (-1)^p);

            lam(k) = max(tmp0) - max(tmp1); % 式(9-21)
        end
    end
```

分析表明,RSC 的 MAP 译码输出可以分解为三部分:

$$\lambda_k(\boldsymbol{\lambda}^{s},\boldsymbol{\lambda}^{p},\boldsymbol{\lambda}^{a})=\lambda_k^{e}+\lambda_k^{a}+\lambda_k^{s} \tag{9-29}$$

其中 λ_k^{a} 是输入向量 $\boldsymbol{\lambda}^{a}$ 的第 k 个元素,λ_k^{s} 是输入向量 $\boldsymbol{\lambda}^{s}$ 的第 k 个元素。λ_k^{s} 是系统位接收信号形成的信道软信息,λ_k^{a} 是先验软信息,这两个量与编码无关。真正与编码有关系的是 λ_k^{e},称为外信息。从 MAP 译码器输出的总软信息中扣除输入的先验软信息和系统位软信息就得到外信息

$$\lambda_k^{e}=\lambda_k-\lambda_k^{a}-\lambda_k^{s} \tag{9-30}$$

3. Turbo 译码

Turbo 码码字有三段,分别是一路系统位和两路校验位:$\boldsymbol{c}=(\boldsymbol{b},\boldsymbol{c}^{(1)},\boldsymbol{c}^{(2)})$。收到的向量 $\boldsymbol{y}$ 也与这三段相对应,可以写成 $\boldsymbol{y}=(\boldsymbol{y}^{(0)},\boldsymbol{y}^{(1)},\boldsymbol{y}^{(2)})$,相应的信道软信息是 $\boldsymbol{\lambda}^{ch}=[\boldsymbol{\lambda}^{s},\boldsymbol{\lambda}^{p,1},\boldsymbol{\lambda}^{p,2}]$。对于 Turbo 码来说,目前并不存在可以直接实现的 MAP 算法。换言之,无人能写出一个代码可以直接计算 $\lambda_k^{Turbo}(\boldsymbol{\lambda}^{s},\boldsymbol{\lambda}^{p,1},\boldsymbol{\lambda}^{p,2})$ 的值。以下需要区分 RSC 的 MAP 译码输出和 Turbo 的 MAP 译码输出时,用上标 Turbo 和 RSC 加以区分。

如前所述,对于 Turbo 码中的两个 RSC 码$(\boldsymbol{b},\boldsymbol{c}(1))$和$(\mathscr{L}(\boldsymbol{b}),\boldsymbol{c}^{(2)})$,可以求解出局部的软信息 $\lambda_k^{RSC}(\boldsymbol{\lambda}^{s},\lambda^{p,1},\boldsymbol{\lambda}^{a})$ 和 $\lambda_k^{RSC}(\mathscr{L}(\boldsymbol{\lambda}^{s}),\boldsymbol{\lambda}^{p,2},\boldsymbol{\lambda}^{a})$。Turbo 译码器的基本思想是:利用两

个可计算的函数，通过迭代的方式逼近拟求解的 $\lambda_k^{\text{Turbo}}(\boldsymbol{\lambda}^{\text{s}},\boldsymbol{\lambda}^{\text{p},1},\boldsymbol{\lambda}^{\text{p},2})$。

Turbo 译码器框图示于图 9-18，其中的 DEC1 和 DEC2 分别是针对两个 RSC 码的 MAP 译码器。下面介绍迭代译码过程。

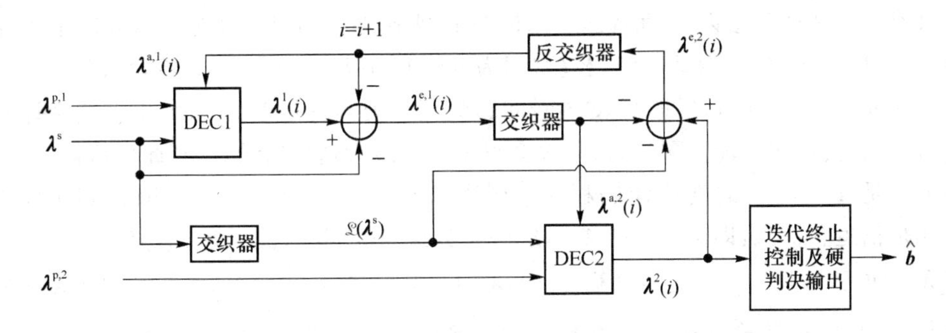

图 9-18　Turbo 码的叠代译码

在第 1 次($i=1$)迭代时，首先由 DEC1 进行 MAP 译码，其输入是 $\boldsymbol{\lambda}^{\text{s}}$、$\boldsymbol{\lambda}^{\text{p},1}$，此时没有先验信息可用，故 DEC1 的先验信息输入是 $\boldsymbol{\lambda}^{\text{a},1}(1)=\mathbf{0}$，此处上标的 1 表示 DEC1，括号中的 1 表示第 1 次($i=1$)迭代，下同。DEC1 的译码输出是 $\boldsymbol{\lambda}^{1}(1)$。根据上一节的式(9-29)，$\boldsymbol{\lambda}^{1}(1)$包含两部分(第一次迭代时，DEC1 没有先验信息)：外信息和系统位软信息，即 $\boldsymbol{\lambda}^{1}(1)=\boldsymbol{\lambda}^{\text{s}}+\boldsymbol{\lambda}^{\text{e},1}(1)$。按式(9-30)扣除系统位软信息后，得到外信息 $\boldsymbol{\lambda}^{\text{e},1}(1)$。

软信息是概率的另一种表达方式($\lambda=\ln[p/1(1-p)]$)，给定概率便给定了软信息，给定软信息也给定了概率。DEC1 译码结束后输出的是软信息，用其可以算出各个比特是 0 是 1 的概率，此概率对 DEC1 来说是后验概率(译码之后才知道)，对 DEC2 来说则是事先已知的(未开始译码就已经知道)，因此是先验信息。故此可作为 DEC2 的先验信息输入。

然后 DEC2 进行译码，其输入是 $\mathscr{L}(\boldsymbol{\lambda}^{\text{s}})$、$\boldsymbol{\lambda}^{\text{p},2}$、$\boldsymbol{\lambda}^{\text{a},2}(1)=\mathscr{L}(\boldsymbol{\lambda}^{\text{e},1}(1))$。从 RSC2 的角度来说，发送码字中的 $\boldsymbol{b}$ 是 RSC2 的输入信息 $\boldsymbol{b}^{(2)}$ 的反交织：$\boldsymbol{b}=\mathscr{L}^{-1}(\boldsymbol{b}^{(2)})$。为了使 DEC2 输入的系统位软信息、先验信息和 RSC2 的比特次序保持一致，需要进行相应的交织。

在第一次迭代时，DEC1 的输出 $\boldsymbol{\lambda}^{1}(1)=\boldsymbol{\lambda}^{\text{s}}+\boldsymbol{\lambda}^{\text{e},1}(1)$，其中的系统位软信息 $\boldsymbol{\lambda}^{\text{s}}$ 就是重排了次序的 DEC2 的输入 $\mathscr{L}(\boldsymbol{\lambda}^{\text{s}})$。DEC2 的先验信息输入必须是其他输入所不包含的信息，所以要用 DEC1 的外信息作为 DEC2 的先验信息：$\boldsymbol{\lambda}^{\text{a},2}(1)=\mathscr{L}[\boldsymbol{\lambda}^{\text{e},1}(1)]$。DEC2 译码后的输出是 $\boldsymbol{\lambda}^{2}(1)=\mathscr{L}(\boldsymbol{\lambda}^{\text{s}})+\boldsymbol{\lambda}^{\text{e},2}(1)+\boldsymbol{\lambda}^{\text{a},2}(1)$。

对于 RSC 的译码器来说，如果有合适的先验信息，可以改善译码质量。DEC1 在第一次译码时没有先验信息可用。在 DEC2 译码结束后，DEC2 的输出 $\boldsymbol{\lambda}^{2}(1)=\mathscr{L}(\boldsymbol{\lambda}^{\text{s}})+\boldsymbol{\lambda}^{\text{e},2}(1)+\mathscr{L}(\boldsymbol{\lambda}^{\text{e},1}(1))$中，$\mathscr{L}(\boldsymbol{\lambda}^{\text{s}})$是 DEC1 和 DEC2 共享的系统位软信息，$\mathscr{L}(\boldsymbol{\lambda}^{\text{e},1}(1))$来自 DEC1，而外信息 $\boldsymbol{\lambda}^{\text{e},2}(1)$是 DEC1 所不具有的，可作为 DEC1 的先验信息 $\boldsymbol{\lambda}^{\text{a},1}(2)=\mathscr{L}^{-1}(\boldsymbol{\lambda}^{\text{e},2}(1))$来重新译码，从而得到改善的输出 $\boldsymbol{\lambda}^{1}(2)$以及改善的外信息 $\boldsymbol{\lambda}^{\text{e},1}(2)$。DEC2 再用这个来自 DEC1 的改善了的外信息作为先验信息 $\boldsymbol{\lambda}^{\text{a},2}(2)=\mathscr{L}(\boldsymbol{\lambda}^{\text{e},1}(2))$重新译码，能

进一步改善自己的译码输出。如此不断循环,在第 i 次叠代时,DEC1 输入的先验信息是 $\boldsymbol{\lambda}^{a,1}(i)=\mathscr{L}^{-1}(\boldsymbol{\lambda}^{e,2}(i-1))$,DEC2 输入的先验信息是 $\boldsymbol{\lambda}^{a,2}(i)=\mathscr{L}(\boldsymbol{\lambda}^{e,1}(i))$。对于可译的 Turbo 码字来说,这样的循环迭代将不断改善软信息。

每次 DEC2 译码结束后,可按式(9-19)进行硬判决。Turbo 码在实际应用中往往会在输入信息 $b_1,\cdots,b_L$ 中加入 CRC 校验(因为 RSC1 编码器会加入尾比特,所以 CRC 比特实际含在 $b_1,\cdots,b_{L-3}$ 中),根据 CRC 校验可以判断出硬判决是否正确,如果正确则译码结束。另外,迭代译码不能无限进行,一般会设置一个最大迭代次数,达到此值后停止。

下面是 Turbo 码的迭代译码程序。函数[b_dec,err] = tc_dec(lam_ch)的输入 lam_ch是信道软信息,即 $\boldsymbol{\lambda}^{ch}=(\boldsymbol{\lambda}^{s},\boldsymbol{\lambda}^{p,1},\boldsymbol{\lambda}^{p,2})$。数组 lam_ch 的长度为 $3L$,其中 lam_ch(1:L)是 $\boldsymbol{\lambda}^{s}$,lam_ch(L+1:2*L)是 $(\boldsymbol{\lambda}^{ch}_{L+1},\cdots,\boldsymbol{\lambda}^{ch}_{2L})=\boldsymbol{\lambda}^{p,1}$,lam_ch(2*L+1:3*L)是 $(\boldsymbol{\lambda}^{ch}_{2L+1},\cdots,\boldsymbol{\lambda}^{ch}_{3L})=\boldsymbol{\lambda}^{p,2}$。函数输出有两个,数组 b_dec 是硬判决结果 $\hat{\boldsymbol{b}}$,err 是 CRC 校验指示,err=0 表示译码正确,err=1 表示译码错误。注意下面这个程序中实际上并没有做 CRC 校验,而是将 b_dec 与真正发送的系统位 b 进行比较,仿真中这样做相当于理想 CRC 校验。系统位数组 b 通过全局变量的方式传递到函数中,通过全局变量传递的还有交织器 intlv 以及最大迭代次数 niter。

```
function [b_dec,err] = tc_dec(lam_ch)
global niter intlv b L

lam_e = zeros(1,L);
err = 1;
for iter = 1:niter
    % Dec1
    lam_a(intlv) = lam_e;
    lam = maxlogmap(lam_ch(1:L),lam_ch(L+1:2*L),lam_a,0);
    lam_e = lam - lam_ch(1:L) - lam_a;  % 外信息
    % Dec2
    lam = maxlogmap(lam_ch(intlv),lam_ch(2*L+1:3*L),lam_e(intlv),1);
    lam_e = lam - lam_ch(1:L) - lam_a;
    b_dec = (lam<0);
    b_dec(intlv) = b_dec;
    if all(b == b_dec)
        err = 0;
        break
```

```
    end
end
```

下面的程序测量给定信噪比时的错误率：

```
global l0 l1
global niter intlv b L

SNRdB=0.5; % 信噪比的分贝值
sigma =10^(-SNRdB/20);
niter=8; %最大迭代次数

L=192;
nb_err=0;% 错误计数
nb_code=0; %码字计数
for nn=1:1e4
    nb_code=nb_code+1;
    b=rand(1,L)>0.5;
    [c1 b]=rsc(b,0);
    intlv=randperm(L); % 随机交织器
    c2=rsc(b(intlv),1);
    c=[b,c1,c2];

    x = (-1).^c; %BPSK modulation
    noise = sigma*randn(1,length(x));
    y = x+noise;
    lam_ch=2*y/sigma^2;% 软解调

    [b_dec,err]=tc_dec(lam_ch);

    if err
        nb_err=nb_err+1;
        disp([nb_err, nb_code])
        if nb_err>100, break, end %仿真结束
    end
```

```
end
WER = nb_err/nb_code; % code word error rate
```

以上函数中的 WER 是码字错误率。注意仿真是用出现频率来估计概率，为了保证足够的估计精度，需要有足够的错误次数。例如，发送 100 个码字遇到 1 次译码出错，不能表示 WER=0.01。因为重做仿真后 100 个码字中也许会出现 0 个错，也许能出现 2 个错。但如果发送 10 000 个码字出现 100 个错，则可以说 WER=0.01。

在以上程序中，SNRdB 取不同的值将得到不同的码字错误率 WER。WER 曲线示于图 9-19。信道编码的研究中一般关注错误率与 E_b/N_0 的关系，其中 E_b 是指平均每个信息比特(编码器输入比特)的能量，所以图 9-19 中的横坐标是 E_b/N_0 的分贝值。画图时需要把以上程序中的 SNR 换算为 E_b/N_0。

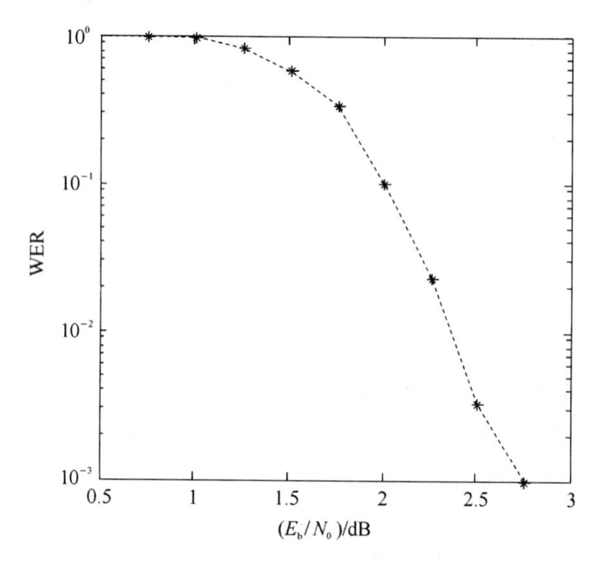

图 9-19 Turbo 码仿真结果

SNR 是指式(9-9)中 y_i 的信噪比。y_i 是 BPSK 系统接收端匹配滤波器最佳采样时刻的样值。y_i 中的有用信号功率是 1，噪声功率是 σ^2，信噪比是 $1/\sigma^2$。如果不采用信道编码，则根据匹配滤波器的性质可知

$$\text{SNR}=\frac{1}{\sigma^2}=\frac{2E_b}{N_0} \tag{9-31}$$

式中的 E_b 是每个 BPSK 比特的能量。有了编码之后，L 个信息比特的总能量等于 $N=L/\rho$ 个 BPSK 比特的总能量，因此按信息比特计算时，E_b 扩大了 $N/L=1/\rho$ 倍，ρ 是编码率。所以 E_b/N_0 与 SNR 的关系是

$$\left(\frac{E_b}{N_0}\right)_{\text{dB}}=\text{SNR}_{\text{dB}}+10\lg\frac{1}{2\rho} \tag{9-32}$$

*9.6　LDPC 码

除了 Turbo 码之外，Gallger 于 1960 年提出的低密度校验（Low Density Parity Check，LDPC）码也能逼近香农界。本节介绍二进制 LDPC 码的仿真实现。

9.6.1　系统模型

本节考虑的系统模型与 Turbo 码相同，如图 9-14 所示。k 个比特 $\boldsymbol{b}=(b_1,\cdots,b_k)$ 经过 LDPC 编码后成为长为 n 的码字 $\boldsymbol{c}=(c_1,c_2,\cdots,c_n)$。LDPC 码是一种 (n,k) 线性分组码，其码字满足如下校验方程：

$$\boldsymbol{H}\boldsymbol{c}^{\mathrm{T}}=\boldsymbol{0} \tag{9-33}$$

其中 $\boldsymbol{H}$ 是校验矩阵，有 n 列、$m=n-k$ 行。上式是一个线性方程组，有 m 个方程，n 个变量。

与普通的线性分组码（如汉明码、BCH 码等）相比，LDPC 的码长很长，因而 $\boldsymbol{H}$ 很大。另外，$\boldsymbol{H}$ 的元素中 1 的占比很小，这一点就是“低密度”的意思。码长很长使其能逼近香农极限，低密度是为了与其译码算法适配。

码字 $\boldsymbol{c}$ 经过 BPSK 调制后通过 AWGN 信道传输，接收端软解调之后得到软信息 $\boldsymbol{\lambda}^{\mathrm{ch}}=(\lambda_1^{\mathrm{ch}},\cdots,\lambda_n^{\mathrm{ch}})$，然后送入译码器。BPSK 软解调的算法为式(9-11)。

BPSK 软解调输出 $\lambda_i^{\mathrm{ch}}=\ln[\Pr\{c_i=0|y_i\}/\Pr\{c_i=1|y_i\}]$ 体现的是不考虑编码，仅在观察到信道输出 y_i 条件下的后验概率 $\Pr\{c_i=1|y_i\}$、$\Pr\{c_i=1|y_i\}$。在图 9-14 中，MAP 译码器需要在考虑编码的情况下求解每个比特 c_i 的后验概率 $\Pr\{c_i=1|\boldsymbol{\lambda}^{\mathrm{ch}}\}$、$\Pr\{c_i=0|\boldsymbol{\lambda}^{\mathrm{ch}}\}$，然后进行判决。等价于需要求解软信息

$$\lambda_i(\boldsymbol{\lambda}^{\mathrm{ch}})=\ln\frac{\Pr\{c_i=0|\boldsymbol{\lambda}^{\mathrm{ch}}\}}{\Pr\{c_i=1|\boldsymbol{\lambda}^{\mathrm{ch}}\}} \tag{9-34}$$

然后按 λ_i 的极性给出 c_i 的硬判决：

$$\hat{c}_i=\frac{1}{2}[1-\mathrm{sgn}(\lambda_i)] \tag{9-35}$$

因为无法直接计算函数值 $\lambda_i(\boldsymbol{\lambda}^{\mathrm{ch}})$，LDPC 的译码器以 Tanner 图为基础，采取了一种称为 BP 译码的迭代译码方法。

9.6.2　Tanner 图

可将 $\boldsymbol{H}$ 矩阵用图 9-20 所示的 Tanner 图来表示。这是一个二分图，图中有两类节

点:实心圆叫变量节点(variable node),方块叫校验节点(check node)。每条边的一头是变量节点,另一头是校验节点。每个变量节点代表码字 $\boldsymbol{c}=(c_1,c_2,\cdots,c_n)$ 中的一个比特,对应 $\boldsymbol{H}$ 的一列;每个校验节点代表线性方程组(9-33)中的一个校验方程,对应 $\boldsymbol{H}$ 的一行。如果 $\boldsymbol{H}$ 的第 j 行第 i 列元素是 $\boldsymbol{H}_{j,i}=1$,则在 Tanner 图上,第 j 个校验节点和第 i 个变量节点之间就有一条边相连。以下用集合 $\nu=\{1,2,\cdots,n\}$ 表示全体变量节点,集合 $c=\{1,2,\cdots,n-k\}$ 表示全体校验节点。在实际 LDPC 的译码器中,Tanner 图中每个节点对应一个软件实现或硬件实现的算法单元。

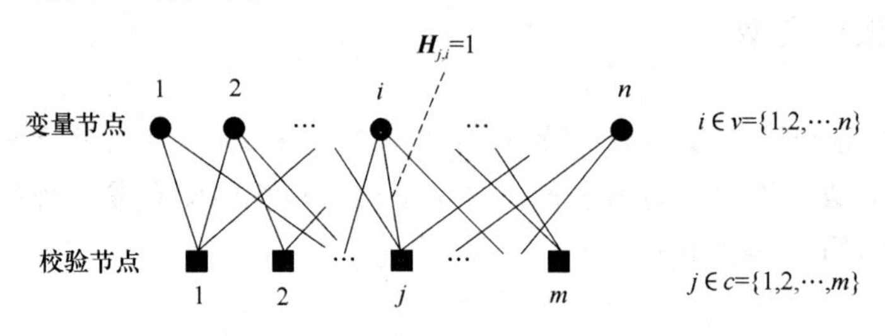

图 9-20　Tanner 图

每个校验节点连接有多个变量节点,图 9-21(a)画出了图 9-20 中的校验节点 j 及其相邻(直接相连)的变量节点 i,i',i''。此校验节点代表的校验方程是

$$c_i+c_{i'}+c_{i''}=0 \tag{9-36}$$

图 9-21(b)是图 9-21 中的变量节点 i 及其相邻的校验节点 j,j',j''。此图说明 c_i 出现在 3 个校验方程中,对应 $\boldsymbol{H}$ 的第 j,j',j''行。

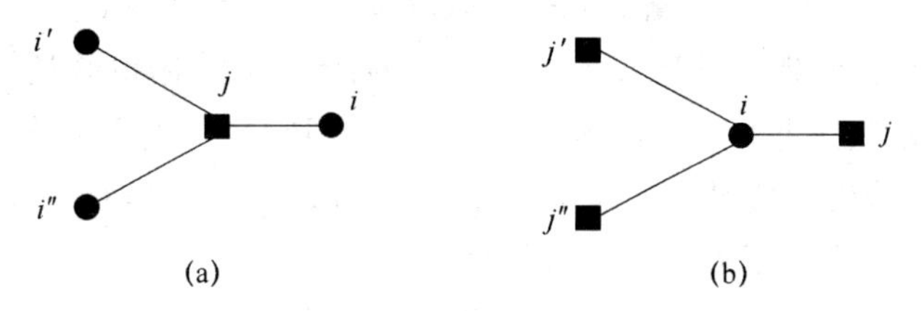

图 9-21　节点及其相邻节点

9.6.3　BP 译码

1. 消息传播

LDPC 的 BP(Belief Propagation)译码是通过 Tanner 图上的消息传播(Message Passing)来实现的。所谓"消息"是指关于变量 c_i 到底是 0 还是 1 的"观点"。Tanner 图中的每个节点都持有自己的观点。每个节点将自己的观点传播给自己的邻居(有边直接相连,如图 9-21 所示)。每个节点收到邻居们相同或不同的观点后进行分析综合,然后更

新自己的观点，再传播给邻居。如此循环，这个过程就叫消息传播。理想情况下，经过充分的传播后，所有节点会形成共识，这个共识就是译码结果。

可以把节点之间的消息传播想象成这样的对话，校验节点 j 对变量节点 i 说："根据我独立的情报来源，我有八成把握认为你是 1"，变量节点 i 对校验节点 j 说："根据我独立的情报来源，我有九成把握认为我是 0"。这些对话谈论的是对比特 c_i 究竟是 1 还是 0 的观点。"是 0""是 1"是对变量 c_i 的判断值 $\hat{c}_i$（硬判决），"八成把握""九成把握"是后验概率。根据前面的介绍可知，后验概率和硬判决可以合并在软信息中，因此以下假设 Tanner 图中传播的消息是软信息。"我独立的情报来源"意思是"我所依据的情报是你没有的"。

2. 校验节点的软信息处理

先考虑图 9-22 的例子。此例中校验节点 j 与 i，i'，i'' 三个变量节点相连，图 9-22(a) 表示三个变量节点向 j 传递软信息 $\lambda_{i,j}^{\mathrm{V2C}}$，$\lambda_{i',j}^{\mathrm{V2C}}$，$\lambda_{i'',j}^{\mathrm{V2C}}$，上标 V2C(V to C)表示从变量节点到校验节点。校验节点 j 对接收消息进行处理，将处理结果传递给相邻节点，如图 9-22(b) 所示。节点 j 传递给节点 i 的软信息是

$$\lambda_{j,i}^{\mathrm{C2V}} = f(\lambda_{i',j}^{\mathrm{V2C}}, \lambda_{i'',j}^{\mathrm{V2C}}) \tag{9-37}$$

其中函数 $f(\quad)$ 代表校验节点对接收消息的处理。注意在图 9-22(a) 中，节点 j 总共收到了三个软信息，但在式(9-37)中，f 的自变量只包含两个。这是因为节点 j 提供给节点 i 的消息必须基于节点 i 所不具有的情报，因此式(9-37)中 f 的自变量不能包含来自节点 i 的 $\lambda_{i,j}^{\mathrm{V2C}}$。

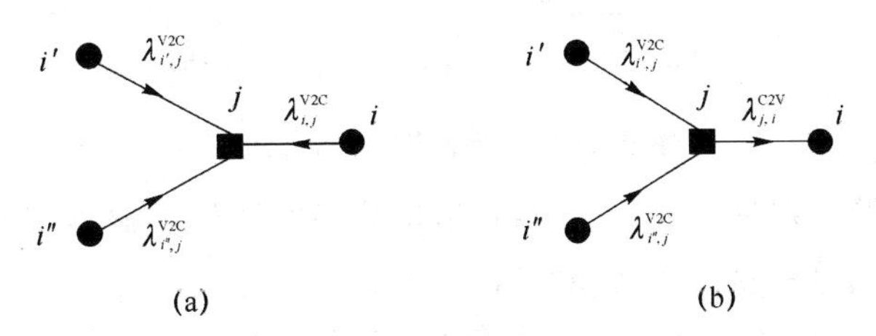

图 9-22　校验节点的软信息传播

图 9-22 中只画了节点 j 向节点 i 传递软信息的情形。节点 j 也要向节点 i'，i'' 传递消息，其情形与 j 向 i 传递软信息类似。

关于函数 f 的具体表达式，我们略去推导过程，直接给出结果。一种标准算法叫 SPA(Sum-Product Algorithm)。按照 SPA 算法，对于任意的 $j \in \mathrm{c}$，$i_t \in \nu$，若 $\boldsymbol{H}_{j,i_t}=1$，则校验节点 j 传递给变量节点 i_t 的软信息是

$$\lambda_{j,i_t}^{\mathrm{C2V}} = 2\operatorname{arctanh}\left(\prod_{i \neq j_t, H_{j,i=1}} \tanh\left(\frac{\lambda_{i,j}^{\mathrm{V2C}}}{2}\right)\right) \tag{9-38}$$

其中 tanh 是双曲正切函数。SPA 有一种简化的近似算法叫 MSA(Min-Sum Algorithm)。按照 MSA 算法，上式变成

$$\lambda_{j,i_t}^{\mathrm{C2V}}=\prod_{i\neq j_t,H_{j,i}=1}\operatorname{sign}(\lambda_{i,j}^{\mathrm{V2C}})\cdot\min_{i\neq j_t,H_{j,i=1}}\{|\lambda_{i,j}^{\mathrm{V2C}}|\}\tag{9-39}$$

也就是说,校验节点 j 传递给变量节点 i_t 的软信息 $\lambda_{j,i_t}^{\mathrm{C2V}}$ 的极性是所有输入软信息极性之积,幅度(绝对值)是所有输入软信息幅度中的最小值。注意“所有输入”不包括来自 i_t 的输入 $\lambda_{i_t,j}^{\mathrm{V2C}}$。

3. 变量节点的软信息处理

图 9-23 示出了变量节点消息传播的一个例子。此例中,变量节点 i 与 j, j', j'' 三个校验节点相连。在图 9-23 (a)中, i 收到的软信息有来自校验节点的 $\lambda_{j,i}^{\mathrm{C2V}}$, $\lambda_{j',i}^{\mathrm{C2V}}$, $\lambda_{j'',i}^{\mathrm{C2V}}$,还有来自软解调的信道软信息 λ_i^{ch}。图中的 λ_i 是变量节点对所有输入软信息的汇总:

$$\lambda_i=\lambda_{j,i}^{\mathrm{C2V}}+\lambda_{j,i'}^{\mathrm{C2V}}+\lambda_{j,i''}^{\mathrm{C2V}}+\lambda_i^{\mathrm{ch}}\tag{9-40}$$

限于篇幅,此处省略这样汇总的原理。上式中的 λ_i 就是式(9-34)中的 λ_i。确切地说,BP 译码希望经过大量消息传递之后,式(9-40)的右边能逼近式(9-34)的右边。注意我们的原始问题是要求解式(9-34)。只因为原题不可解,所以才用 BP 来近似求解。

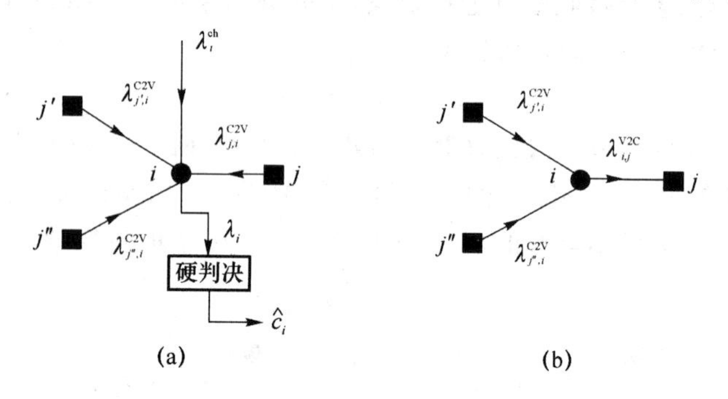

图 9-23 变量节点的软信息传播

图 9-23(a)中的硬判决即式(9-35),它给出最终的译码硬输出 $\hat{\boldsymbol{c}}=(\hat{c}_1,\cdots,\hat{c}_n)$。如果译码正确,则 $\hat{\boldsymbol{c}}$ 满足校验方程(9-33): $\boldsymbol{H}\hat{\boldsymbol{c}}^{\mathrm{T}}=\boldsymbol{0}$。

图 9-23(b)是节点 i 向节点 j 传递软信息,所传递的软信息是

$$\lambda_{i,j}^{\mathrm{V2C}}=\lambda_{j',i}^{\mathrm{C2V}}+\lambda_{j'',i}^{\mathrm{C2V}}\tag{9-41}$$

推广到一般情况,变量节点 $i\in\nu$ 的总软信息是所有输入软信息之和:

$$\lambda_i=\lambda_i^{\mathrm{ch}}+\sum_{\boldsymbol{H}_{jv,i=1}}\lambda_{j_v,i}^{\mathrm{C2V}}\tag{9-42}$$

变量节点 $i\in\nu$ 传递给校验节点 $j_t\in c$ 的软信息是排除来自 j_t 的输入 $\lambda_{j_t,i}^{\mathrm{C2V}}$ 之后所有输入软信息之和:

$$\lambda_{i,j_t}^{\mathrm{V2C}}=\lambda_i^{\mathrm{ch}}+\sum_{v\neq t,\boldsymbol{H}_{j_v},i=1}\lambda_{j_v,i}^{\mathrm{C2V}}=\lambda_i-\lambda_{j_t,i}^{\mathrm{C2V}}\tag{9-43}$$

4. 迭代译码

Tanner 图中有大量的节点,每个节点是 LDPC 译码器中的一个运算单元,这些单元

按式(9-38)、式(9-42)或式(9-43)处理输入的软信息,并形成输出软信息。因为有些节点的输入是另外一些节点的输出,所以需要合理设计各个节点先后的运算次序。另外,实际译码器中的消息传递也不能无限进行下去。下面给出了一个典型的设计。

(1) 初始化

准备好所有输入的信道软信息 $\lambda_i^{\mathrm{ch}}, i\in\nu$,置所有 $\lambda_{j,i}^{\mathrm{C2V}}=\lambda_{i,j}^{\mathrm{V2C}}=0, i\in\nu, j\in c$。

(2) 迭代译码

Step 1　校验节点更新:所有校验节点按式(9-38)更新所有 $\lambda_{j,i}^{\mathrm{C2V}}$。

Step 2　变量节点更新:所有变量节点按式(9-43)更新所有 $\lambda_{i,j}^{\mathrm{V2C}}$。

Step 3　终止控制:按式(9-42)计算出所有变量的总软信息 λ_i,然后按式(9-35)给出硬判决 $\hat{\boldsymbol{c}}=(\hat{c}_1,\cdots,\hat{c}_n)$。若 $\boldsymbol{H}\hat{\boldsymbol{c}}^{\mathrm{T}}=\boldsymbol{0}$,或者若迭代次数已达到最大规定值,则译码结束,输出 $\hat{\boldsymbol{c}}$,否则 goto Step1。

下面是 MSA 译码程序。译码函数的输出是硬判决结果 $\hat{\boldsymbol{c}}$,输入 lam_ch 是一个长为 n 的数组,$\boldsymbol{H}$ 是校验矩阵,niter 是最大迭代次数。

```
function hat_c = msa(lam_ch,niter,H)

[m,n] = size(H);
C2V = zeros(m,n);
V2C = zeros(m,n);
hat_c  =  zeros(1,n);
lam = zeros(1,n);

for iter = 1:niter
    %check nodes
    for j = 1:m
        idx  =  find(H(j,:) = = 1);% 找出与 j 相连的变量节点
        v2c = V2C(j,idx);% 所有传递给 j 的软信息

        V2C_sign = sign(v2c);
        V2C_abs = abs(v2c);
        for ii = 1:length(idx)
            i = idx(ii);
            idx1 = [1:ii - 1,ii + 1:length(idx)]; % 排除节点 i
            C2V(j,i) = prod(V2C_sign(idx1)) * min(V2C_abs(idx1));
```

```
        end
    end
    % variable nodes
    for i=1:n
        idx = find(H(:,i)==1); % 找出与 i 相连的校验节点
        c2v=C2V(idx,i); %从各个校验节点传递给 i 的软信息
        lam(i)=sum(c2v)+lam_ch(i);% 总软信息
        for ii=1:length(idx)
            j=idx(ii);
            V2C(j,i)=lam(i) - c2v(ii);
        end
    end

    % 迭代终止控制
    hat_c  = (lam<0); %硬判决
    s=rem(H*hat_c',2);
    if all(s==0), break, end
end
```

9.6.4 *H* 的构造

BP 译码是基于 Tanner 图的,而 Tanner 图是校验矩阵 $\boldsymbol{H}$ 的图示,因此必须要设计出合适的 $\boldsymbol{H}$。下面介绍一种简单的构造方法。

考虑构造一个 m 行 n 列的矩阵 $\boldsymbol{H}$,其列重(即每一列中 1 的个数)为 d_v,行重为 d_c。$\boldsymbol{H}$ 的总汉明重量按列来数是 nd_v,按行来数是 md_c,故 $nd_v=md_c$。$\boldsymbol{H}$ 的总元素个数是 mn,故其密度是 $md_c/(mn)=d_c/n$,若 n 远大于 d_c,$\boldsymbol{H}$ 就是低密度的。从 Tanner 图来看,有 n 个变量节点,m 个校验节点。从每个变量节点出发的边有 d_v 条,从每个校验节点出发的边有 d_c 条,如图 9-24 所示。将图上方从变量节点伸出的各个线头进行编号,从左到右编为 $1,2,\cdots,nd_v$。再将图下方从校验节点伸出的各个线头进行编号,从左到右编为 $1,2,\cdots,md_c$。因为 $nd_v=md_c$,所以上方的每个线头一定与下方的一个线头相连,反之亦然。故以任意方式将图 9-24 中上方的线头与下方的线头交叉连接起来,就能构造出一个 $\boldsymbol{H}$ 矩阵。

下面的程序就是以这种方式来产生 $\boldsymbol{H}$ 的,其中 Matlab 函数 gen_h 的三个输入 n,dc,dv

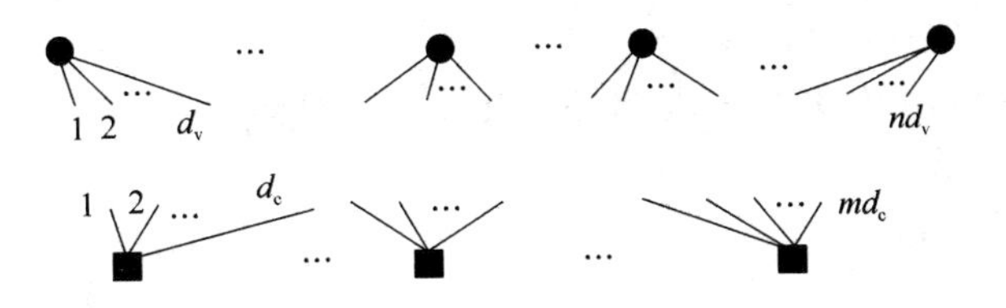

图 9-24　Tanner 图的构造

分别代表码长 n，行重 d_c 以及列重 d_v。因为 $nd_v = md_c$，所以 n, m, d_c, d_v 这 4 个量中只需要取其中 3 个作为函数的输入。代码中的 intlv 代表图 9-24 中上、下方线头的随机连接。

```
function H = gen_h(n,dc,dv)

m = ceil(n * dv/dc);
H = zeros(m,n);
intlv = randperm(n * dv);

for t = 1:n * dv
    i = floor((t - 1)/dv) + 1;
    j = floor((intlv(t) - 1)/dc) + 1;
    H(j,i) = 1;
end
```

根据线性分组码的知识，可以通过初等行变换以及列交换将 $\boldsymbol{H}$ 化为典型阵形式 $\boldsymbol{H}_s = (\boldsymbol{P}, \boldsymbol{I}_m)$，其中 $\boldsymbol{I}_m$ 是 $m \times m$ 的单位阵，$\boldsymbol{P}$ 是 $m \times k$ 的矩阵。下面给出的 Matlab 函数gen_Hs 将 $\boldsymbol{H}$ 转化为典型阵。其输出 Hs 是典型阵，如果输出的 Hs 为空矩阵，则其意思是说：所输入的 $\boldsymbol{H}$ 不可能化为典型阵。函数的输出也有 $\boldsymbol{H}$，是因函数内部会修改输入的 $\boldsymbol{H}$，因为要做列交换。

```
function [Hs,H] = gen_Hs(H)

[m,n] = size(H);
Hs = H;
for i = n: - 1:n - m + 1
    j = m + i - n;
    if Hs(j,i) = = 0 %以下是通过列交换使 Hs 的第 j 行第 i 列成为 1
```

```
            idx = find(Hs(j,1:i) == 1);
            if isempty(idx) % 此 H 不可能化为典型阵
                Hs = [];
                return
            else
                a = Hs(:,idx(1)); %列交换
                Hs(:,idx(1)) = Hs(:,i);
                Hs(:,i) = a;
                a = H(:,idx(1));
                H(:,idx(1)) = H(:,i);
                H(:,i) = a;
            end
    end
    %以下通过初等行变换对 Hs 的第 i 列中除第 j 行之外的元素消元
        idx = find(Hs(:,i) == 1);
        for jj = 1:length(idx)
            if idx(jj) ~= j
                Hs(idx(jj),:) = rem(Hs(j,:) + Hs(idx(jj),:),2);
            end
        end
    end
```

由 $\boldsymbol{H}$ 的典型阵可以得到系统码的生成矩阵为

$$\boldsymbol{G}=(\boldsymbol{I},\boldsymbol{Q})=(\boldsymbol{I}_k,\boldsymbol{P}^{\mathrm{T}}) \tag{9-44}$$

需要注意的是,若码字 $\boldsymbol{c}$ 满足 $\boldsymbol{Hc}^{\mathrm{T}}=\boldsymbol{0}$,$\boldsymbol{H}_1$ 是 $\boldsymbol{H}$ 通过初等行变换后的矩阵,则 $\boldsymbol{H}_1\boldsymbol{c}^{\mathrm{T}}=\boldsymbol{0}$。又若 $\boldsymbol{H}_2$ 是 $\boldsymbol{H}_1$ 的某些列进行了交换,则不保证 $\boldsymbol{H}_2\boldsymbol{c}^{\mathrm{T}}=\boldsymbol{0}$。我们最终需要两个矩阵,一个 $\boldsymbol{H}$ 用于 BP 译码的 Tanner 图,它必须是低密度的。另一个 $\boldsymbol{G}$ 是为了编码,这两个矩阵必须满足 $\boldsymbol{HG}^{\mathrm{T}}=\boldsymbol{0}$,所以前面的 gen_hs 函数会将列交换之后的 $\boldsymbol{H}$ 输出出来,否则由 $\boldsymbol{H}_s$ 产生的 $\boldsymbol{G}$ 不满足 $\boldsymbol{HG}^{\mathrm{T}}=\boldsymbol{0}$。

有了 $\boldsymbol{H}$、$\boldsymbol{Q}$ 之后,就可以进行 LDPC 码的错误率仿真。下面是错误率曲线仿真的完整程序。每个信噪比下的仿真在出现 nb_err_max 个错误,或者发送了 nb_code_max 个码字后停止。

```
SNRdB = [0:0.25:2]; % SNR in dB
```

```
k=192;
n=384;
niter=60; %最大迭代此时
nb_err=zeros(1,length(SNRdB));
nb_code=zeros(1,length(SNRdB));
nb_err_max=100;
nb_code_max=1e4;
H=gen_h(n,6,3);% 产生 H
[Hs,H]=gen_hs(H);% 化为系统码
Q=Hs(:,1:k)';% 生成矩阵的 Q

for s=1:length(SNRdB)
    sigma =10^(-SNRdB(s)/20); %其平方是噪声功率

    while nb_err(s)<nb_err_max && nb_code(s)<nb_code_max
        nb_code(s)=nb_code(s)+1;
        b=rand(1,k)<0.5;
        c=[b,rem(b*Q,2)]; %系统码编码

        x = (-1).^c; %BPSK modulation
        noise = sigma*randn(1,length(x));
        y = x+noise;
        lam_ch=2*y/sigma^2; %软解调

        hat_c=msa(lam_ch,niter,H);
        err=any(hat_c~=c);% c 是发送码字,hat_c 是硬判决
        if err
            nb_err(s)=nb_err(s)+err;
            disp([nb_err;nb_code])
        end
    end
end

WER=nb_err./nb_code;
EbN0dB=SNRdB+10*log10(n/k/2);% 化成 Eb/N0,参考式(9-32)
```

```
semilogy(EbN0dB,WER)
```

图 9-25 是以上程序的仿真结果。

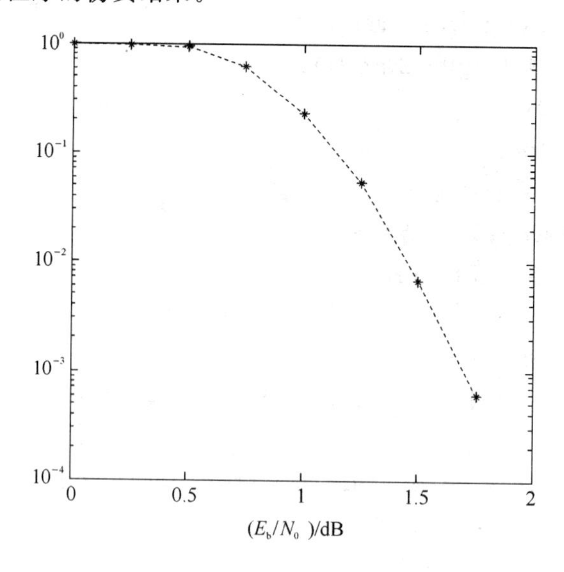

图 9-25 LPDC 码仿真结果

练 习 题

9-1 设(7,4)循环码的生成多项式为 $g(x)=x^3+x^2+1$,用 Matlab 求出所有的许用码字。

9-2 一个码率为 1/4 的(4,1,4)卷积码的生成多项式为 $g=(13,06,15,17)_{(8)}$,当输入序列是 11001010101001011110101111 1010 时,求该编码器的输出。

9-3 如 9.4.3 节中所讨论的软判决译码也可以用在(n,k)的线性分组码译码中,假设在 BPSK 调制方式下,接收端经过匹配滤波后抽样(不判决)得到的 n 维矢量,将此 n 维矢量与 2^k 个许用码字矢量比较欧氏距离,并选择其中最小距离的码字作为判决结果。已知 BPSK 下经过最佳接收后的抽样值满足 $y_k=a_k+z_k$ 模型,其中 $a_k=\pm\sqrt{E_s}$,$z_k\sim N(0,N_0/2)$。

(1) 通过 Matlab 仿真(7,4)汉明码在 BPSK 下采用软判决的性能。

(2) 通过 Matlab 仿真(7,4)汉明码在 BPSK 下采用硬判决的性能。

(3)* 通过查询相关资料,思考如果调制方式变为 16QAM、8PSK,如何采用硬判决、软判决,并构造仿真验证你的想法。

9-4* 编写(7,5)卷积码的硬判决译码器,并仿真其在AWGN信道下,BPSK调制时的性能。

9-5* 阅读如下文献,了解Turbo码的基本原理。

[1] Claude Berrou, Alain Glavieux,Punya Thitimajshima. Near Shannon Limit Error-Correcting Coding and Decdoing: Turbo-Codes. in Proc. ICC′93, May 1993, 1064~1070.

[2] http://www. csee. wvu. edu/~mvalenti/turbo. html.

9-6* 阅读如下文献,了解LDPC码的基本原理。

[1] Mackay. Good Error-Correcting Codes Based on Very Sparse Matrices. IEEE Transactions on Information Theory. March 1999, 45(2):399~431.

[2] 袁东风,张海霞等.宽带移动通信中的先进信道编码技术.北京:北京邮电大学出版社,2004,第三章.

第10章　扩频通信与伪随机序列

通常，当基带信号带宽为 B、比值 W/B 远大于1时，称为扩频通信。扩频通信的优点是：信号占用带宽大大扩展，可以有效抵抗窄带信号的干扰；信号的功率谱密度降低，可以以低于噪声门限的方式实现隐蔽通信；结合Rake技术，扩频通信可以有效地抵抗信道多径衰落的影响；结合CDMA技术，采用扩频可以方便地在相同频带内实现多址通信。扩频通信中涉及的技术包括伪随机序列、正交编码、Rake技术。

10.1　伪随机序列

伪随机序列是一种可重复产生的类似于噪声的序列。为了说明伪随机序列的特性，先来看一看噪声序列的特性。如果对高斯白噪声进行抽样，并将抽样值进行正负判决，抽样值为正输出“1”，反之则输出“0”，这样就得到一个噪声序列。可以看到这样的噪声序列具有如下一些特性。

(1) 序列中0、1个数出现概率相等。

(2) 序列中具有相同长度的连0和连1的概率相等。如果将连0或连1的长度称为0或1的游程的话，则0、1的游程分布是等概的。并且由概率知识可以知道，游程为1的概率为1/2，游程为2的概率为1/4，游程为 n 的概率为 $1/2^n$。

(3) 该序列的自相关系数为冲激函数。

伪随机序列是上述噪声序列的一种近似，常用的伪随机序列包括m序列、M序列、Gold序列。

1. m序列的产生

m序列是最长线性反馈移位寄存器序列的简称，它是由带线性反馈的移位寄存器产生的周期最长的序列，如图10-1中，图(a)所示为最长m序列发生器，图(b)不是m序列发生器。

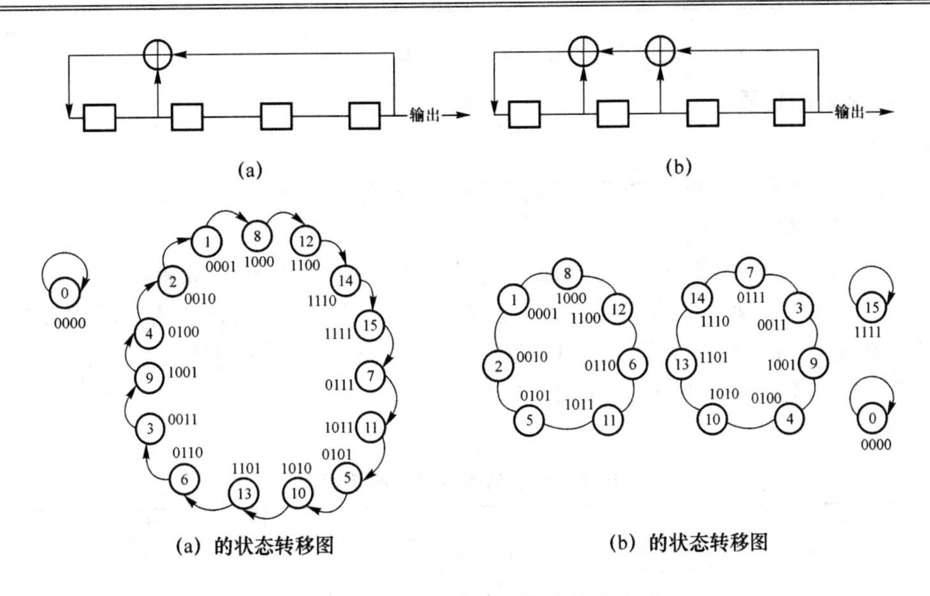

图 10-1　不同的线性反馈移位寄存器

图中，寄存器个数为 4，最多只可能有 16 个状态，无论如何连接抽头，全 0 状态都不可能转移到其他状态上，因此最长状态链长为 $2^4-1=15$，图(a)中所示的移位寄存器序列即为最长序列，而图(b)不是，可见不同的反馈连接得到的移位寄存器序列长度不同。一般说来，一个 n 级反馈移存器可能产生的最长周期为 2^n-1，反馈电路需要满足一定条件才能得到最长序列。

2. m 序列的生成多项式

如图 10-2，n 阶移存器的结构可以用如下的生成多项式表示：

$$g(x)=c_0+c_1x+\cdots+c_nx^n=\sum_{i=0}^{n}c_ix^i \tag{10-1}$$

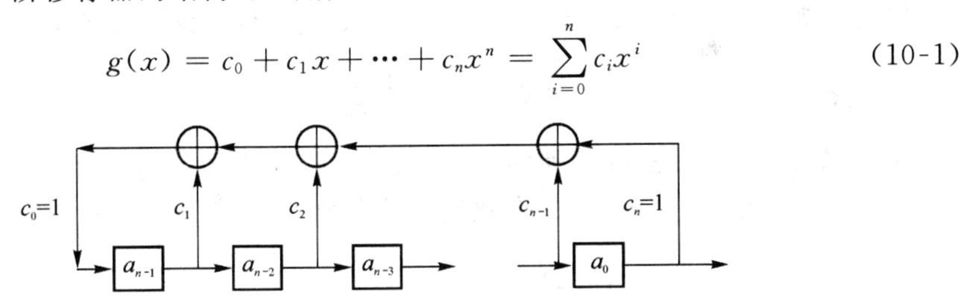

图 10-2　反馈移位寄存器

式中求和为异或和，$c_i(i=0,1,2,\cdots,n)$表示移位寄存器的连接，$c_i=1$ 时表示有连接，反之为无连接。对于 n 阶反馈移位寄存器序列发生器而言，$c_0=1,c_n=1$ 。m 序列发生器的生成多项式 $g(x)$是一个 n 次的本原多项式，满足如下条件：

- $g(x)$是既约的；
- $g(x)$可整除 $1+x^N,N=2^n-1$；

• $g(x)$除不尽 $x^q+1, q<N$。

3. m 序列的性质

(1) 均衡性

在 m 序列的一个周期中,“0”、“1”的数目基本相等,“1”比“0”多一个。

(2) 游程分布

序列中取值相同的那些相继的元素合称为一个“游程”,游程中元素的个数称为游程长度。m 序列中,长度为 1 的游程占总游程数的一半;长度为 2 的游程占总游程数的1/4,长度为 k 的游程占总游程数的 2^{-k},且长度为 k 的游程中,连 0 与连 1 的游程数各占一半。如图 10-1 输出的 m 序列为 000111101011001 000111101011001…,其游程总数如表 10-1 所示。

表 10-1 m 序列的游程分布示意表

游程长度	游程	游程数
4	1111	1
3	000	1
2	11, 00	2
1	0,1,0,1	4

游程的分布与随机序列的分布一致。

(3) 移位相加特性

一个 m 序列 M_p 与其经任意延迟移位产生的另一不同序列 M_r 模 2 相加,得到的仍是 M_p 的某次延迟移位序列 M_s,即 $M_p \oplus M_r = M_s$。如果将 m 序列的所有移位码组构成一个编码,则该编码一定是线性循环码,由线性循环码的特性可以得到上述性质。

(4) 自相关函数

定义序列 $X=(x_1, x_2, \cdots, x_n)$, $x_i \in \{+1, -1\}$ 的循环自相关为

$$R_X(k) = \frac{1}{N}\sum_{i=1}^{N} x_i x_{[i+k]_N} \tag{10-2}$$

若 $x_i = 1-2a_i$,其中 a_i 是 m 序列的输出,则 $x_i x_j = 1-2(a_i \oplus a_j)$,由于 m 序列的移位相加仍得到 m 序列,且 m 序列中 1 的个数比 0 的个数多 1,因此

$$R_X(k)=\begin{cases} 1 & k=0 \\ -1/N & k=1,2,\cdots,N-1 \end{cases} \tag{10-3}$$

当 N 很大时,m 序列的自相关趋于冲激函数。加上脉冲成形后,m 序列信号是一个周期为 NT_c 的周期函数

$$m(t) = \sum_{j=-\infty}^{\infty}\sum_{i=1}^{N} x_i p[t-(i-1)T_c - jNT_c] \tag{10-4}$$

其自相关函数也为周期函数

$$R_m(\tau) = \frac{1}{NT_c}\int_0^{NT_c} m(t)m(t+\tau)\mathrm{d}t \tag{10-5}$$

[例 10-1]　设 m 序列的生成多项式为 $g(x)=1+x^3+x^4$，求：

(1) m 序列的输出及其自相关序列；

(2) 设脉冲成形为 $p(t)=\begin{cases}1 & 0\leqslant t<T_c\\ 0 & \text{其他}\end{cases}$，画出其 m 序列信号的自相关函数；

(3) 设脉冲波形为升余弦成形($\alpha=0$)，画出其 m 序列信号的自相关函数。

解

```
%m 序列发生器及其自相关 mseq.m
clear all;
close all;
g = 19; % G = 10011
state = 8;% state=1000
L = 1000;

%m 序列产生
N = 15;
mq = mgen(g,state,L);

%求序列自相关
ms = conv( 1-2*mq, 1-2*mq(15:-1:1) )/N;

figure(1)
subplot(222)
stem(ms(15:end));
axis([0 63 -0.3 1.2]);title('m 序列自相关序列')

%m 序列构成的信号(矩形脉冲)
N_sample=8;
Tc = 1;
dt = Tc/N_sample;
t = 0:dt:Tc*L-dt;

gt = ones(1,N_sample);
mt = sigexpand(1-2*mq,N_sample);
mt = conv(mt,gt);
figure(1)
```

```
subplot(221);
plot(t,mt(1:length(t)));
axis([0 63 -1.2 1.2]);title('m 序列矩形成形信号')

st = sigexpand( 1-2*mq(1:15),N_sample );
s = conv(st,gt);
st = s(1:length(st));

rt1 = conv(mt,st(end:-1:1))/(N*N_sample);

subplot(223)
plot(t,rt1(length(st):length(st)+length(t)-1) );
axis([0 63 -0.2 1.2]);title('m 序列矩形成形信号的自相关');xlabel('t');

%sinc 脉冲
Tc = 1;
dt = Tc/N_sample;
t = -20:dt:20;
gt = sinc(t/Tc);
mt = sigexpand(1-2*mq,N_sample);
mt = conv(mt,gt);

st2 = sigexpand( 1-2*mq(1:15),N_sample );
s2 = conv(st2,gt);
st2 = s2;

rt2 = conv(mt,st2(end:-1:1))/(N*N_sample);

subplot(224);
t1 = -55+dt:dt:Tc*L-dt;
%plot(t,mt(1:length(t)) );
plot(t1,rt2(1:length(t1)));
axis([0 63 -0.5 1.2]);title('m 序列 sinc 成形信号的自相关');xlabel('t');
```

```
%m 序列发生器，mgen.m
```

```
function [out] = mgen(g,state,N)
% 输入 g：m 序列生成多项式（十进制输入）
% state：寄存器初始状态（十进制输入）
%      N：输出序列长度
% test g =11；state=3；N=15；
gen = dec2bin(g) - 48;
M = length(gen);
curState = dec2bin(state,M-1) - 48;

for k=1:N
    out(k) = curState(M-1);
    a = rem( sum( gen(2:end). * curState ),2 );
    curState = [a curState(1:M-2)];
end
```

运行结果如图 10-3 所示。

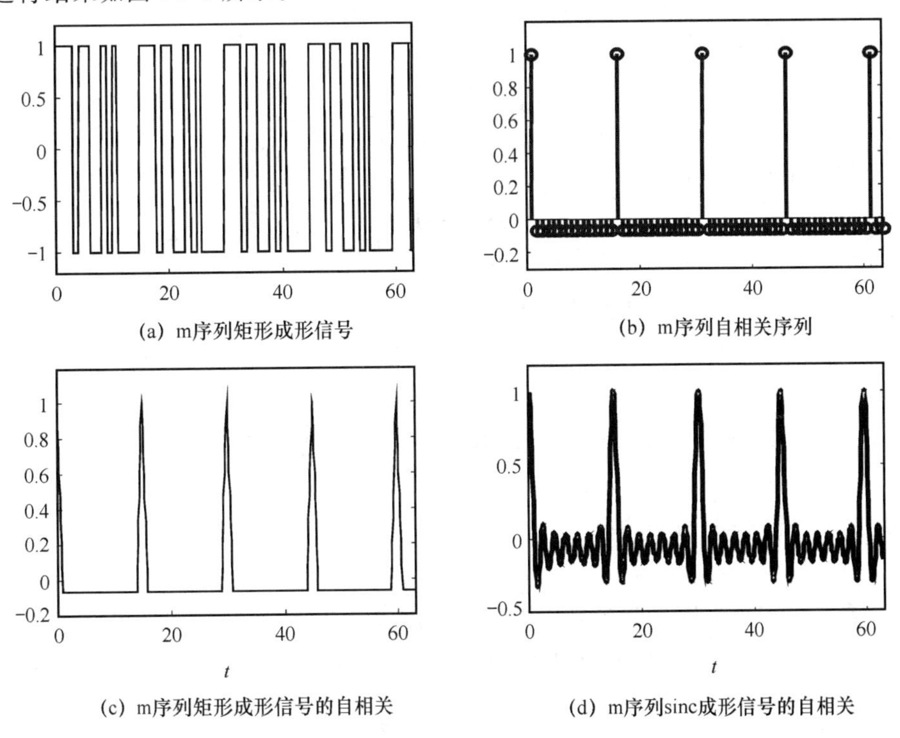

图 10-3　m 序列的自相关序列及不同成形的自相关波形

10.2 正交编码

设编码 C 中的任意两个不同码字为 $x=(x_1,x_2,\cdots,x_n)$，$y=(y_1,y_2,\cdots,y_n)$，如果它们是二进制的 0,1 序列,可以通过 $f(x)=1-2x$ 映射成 $+1,-1$ 的序列,它们的互相关系数定义为

$$\rho_{xy}=\frac{1}{n}\sum_{i=1}^{n}x_i y_i=\frac{1}{n}\langle x,y\rangle \tag{10-6}$$

如果 C 为正交编码,则任意的码字 $\forall x,y\in C,x\neq y$,其互相关 $\rho_{xy}=0$,正交编码可以看成是 n 维空间的 n 个正交基组成的编码。

10.2.1 Walsh 码

Walsh 码是一类常用的正交编码,Walsh 码可以通过 Hadamard 矩阵的行或列构造。Hadamard 矩阵是一个递推的正交方阵,其递推形式如下。

2 阶 Hadamard 矩阵

$$\boldsymbol{H}_2=\begin{pmatrix}1 & 1\\ 1 & -1\end{pmatrix}$$

4 阶 Hadamard 矩阵

$$\boldsymbol{H}_4=\begin{pmatrix}\boldsymbol{H}_2 & \boldsymbol{H}_2\\ \boldsymbol{H}_2 & -\boldsymbol{H}_2\end{pmatrix}\cdots$$

高阶 Hadamard 矩阵的递推公式为

$$\boldsymbol{H}_{2N}=\begin{pmatrix}\boldsymbol{H}_N & \boldsymbol{H}_N\\ \boldsymbol{H}_N & -\boldsymbol{H}_N\end{pmatrix}$$

用 w_i 表示采用的码字,其中 i 表示 Hadamard 矩阵的第 i 行。

10.2.2 码分多址通信

码分多址(CDMA)的概念是利用码之间的正交性在同时、同频的情况下进行多址复用通信。设具有 n 个用户,每个用户所用的码 $w_1(t),w_2(t),\cdots,w_n(t)$ 互相正交,即

$$\int_0^{T_s} w_i(t)w_j(t)=\begin{cases}1 & i=j\\ 0 & i\neq j\end{cases}$$

每个用户的信息为 $m_1(t),m_2(t),\cdots,m_n(t)$，则码分复用后多用户信号为

$$s(t)=\sum_{i=1}^{n}m_i(t)w_i(t)\cos\omega_c t$$

接收端通过相关接收的方法，就可以分离出相应的用户信息。

$$m_i(t)=2\int_0^{T_s}s(t)w_i(t)\cos\omega_c t\mathrm{d}t$$

$$=m_i(t)+2\sum_{j=1,i\neq j}^{n}\int_0^{T_s}m_j(t)w_j(t)w_i(t)\cos^2\omega_c t\mathrm{d}t$$

由于在每个码元时间内，信号不变，再由正交性可以得到上式后面一项为

$$\sum_{j=1,j\neq i}^{n}m_j(t)\int_0^{T_s}w_j(t)w_i(t)[1+\cos 2\omega_c t]\mathrm{d}t=0$$

因此就从复合信号中分离出第 j 路信号。同理，其他路的信号也可以这样分离，实现了多路复用的功能。可以看到，码分多址 CDMA 中，每个用户占用相同的时间、相同的频段、不同的码字；而时分多址 TDMA 是每个用户占用相同的频段、不同的时隙；频分复用 FDMA是占用相同的时间、不同的频段。

[例 10-2]　设有 4 个用户，每个用户的信息速率为 1 bit/s，载波频率为 20 Hz，采用 4 阶Walsh 码。

(1) 画出 4 个用户码分复用后的信号波形；

(2) 在 AWGN 信道下，仿真系统的性能。

解　4 个用户的码分复用系统框图如图 10-4 所示。

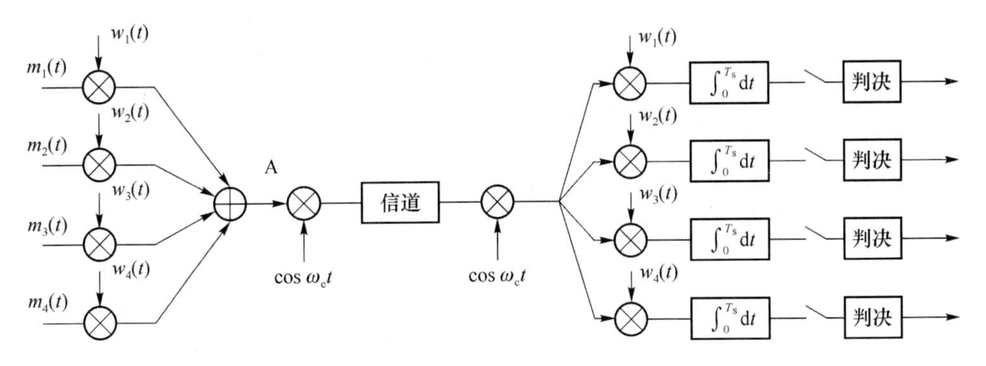

图 10-4　4 个用户码分复用系统示意图

可以通过 Matlab 作为虚拟的示波器，观看 A 点的复合信号波形；仿真系统性能时，可以采用等效基带模型，容易知道 AWGN 信道下各用户的性能一致，与 2PSK 性能相同。

```
%码分多址复用示意 cdm.m
clear all;
close all;
Ts = 1;
N = 4;      %用户数

%产生用户数据
randn('state',sum(100 * clock));
d1 = sign(randn(1,100000));
d2 = sign(randn(1,100000));
d3 = sign(randn(1,100000));
d4 = sign(randn(1,100000));
dd = [d1;d2;d3;d4]';

%产生 4 阶 Walsh 码
w = hadamard(4);              %调用 Matlab 函数
w = w/2;                      %能量归一化
%用户数据复合
s = [d1;d2;d3;d4]' * w; %复合
ss = reshape(s',1,4 * 100000);
stairs(ss);                   %A 点波形
axis([0 40 -2.2 2.2]); xlabel('t/Tc'); ylabel('CDM 复合信号');
EsN0dB = 0:8;
%经过信道
for k=1:length(EsN0dB)
    sigma(k) = sqrt( 10.^(-EsN0dB(k)/10)/2 );
    r = s + sigma(k) * randn(100000,4);
    %用户数据分开
    y = r * w;                %y 中每列为每个用户的数据
    %判决
    d = sign(y);
    %计数(AWGN 信道下,每个用户性能都相同)
    error(k) = sum(sum(abs(d - dd)/2));
    ber(k) = error(k)/400000;
end
```

A 点的信号波形及 AWGN 信道下 CDM 的系统性能如图 10-5、图 10-6 所示。

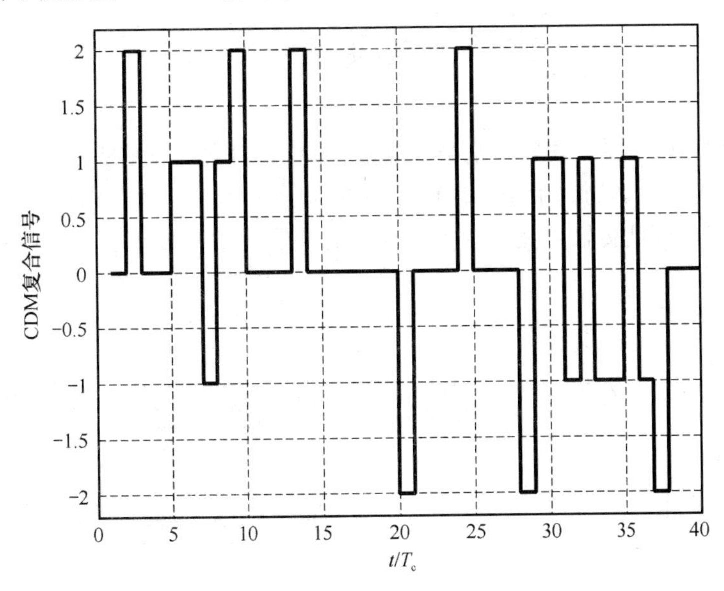

图 10-5　A 点的信号波形示意

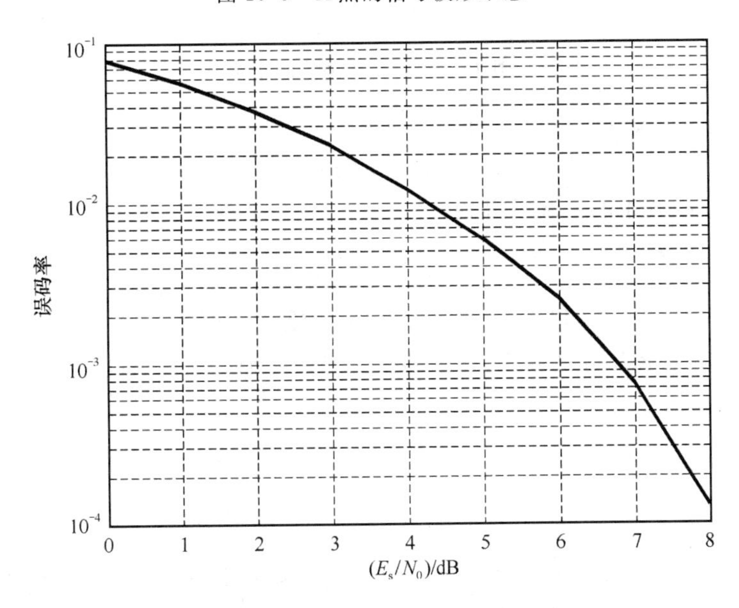

图 10-6　AWGN 信道下 CDM 的系统性能(与 2PSK 性能相同)

10.3 直接序列扩频

直接序列扩频(DSSS)将数字基带信号经过载波调制后,再经过速率远大于基带信号的伪随机码进行二次调制。由于基带信号的带宽较小,经过高速伪随机码的调制后,其信号的带宽被扩展,因此传输带宽远远大于基带信号带宽,BPSK 调制的直接扩频系统的框图如图 10-7 所示。

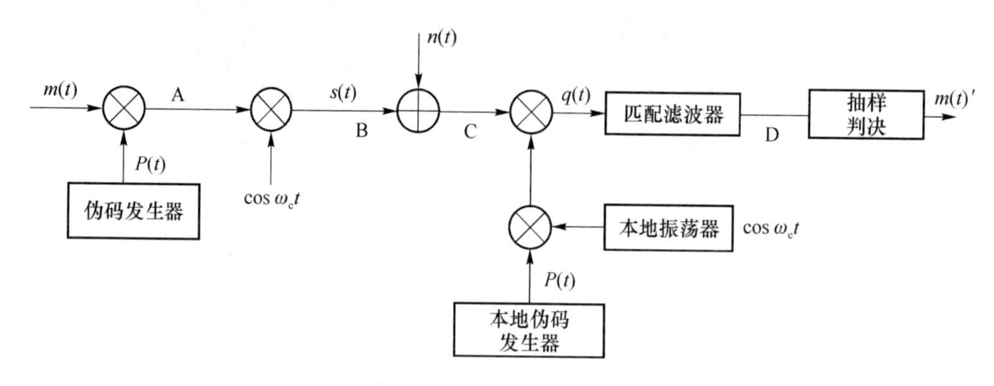

图 10-7 直接序列扩频系统

如图中所示,二次调制后信号为

$$s(t)=m(t)P(t)\cos\omega_c t \tag{10-7}$$

经过解扩和本地载波相干解调后得到

$$\begin{aligned}q(t)&=[s(t)+n(t)]P(t)\cos\omega_c t\\&=\frac{1}{2}m(t)(1+\cos 2\omega_c t)+n(t)P(t)\cos\omega_c t\end{aligned} \tag{10-8}$$

经过匹配滤波后,高频部分被滤除,剩下基带信号经匹配后抽样、判决输出。

1. 处理增益

令伪码 $p(t)$的速率为 R_p,$m(t)$ 的速率为 R_m,扩频系统的处理增益定义为

$$G_p=\frac{SNR_{out}}{SNR_{in}} \tag{10-9}$$

SNR_{out}、SNR_{in}分别是扩频系统解扩器的输出信噪比和输入信噪比。因为信道白噪声的功率谱密度均匀分布在整个频率范围内,在接收机与本地振荡 $p(t)\cos\omega_r t$ 相乘后,噪声的功率谱密度分布不变,而信号经过相关解扩后变成了窄带信号。解扩器的输入/输出信噪比关系如下:

$$G_p=\frac{SNR_{out}}{SNR_{in}}=\frac{S/n_0B_m}{S/n_0B_p}=\frac{B_p}{B_m}=\frac{R_p}{R_m}$$

称 $L=\frac{R_{\mathrm{p}}}{R_{\mathrm{m}}}$ 为扩频因子（扩频倍数）。

2. 抗单频干扰和窄带干扰性能

单频干扰或窄带干扰经过解扩后，相当于是进行扩频，从而将干扰的功率平均分布在带宽为 B_{p} 的范围内，通过中频滤波器后，单频干扰或窄带干扰的功率减小 $B_{\mathrm{p}}/B_{\mathrm{m}}$ 倍。

3. 宽带干扰

这里的宽带干扰主要来自系统其他用户、多径传播等，它们的特点是干扰信号占用的频带与扩频信号一样宽。

从理论上说，如果宽带干扰与接收信号是不相关的，则解扩时由于采用相关接收机，宽带干扰对接收信号的干扰为 0。但是在实际系统中，由于种种原因，不可能实现各个用户的完全正交，因此在多用户扩频系统中，如果各用户的码字互相关不为 0，则会带来用户间的干扰。

另外，对于白噪声，扩频系统与非扩频系统的性能是相同的，原因在于白噪声经过解扩后，噪声功率谱密度不变，因此解扩前后信噪比没有变化。

10.4　Rake 接收基本原理

当扩频信号 $s(t)=p(t)m(t)$ 经过多径信道时，假设多径之间的时延差 τ_l 是伪随机信号 $p(t)$的切片（chip）时宽的整数倍，则接收端收到的信号可表示为

$$r(t)=\sum_{l=0}^{L-1}h_l s(t-\tau_l)+n(t)=\sum_{l=0}^{L-1}h_l p(t-\tau_l)m(t-\tau_l)+n(t)$$

这里不妨设 $\tau_0=0$。由于伪随机序列具有自相关为冲激函数的特性，因此可以通过在接收端构造如图 10-8 所示的接收机。设扩频增益为 N，则 $T_{\mathrm{s}}=NT_{\mathrm{c}}$，由随机序列的自相关

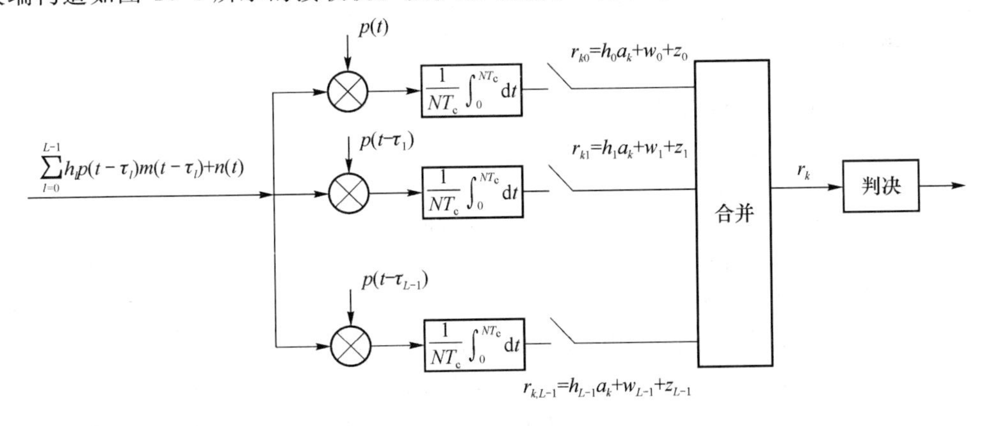

图 10-8　Rake 接收机的原理图

特性可知,只要时间差相差一个切片时间以上,其自相关为 0,因此可以通过不同移位的自相关序列与输入信号相乘,再求其自相关,则可以检测出每径的信号,最后通过延时、合并得到对输出码元的判决量。由于实际应用中,伪随机序列的自相关不是冲激响应,这样就会带来径间干扰,但此时的径间干扰明显减小,为原来的 $1/N$。

如果已知信道信息 h_l,则最佳的合并为最大比合并,即

$$r_k = \sum_{l=0}^{L-1} h_l^* r_{kl} = a_k \sum_{l=0}^{L-1} \| h_l \|^2 + \sum_{l=0}^{L-1} h_l^* (w_l + z_l) \tag{10-10}$$

也可以将 w_l 近似看成高斯白噪声,从而得到 Rake 接收机的分析结果。

[例 10-3] 试仿真 3 径信道下 Rake 接收机的性能,其中 3 径的时延差结构为 $[0,1,2]T_c$,扩频增益为 $N=128$,假设各径的信道增益 h_l 是满足 Rayleigh 分布的随机变量(这里为了简化仿真,假设每径的衰落是前后独立的),且各径独立,各径的平均功率为 $[0.5,0.3,0.2]$,问:用 Matlab 仿真 Rake 接收机的性能(最大比合并)。

解

以下程序示意了 Rake 接收机在 3 径信道下的性能仿真,采用最大比合并,并且假设理想的信道估计情况,伪随机码发生器采用 $g(x)=x^{15}+x^{13}+x^9+x^8+x^7+x^5+1$ 。

```
%Rake 接收机 rake.m
clear all;
close all;
Tc = 1;
N = 128; %扩频增益
gx= '1000010111000101'; %g(x) = x^15+x^13+x^9+x^8+x^7+x^5+1
g = bin2dec(gx);
state = 1;
L = 2^13;

EcN0dB = -21:-14;

for k=1:length(EcN0dB)
        error(k)=0; %计数错误比特数
        total(k)=0; %计数总的传输比特数
        sigma(k) = sqrt( 10.^(-EcN0dB(k)/10) /2 );
    while( error(k)<100 )
        %多径结构
        p1 = sqrt(0.5/2)*( randn(1,L)+j*randn(1,L) );
        p2 = sqrt(0.3/2)*( randn(1,L)+j*randn(1,L) );
        p3 = sqrt(0.2/2)*( randn(1,L)+j*randn(1,L) );
        t1 = 0;
```

```
        t2 = 1;
        t3 = 2;

        [pt state]= mgen(g,state,L+t3); %调用例 10-1 的 m 序列发生
                                         %器函数
        pt = 2*pt-1;

        %数据产生
        d = sign( randn(1,L/N) ); %一次 64 个
        %扩频,先将数据扩展,然后与 pt 点积
        dd = sigexpand(d,N);
        s = conv( dd,ones(1,N) );
        st = s(1:L+t3).*pt(1:L+t3);          %扩频

        %经过多径信道,加入噪声
        z = sigma(k)* ( randn(1,L)+j*randn(1,L) );

        rt = st(1:L).*p1 + st(t2+1:L+t2).*p2 + st(t3+1:L+t3).*p3 + z;

        %rake 接收
        r1 = rt.*conj(p1).*pt(1:L);
        r2 = rt.*conj(p2).*pt(t2+1:L+t2);
        r3 = rt.*conj(p3).*pt(t3+1:L+t3);

        %积分
        r1 = reshape(r1,N,L/N); y1 = sum(r1);
        r2 = reshape(r2,N,L/N); y2 = sum(r2);
        r3 = reshape(r3,N,L/N); y3 = sum(r3);
        %合并
        y = y1+y2+y3; %最大比合并
        %判决
        dc = sign(real(y));
        error(k) = error(k) + sum( abs( (d-dc) )/2 )
        total(k) = total(k) + L/N;
    end
end
```

运行结果如图 10-9 所示。

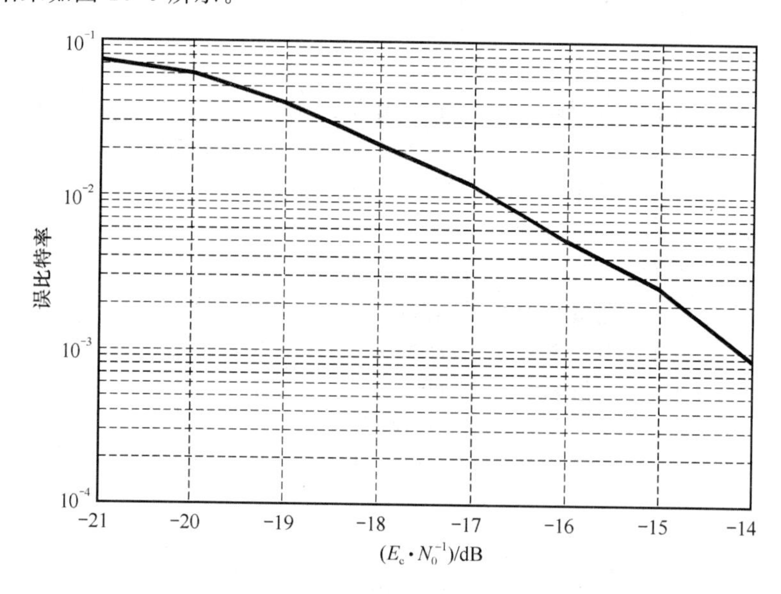

图 10-9　Rake 接收机在 3 径信道下的性能

练 习 题

10-1　写一个 Matlab 程序,实现 $m=3$ 级和 $m=4$ 级的最大长度移位寄存器,它们的生成多项式分别为 $g_1(x)=1+x+x^3$,$g_2(x)=1+x+x^4$,将它们的输出序列按模 2 相加,所得出的序列是周期的吗？若是,序列的周期是什么？画出其自相关序列。

10-2　设扩频系统在 3 径信道下采用 Rake 接收机,其中 3 径的时延差结构为$[0,1,2]T_c$,扩频增益为 $N=128$,假设各径的信道增益 h_l 是满足 Rayleigh 分布的随机变量(这里为了简化仿真,假设每径的衰落是前后独立的),且各径独立,各径的平均功率为[0.5,0.3,0.2],伪随机码发生器为 $g(x)=x^{15}+x^{13}+x^9+x^8+x^7+x^5+1$,问:

(1) 用 Matlab 仿真 Rake 接收机的性能(等增益合并);

(2) 如果信号在扩频之前经过了(7,4)汉明码,则经过 Rake 合并后需要进行译码,试通过 Matlab 仿真此时系统的误码率性能,比较(7,4)汉明码带来了多大的增益;

(3) 如果改用卷积码,重复上述(2)的实验,卷积码的结构为编码率 $r=1/2$ 的非递归(7,5)码,码的帧长为 192+2 bit,其中 2 bit 为使卷积码归零的比特(本题情况为 00)。

10-3　设有 4 个用户,每个用户的信息速率为 1 kbit/s,载波频率为 10 MHz,采用 32 扩频的同步 Walsh 码，如题图 10-1 所示，若 $s_0(t)=1$（导频），其他输入信号是双极性 NRZ 随机数据信号，PN(t)的速率为 32 kbit/s，生成多项式为 $g(x)=x^{15}+x^{13}+x^9+x^8+x^7+x^5+1$ 。

(1) 画出 A、B、C、D 点的信号功率谱密度。

(2) 画出 E、F、G、H 点的信号功率谱密度。

(3) 假设经过的信道为 AWGN 信道，请构造一种接收机，并通过仿真得到用户 1 的误码率与信噪比的关系。

(4) 假设经过的信道为 3 径信道，信道结构与 10-2 题中的信道相同，则接收端解调后，再通过 Rake 接收机进行解扩、判决。假设 Rake 接收机完全已知信道信息，则接收框图如题图 10-2 所示，通过仿真得到用户 1 的误码率与信噪比之间的关系。

(5)* 如(4)问，如果 Rake 接收机事先不知信道信息，则需要通过导频对信道信息进行估计，试构造一种估计方法，并仿真此时用户 1 的误码率与信噪比之间的关系。

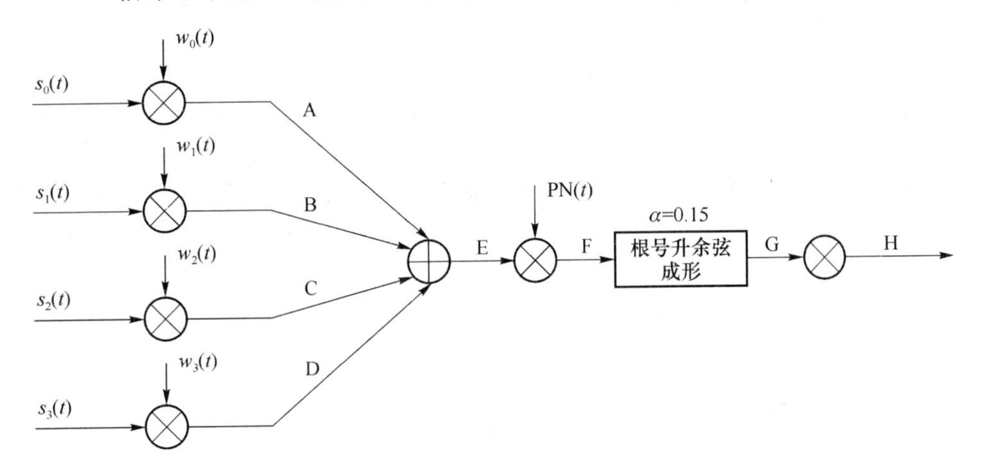

题图 10-1　CDMA 系统发送框图

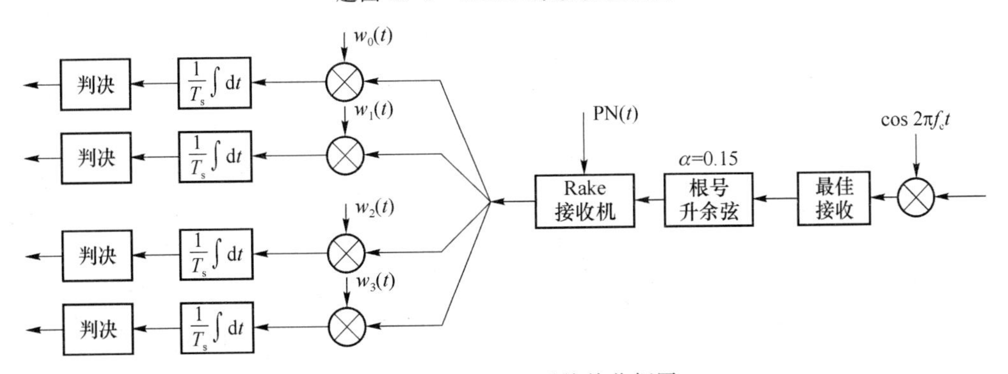

题图 10-2　CDMA 系统接收框图

参考文献

[1] 周炯槃,庞沁华,吴伟陵,续大我.通信原理(合订本).北京:北京邮电大学出版社,2005.

[2] John Proakis. Digital Communications 3^{rd}(影印版).北京:电子工业出版社,1998.

[3] Leon W. Couch. Digital and Analog Communication Systems 5^{rd}(影印版).北京:清华大学出版社,1998.

[4] 孙立新,刑宁霞.CDMA码分多址移动通信技术.北京:人民邮电出版社,1996.

[5] 樊昌信.通信原理(第四版).北京:国防工业出版社,1995.

[6] 曹志刚,钱亚生.现代通信原理.北京:清华大学出版社,1992.

[7] Matlab联机帮助文件.

[8] John Proakis. Contemporary Communication Systems Using Matlab(英文影印本).北京:科学出版社,2000.

[9] 梅志红,杨万铨.MATLAB程序设计基础及其应用.北京:清华大学出版社,2005.